KB213513

알파폴드: AI 신약개발 혁신

알파폴드: AI 신약개발 혁신

2024년 3월 11일 초판 1쇄 펴냄
2024년 11월 1일 초판 2쇄 펴냄

지은이 | 남궁석
책임편집 | 고은희
디자인 | 기민주
마케팅 | 서일

펴낸이 | 이기형
펴낸곳 | 바이오스펙테이터
등록번호 | 제25100-2016-000062호
전화 | 02-2088-3456
팩스 | 02-2088-8756
주소 | 서울 영등포구 여의대방로69길 23, 한국금융아이티빌딩 6층
이메일 | book@bios.co.kr

ISBN 979-11-91768-08-4 (03470)
ⓒ 남궁석, 2024

책값은 뒤표지에 있습니다.
사전 동의 없는 무단 전재 및 복제를 금합니다.

알파폴드: AI 신약개발 혁신

단백질 구조생물학에서 알파폴드의 등장까지

남궁석 지음

BIOSPECTATOR

시작하며

최근 몇 년 동안 생명과학계에서 일어난 사건 중 가장 혁신적인 것은 무엇일까? 달리 표현하자면 현재까지 인공지능(Artificial Intelligence) 기술이 과학계에서 이룩한 가장 큰 성취는 무엇일까?

개인적으로는 알파폴드(Alphafold)에 의한 정확한 단백질 구조 예측이라고 생각한다(알파폴드는 2018년 12월에 구글 딥마인드Google DeepMind가 발표한 인공지능이다). 오랫동안 '세기의 난제'로 불린 단백질 아미노산 서열을 통해 단백질의 3차 구조를 실험 수준의 정확도로 예측한 것은 2003년 인간 게놈 프로젝트(human genome project)의 완성에 비견될 수준의 업적이다. 실제로 알파폴드에 의한 단백질 구조 예측은《네이처(Nature)》,《사이언스(Science)》등의 저명한 저널에서 2021년 최대의 과학적 성취로 평가받았다.

알파폴드의 등장은 단순히 단백질 구조 예측으로 끝나지 않는다. 그전까지 자연계에 존재하지 않던 새로운 단백질을 만들어 내는 단백질 디자인(Protein Design) 분야에도 직접적으로 기여하여 혁신을 일으키고 있는 중이다. 어떻게 보면 인공지능이 여태까지 이룩한 과학적 업적 중에 첫 손가락에 꼽힐 만한 것이 알파폴드인 셈이다.

실제로 딥마인드의 설립자 데미스 허사비스(Demis Hassabis)는 중요한 과학적 문제를 풀기 위해 딥마인드를 설립했으며, 알파폴드는 회사 설립 이래 가장 대표적인 업적이라고 밝힌 바 있다. 또한 단백질 구조를 풀기 위한 네트워크인 알파폴드는 그들이 개발한 인공지능 시스템 중 가장 복잡한 시스템이라고 말했다.

그러나 아직까지는 인공지능의 정확한 단백질 구조 예측이 어떤 의미를 가지며, 어떤 파급 효과를 불러올지 대중에게 잘 와 닿지 않는 듯하다. 몇 년 전 최고 수준의 바둑 기사를 꺾었던 알파고(AlphaGo)와 최근 등장한 거대 언어 모델(LLM; Large Language Model)을 이용한 채팅 봇인 챗GPT(ChatGPT)가 큰 화제를 모았던 것과는 다른 반응이다. 이는 누구나 한 번쯤 두어 봤거나 옆에서 구경해 봤을 '바둑'에 비해 '단백질'에 대한 대중의 이해가 현저히 부족하기 때문으로 보인다.

바로 이것이 이 책을 쓰게 된 동기다. 알파폴드의 단백질 구조 예측이 얼마나 대단한지 이해하려면 단백질이 인체의 모든 생명 현상에서 중요한 역할을 한다는 사실부터 파악해야 한다. 그리고 단백질 구조 분석의 의의와 함께 그간 단백질 구조를 알아내는 과정이 얼마나 험난했는지 알아야 한다.

이 책에서는 알파폴드에 이르는 100여 년에 걸친 단백질 연구 역사를 다룬다. 구체적으로 소개하자면, 단백질이라는 물질이 어떻게 알려졌고 어떤 화학 원소들로 이루어져 있는지, 그리고 인체를 구성하는 세포가 정밀한 '기계'의 부품으로써 어떻게 작용하는지, 마지막으로 이러한 '생명의 부품'이 어떻게 생성되고 작동하는지 인류가 이해하기까지의 연대기다. 앞서 언급한 대로 이러한 과학의 발전에 인공지능이 어떻게 기여했는지도 다룰 것이다.

단백질 연구가 걸어온 역사를 이해하면 알파폴드에 의한 단백질 구조 예측이 얼마나 중요한지, 또 여기서 비롯된 기술들이 장차 생명과학과 인류 문명에 끼칠 영향을 짐작할 수 있으리라 생각한다. 이제 단백질 연구의 역사를 따라가는 여행을 시작하자.

CONTENTS

1

단백질 연구의
여명

1789년 푸르크루아는 달걀 흰자와 식물 씨앗에
비슷한 성질의 물질이 있으며, 두 물질 모두
열을 가하면 하얗게 응고하는 성질이 있음을 발견한다.
이후 달걀, 식물 씨앗 외에 생명체의 혈액에도 이와 비슷한
성질의 물질이 있다는 것이 밝혀진다.

단백질 연구는
어떻게 시작되었을까?

지금은 단백질이 생명체라는 복잡한 '기계'의 부품 역할을 하면서 다양한 생명 현상의 근원이 되는 '생명의 핵심 분자'라는 것이 상식이지만, 이는 비교적 최근인 20세기 중반이 넘어서야 정립되었다. 즉 단백질이라는 물질이 처음 발견된 18세기 말에서 19세기 초만 해도 단백질은 생물체 내에 존재하는 영양 성분 정도로 인식되었고, 오늘날과 같이 거의 모든 생명 현상을 주관하는 핵심 물질로 여겨지지는 않았다.

사실 요즘 일반인 사이에서도 '단백질' 또는 '프로틴'은 영양 관련 용어로 인식되고 있다(특히 프로틴은 단백질 증강제 정도로 인식되고 있다). 바꿔 생각하면, 대중의 단백질에 대한 지식 수준은 단백질의 존재가 처음 알려진 약 200년 전과 근본적으로 큰 차이가 없다. 따라서 여기서는 단백질이 인류에게 알려지기 시작하던 시기로 거슬러 올라가 단백질의 중요성을 차근차근 알아보도록 하겠다.

서서히 밝혀진 단백질의 정체

오늘날 우리가 단백질이라고 부르는 물질에 처음 관심을 보인 사람은 프랑스의 화학자 앙투안 프랑수아 푸르크루아(Antoine-François de Fourcroy, 1755~1809)다. 1789년 푸르크루아는 달걀 흰 자와 식물 씨앗에 비슷한 성질의 물질이 있으며, 두 물질 모두 열을 가하면 하얗게 응고하는 성질이 있음을 발견한다. 이후 달걀, 식물 씨앗 외에 생명체의 혈액에도 이와 비슷한 성질의 물질이 있다는 것 이 밝혀진다. 푸르크루아는 이들을 통칭하여 알부민(albumin)이라 고 불렀다.

이후 우유에서 발견된 비슷한 성질의 물질에는 카세인(casein)이 라는 이름이 붙었고, 응고된 혈액에서는 피브린(fibrin)이라는 물질 이 발견되었다. 오늘날에는 이들 모두 단백질의 일종임이 밝혀졌 지만, 이러한 물질들의 화학 조성을 모르던 당시에는 특징이 서로 비슷하다는 것을 알 수 없었다. 물질을 구성하는 기본 원소인 원자 (atom)라는 개념은 1808년 존 돌턴(John Dalton, 1766~1844)이 제창 했고, 원자들의 결합으로 이루어진 분자(molecule)는 1811년 아메 데오 아보가드로(Amedeo Avogadro, 1776~1856)가 처음 주장했다는 사실을 미루어 보면, 원자나 분자의 개념이 없던 19세기 초에 카세 인이나 피브린 같은 물질의 공통점과 차이점을 인식하는 것 자체가 무리였을 것이다.

그림 1-1 **앙투안 프랑수아 푸르크루아**

시간이 흘러 원자와 분자에 대한 개념이 정립된 후에는 물질마다 원소 구성비가 서로 다르다는 것이 알려졌고, 이후 단백질의 화학 조성이 연구되기 시작했다. 1839년 네덜란드의 화학자 헤라르뒤스 요하너스 멀더(Gerardus Johannes Mulder, 1802~1880)는 그때까지 알려진 다양한 단백질, 즉 알부민, 카세인, 피브린 등의 원소 구성비를 조사했다. 그리고 다른 생물의 조직에서 유래된 여러 단백질들의 원소비가 거의 같다는 것을 발견한다.

이들 물질에는 탄소, 수소, 질소, 산소와 함께 아주 미량의 인과 황이 있었다. 멀더는 단백질의 화학식을 '$C_{400}H_{620}N_{100}O_{120}P_1S_1$'이라고 결정했다. 그리고 다른 종류의 생물과 조직에서 발견된 물질(알부민, 카세인, 피브린)들의 원소 구성비가 거의 같으므로 이들은 모두 동일한 종류의 물질이라는 결론을 내린다. 사실 멀더의 결론은 오늘날의 관점에서는 반드시 정확하다고 볼 수 없다. 비록 모두 단백질로 구분되는 물질이긴 하지만, 이들은 구성된 아미노산 서열이 다른 별도의 단백질이다. 그러나 그때까지 화학 분석 기술은 물질의 원소 구성비를 대강 파악하는 수준이었고, 각각의 단백질이 서로 다른 아미노산들로 연결된 중합체라는 사실은 훨씬 뒤에 알려진다. 따라서 당시에는 알부민, 카세인, 피브린 간 화학 조성의 차이를 구분할 수 없었다.

어쨌든 멀더는 알부민, 카세인, 피브린 등이 모두 동일한 물질이라고 주장하고, 이들을 통칭하는 이름을 붙이고자 했다. 그는 현재까지 사용되는 원소 기호(탄소: C, 질소: N, 수소: H, 산소: O 등)를 창안한 스웨덴의 화학자 옌스 야코브 베르셀리우스(Jöns Jakob Berzelius, 1779~1848)와의 교류를 통해 알부민, 카세인, 피브린이라는 이름을 생각해 낸다. 또한 멀더는 그리스어로 '처음' 또는 '시작'이라는 뜻인 '프로테이오스'(proteios)라는 단어에서 착안해 이 물질을 프로테인(protein)이라고 명명했다. 이것이 우리가 현재 단백질이라고 부르는 물질의 시작이다.

단백질 표기의 유래

19세기 일본에서는 프로테인을 단백질(蛋白質, タンパク質)로 번역했으며, 동양권에서는 이 용어가 통용되고 있다. 이는 독일어의 '아이바이스'(Eiweiβ), 즉 계란 흰자를 번역한 것이다. 참고로 '蛋'이라는 한자는 일본의 현대 상용 한자가 아니기 때문에, 일본에서는 통상적으로 가타카나를 이용해 단백질을 'タンパク質'이라고 표기한다.

각각의 아미노산이 발견되기까지

오늘날 우리는 단백질이 아미노산의 중합으로 만들어진 고분자라는 것을 알고 있다. 그렇다면 이러한 사실은 언제부터 알려졌을까? 사실 아미노산의 존재는 단백질보다 먼저 알려졌다. 각각 치즈와 콜라겐으로부터 유래된 아미노산인 류신(leucine)과 글리신(glycine) 덕분이다.

류신은 하얀색 분말이라는 성질 때문에 '하얀색'을 의미하는 그리스어 '류코스'(leukos)에서 착안해 명명되었고, 글리신은 젤라틴(콜라겐을 산으로 처리하여 얻은 물질)을 황산에 넣고 끓여서 얻은 화합물이었다. 멀더는 자신이 단백질이라고 규정한 물질들, 즉 알부민, 카세인 등을 산으로 분해하여 류신과 글리신이 존재한다는 것을 발견했다(카세인은 우유 유래의 단백질이므로 치즈에서 처음 발견된 류신은 카세인의 분해 산물이다).

단백질에 대해 익히 알고 있는 사람이라면, 단백질을 구성하는 아미노산이 20종류라는 걸 알고 있을 것이다. (단백질을 구성하는 아미노산에는 20종 이외에 2종, 즉 셀레노시스테인selenocysteine과 피롤리신pyrrolysine도 있다. 하지만 이들은 극소수의 단백질에만 존재하므로 '대부분의 단백질'은 20종의 아미노산으로 구성되어 있다고 해도 크게 무리는 아니다.) 그렇다면 류신과 글리신은 왜 다른 아미노산보다 먼저 발견되었을까?

바로 단백질에서 아미노산을 분리하는 방법 때문이었다. 단백질의 아미노산은 탄소와 질소를 결합하는 공유 결합인 '펩타이드 결합'(peptide bond)으로 연결되어 있는데, 이 결합은 높은 산이나 알칼리 조건에서는 끊어진다. 류신과 글리신은 단백질에 고농도의 황산을 처리하여 끓이는 방법으로 단백질을 분해한 후 분리되었다. 문제는 이러한 조건에서는 아미노산 사이를 연결하는 펩타이드 결합뿐만 아니라 서로 다른 아미노산 간에 차이가 나는 부분인 곁사슬(side chain) 역시 분해된다는 것이다. 이러한 조건에서 분해되지 않고 남는 아미노산은 전부 탄소로만 구성된 류신과 곁사슬이 수소 1원자로 구성된 글리신밖에 없었기에 두 물질이 먼저 발견되었다.

다른 아미노산은 아미노산의 곁사슬을 손상하지 않는 온화한 조건에서 단백질 분해 방법이 개발된 후에 서서히 발견되었다. 1846년 치즈 유래의 단백질인 카세인을 알칼리 조건에서 분해하는 과정에서 타이로신(tyrosine)이 발견되었는데, 타이로신이라는 이름은 치즈를 의미하는 그리스어인 '타이로스'(tyros)에서 왔다.

타이로신 외에도 처음 발견된 재료가 이름이 된 아미노산들이 있다. 1866년 카를 리트하우젠(Karl Heinrich Ritthausen)이 발견한 글루탐산(glutamic acid)은 밀의 단백질 성분인 글루텐(gluten)을 황산으로 분해한 다음 중화해서 얻은 결정에서 발견되었기에 글루텐의 이름을 따서 글루탐산이 되었다. 세린(serine)은 누에고치에서 얻는 실크의 산분해 산물로부터 1865년 에밀 크라메르(Emil Cramer)가 발견했으며, 이름은 실크의 라틴어인 '세리쿰'(sericum)에서 따왔다. 또한 1885년 에드문트 드레첼(Edmund Drechsel)은 염산을 이용해 우유의 카세인을 분해하고, 라이신의 아미노기와 반응했을 때 침전하는 화합물인 인산텅스텐산(phosphotungstate)을 통해 침전 후 분리하는 방법으로 라이신(lysine)을 발견했다. 라이신이라는 이름은 이 아미노산의 '분해'(lysis) 산물이라는 뜻에서 유래되었다.

이렇게 단백질을 분해하는 과정에서 나온 성분으로 처음 발견된 아미노산이 있는가 하면, 몇몇 아미노산은 단백질과 관계없이 발견되었다. 아스파라긴(asparagine)은 1806년 프랑스 화학자인 니콜라 루이 보클랭(Nicolas Louis Vauquelin, 1763~1829)과 그의 조수이던 피에르 로비케(Pierre Jean Robiquet)가 아스파라거스 추출액에서 발견한 하얀색 결정이었다. 두 사람은 유래 물질인 아스파라거스에서 이름을 따서 이 물질을 아스파라긴이라고 이름 지었다. 로비케는 이후 감초 뿌리에서도 같은 성질의 물질을 발견했는데, 이후 이 물질이 아스파라긴과 동일한 물질임이 확인되었다. 아스파르트산(aspartic acid)은 아스파라긴을 화학 분해하면 형성되는 물질로 1826년에 처음 발견되었다.

셀레노시스테인과 피롤리신

극소수의 단백질에서 다른 아미노산과 동일하게 유전 암호가 지정되는 방식으로 단백질에 삽입되는 두 아미노산은 셀레노시스테인과 피롤리신이다. 먼저 셀레노시스테인은 1985년 처음 구조가 밝혀졌으며, 시스테인의 황 대신 셀레늄이 들어 있는 아미노산으로 미생물, 식물, 동물에서 공히 발견된다. 셀레노시스테인은 통상적으로 종결 코돈으로 사용되는 UGA 코돈을 인식하며, 셀레노시스테인이 들어 있는 단백질의 유전자에는 셀레노시스테인 삽입 서열(selenocysteine insertion sequence)이라는 서열이 존재하여 종결 코돈 대신 셀레노시스테인을 삽입하게 된다. 최근에 발견된 22번째 아미노산인 피롤리신은 라이신에 피롤(pyrrole) 잔기가 결합된 라이신의 유도체다. 피롤리신은 종결 코돈으로 사용되는 UAG 코돈에 삽입되며, 현재까지 메테인을 사용하는 일부 고세균(archaea)과 세균 몇 종류에서만 발견된 매우 희귀한 아미노산이다.

표 1-1 단백질에 사용되는 22개 아미노산

(※모든 단백질에 존재하는 20개와 매우 드물게 존재하는 2개)

발견 연도	아미노산	아미노산 코드(1자 코드)
1819	류신	Leu (L)
1820	글리신	Gly (G)
1846	타이로신	Tyr (Y)
1865	글루탐산	Glu (E)
1865	세린	Ser (S)
1869	아스파르트산	Asp (D)
1873	글루타민	Gln (Q)
1874	아스파라긴	Asn (N)
1875	알라닌	Ala (A)
1881	페닐알라닌	Phe (F)
1889	라이신	Lys (K)
1890	시스테인	Cys (C)
1895	아르기닌	Arg (R)
1896	히스티딘	His (H)
1901	발린	Val (V)
1901	프롤린	Pro (P)
1901	트립토판	Trp (W)
1903	이소류신	Ile (I)
1922	메티오닌	Met (M)
1936	트레오닌	Thr (T)
1985	셀레노시스테인	Sec (U)
2002	피롤리신	Pyl (O)

또한 시스테인(cysteine)은 요로결석 환자로부터 분리된 물질을 통해 1810년 발견되었는데, 이때 발견된 것은 아미노산 시스테인이라기보다는 2개의 시스테인 분자가 산화하여 결합한 시스틴(cystine)이었다. 그리스어로 '방광'을 뜻하는 '쿠스티스'(kustis)에서 이름에 대한 영감을 얻었다고 한다. 마지막으로 아르기닌(arginine)은 1886년 독일의 화학자 에른스트 슐체(Ernst Schulze)가 노랑루핀이라는 식물의 모종 추출액에서 질산을 처리하여 얻은 은색 가루로, 그리스어로 '은'을 뜻하는 '아르기로스'(argyros)에서 착안해 명명되었다.

이렇게 아스파라긴, 아스파르트산, 시스테인, 아르기닌 등은 황산을 이용하여 분해하는 단백질 분해법에서는 아미노산 자체가 분해되어 사라졌기 때문에, 염산을 이용한 좀 더 약한 분해법이 개발된 이후에 단백질의 구성 요소임이 확인되었다. 이후 1936년 트레오닌(threonine) 또한 단백질의 구성 요소임이 밝혀지면서, 단백질에 일반적으로 사용되는 20개의 아미노산이 모두 발견되었다.

헤모글로빈: 최초로 자세히 연구된 단백질

우리 몸에는 수만 가지의 단백질이 존재한다. 어느 단백질의 화학 조성과 분자량 등을 자세히 연구하려면 생체 내의 수많은 단백질로부터 원하는 단백질만 순수 분리해야 한다. (나중에 설명하겠지만 단백질 구조를 해독하려면 결정화가 필요한데, 이를 위해서는 먼저 단백질을 순수 정제해야 한다.) 다양한 단백질이 섞여 있는 '혼합물' 상태에서는 우리가 목적하는 단백질의 물리적, 화학적 성질을 정확히 측정하기 어렵기 때문이다.

따라서 과거부터 단백질 연구의 첫걸음은 생체 내에 있는 단백질 혼합물 중에서 원하는 것만 순수하게 정제하는 것이었다. 그렇다면 특정한 단백질을 어떻게 다른 단백질과 분리할 수 있을까? 각각의 단백질은 서로 다른 아미노산 서열로 이루어진 중합체이고, 단백질을 구성하는 아미노산은 화학적 성질이 서로 다르다. 즉 단백질마다 조금씩 다른 성질을 가지고 있다. 가령 분자량이 큰 단백질(많은 아미노산이 모여서 중합된 중합체)이 있는가 하면, 상대적으로 분자량이 작은 단백질(상대적으로 소수의 아미노산들이 모여서 중합된 중합체)도 있다. 또한 표면에 양성 전하를 띠고 있는 아미노산이 많이 분포되어서 양성 전하를 띠는 단백질도 있는 반면, 음성 전하를 띠고 있는 단백질도 있다.

즉 단백질 연구에서는 단백질만의 고유한 화학적 성질을 이용해 특정한 단백질을 분리한다. 현대의 단백질 연구자들은 다양한 크로마토그래피(chromatography) 기법을 이용하여 단백질을 순수 정제하여 연구하지만, 단백질 연구 초창기에는 이러한 방법이 아직 존재하지 않았다(크로마토그래피는 후술을 통해 자세히 설명하도록 하겠다). 따라서 과거에는 자연계에서 매우 많이 존재하여 그리 어렵지 않게 정제할 수 있는 단백질이 주요 연구 대상이었다. 이러한 단백질 중에 하나가 바로 헤모글로빈(hemoglobin)이었다.

헤모글로빈은 혈액의 적혈구 내에 존재하며, 산소와 결합해 몸속에 산소를 전달해 주는 단백질이다. 혈액이 일반적인 액체보다 더 많은 산소와 결합한다는 것은 그전부터 인식되었지만, 혈액에서 헤모글로빈이 산소를 운반하는 본체라는 사실은 18세기 후반에야 확실히 알려진다.

적혈구에는 매우 많은 양의 헤모글로빈이 들어 있다. 헤모글로빈은 적혈구의 전체 질량 중 34%를 차지하며, 물을 제외한다면 적혈구의 건조 중량의 96%를 차지한다. 1840년 독일의 화학자 프리드리히 루트비히 휘네펠트(Friedrich Ludwig Hünefeld)는 지렁이의 혈액을 슬라이드 글라스와 커버 글라스 사이에 끼우고 서서히 말려서 붉은색의 결정을 얻었다. 헤모글로빈에서 유래된 이 결정은 헤모글로빈뿐만 아니라 모든 단백질을 처음으로 결정화한 사례다.

결정은 단일 분자가 격자 형태로 규칙적으로 배열하며 생성된다. 즉 물질을 결정화했다는 것은 해당 물질이 순수하게 한 종류로 이루어졌다는 뜻이다. 그렇다면 헤모글로빈을 결정화했다는 건 어떤 의미일까? 적혈구의 단백질 중 96% 이상을 차지하는 헤모글로빈이 쉽게 결정화할 수 있을 만큼 혈액 내에 순수한 상태로 존재하다는 뜻이다.

1850년대에 이르러 지렁이뿐만 아니라 많은 동물의 혈액에서 헤모글로빈을 결정화했고, 결정을 모아서 순수하게 분리된 헤모글로빈을 통해 헤모글로빈의 화학 조성에 대한 연구가 진행되기 시작했다. 1853년 헤모글로빈에 헴(heme)이라는 물질이 들어 있으며, 헴에 철(Fe) 원자가 포함된다는 것이 확인되었다. 이후 헤모글로빈에 화학 처리를 해서 붉은색의 헴을 분리할 수 있었다. 이렇게 헴이 빠진 물질을 글로빈(globin), 전체 단백질을 헤모글로빈으로 칭하게 되었다.

헤모글로빈에 철이 포함된다는 사실이 알려진 이후, 헤모글로빈의 질량에서 철의 비중을 확인할 수 있었다. 1885년 오스카 지노프스키(Oscar Zinoffsky)는 철이 헤모글로빈의 질량 중 0.335%를 차지한다고 계산했다. 철의 분자량이 55.85임을 고려하면 철 1분자가 존재할 때 헤모글로빈의 분자량은 최소 '55.85×100÷0.335=16670'이 되는 셈이다. 그러나 이러한 분자량은 그때까지 알려진 소분자 물질의 분자량(수백 내외)에 비해 턱없이 컸던 탓에 많은 사람에게 '잘못된 계산'이라는 비판을 들었다. 그러나 오늘날의 지식으로 헤모글로빈은 4개의 철 원자로 구성된 4개의 단백질 가닥이며 각각의 분자량은 65,000 정도이므로, 이 계산은 매우 정확했다는 사실이 밝혀진다. 즉 헤모글로빈의 원자 조성에 대한 연구는 단백질이 다른 물질에 비해 분자량이 훨씬 크다는 사실을 밝힌 계기가 된다.

한편 혈액의 색깔을 통해서도 새로운 사실이 밝혀진다. 독일의 화학자 펠릭스 호페 자일러(Felix Hoppe-Seyler)는 혈액의 적색 흡광 스펙트럼을 연구하던 중에 535nm에서 흡수하는 스펙트럼과 560nm에서 흡수하는 스펙트럼이 있음을 알게 된다. 왜 이러한 스펙트럼이 생기는 것일까?

영국의 수학자이자 물리학자인 조지 스토크스(George Gabriel Stokes, 1819~1903)는 헤모글로빈 용액에서 산소를 제거하고자 화학 처리를 하면서 혈액 색깔이 선홍색에서 보라색으로 변하고, 둘로 나뉘었던 흡광 스펙트럼 역시 변화하여 파장의 중간에 하나의 흡수 스펙트럼이 형성되는 것을 관찰했다. 이렇게 보라색으로 변한 헤모글로빈을 공기에 노출시키자 다시 선홍색으로 변하고, 스펙트럼 역시 원래 둘이었던 주파수로 다시 흡수되었다. 결국 혈중 헤모글로빈은 산소에 결합해 존재하는 상태(옥시헤모글로빈oxyhemoglobin)와 그렇지 않은 상태(디옥시헤모글로빈deoxyhemoglobin)로 나뉘며, 이러한 차이가 스펙트럼에도 반영된 것이다.

이렇게 피의 붉은색이 헤모글로빈에 붙어 있는 헴과 철에 의하여 나타나며, 이것이 헤모글로빈의 기능인 산소 전달에 필수라는 사실은 헤모글로빈뿐만 아니라 다른 단백질을 이해하는 데도 큰 영향을 끼쳤다. 이제 산소를 전달하는 헤모글로빈 이외에 다른 기능을 하는 단백질이 어떻게 발견되었는지 알아보도록 하자.

효소의 정체와 단백질

단백질은 발견 직후에 주로 세포 내에 축적된 영양 성분으로만 인식되었지만 점차 단백질의 다른 기능, 즉 세포 내에서 일어나는 화학 반응과 연관 지어 연구되었다. 다시 말해 어떤 화학 반응을 좀 더 빠르게 일어나게 만드는 매개체, 즉 촉매로써의 단백질 역할에 관심이 모아졌다. 세포 안에 있는 화학 반응의 촉매로써의 단백질은 어떻게 발견되었을까? 먼저 그전에 효소가 발견된 과정을 알아볼 필요가 있다.

맥주를 제조할 때 보리 싹을 분쇄하여 가열하면 물에 녹지 않는 전분이 물에 녹는 당으로 변한다. 이렇듯 전분이 당으로 변환되는 이유는 보리 싹에 있는 디아스타아제(diastase)라는 효소 때문이다. 1833년 프랑스의 화학자들이 발견한 디아스타아제는 전분을 분해하여 포도당으로 만드는 효소로, 세 종류의 아밀라아제(Amylase)를 통틀어 이르는 말이다. 1836년, 독일의 생리학자 테오도어 슈반

(Theodor Ambrose Hubert Schwann, 1810~1882)은 위액에서 분비되어 단백질을 분해하는 소화 효소인 펩신(pepsin)을 발견한다. 그리고 효소 추출물에 존재하는 인버테이스(invertase)라는 효소는 수크로스(사탕수수나 사탕무 등에 들어 있는 이당류인 설탕)를 글루코스(glucose)와 과당(fructose)으로 분해했다. 이후 1877년에 독일 생리학자 빌헬름 퀴네(Wilhelm Kühne, 1837~1900)는 이런 촉매 물질을 총칭하여 효소(enzyme)라고 명명한다.

이처럼 세포 추출물에 화학 반응을 촉매하는 효소가 들어 있다는 것은 확인되었지만, 이때까지도 촉매 반응을 일으키는 효소의 정체가 단백질인지는 확실히 밝혀지지 못했다. 당시에는 단백질을 순수하게 정제하는 기술도 없었다. 따라서 어떤 단백질이 촉매 반응을 일으키더라도 단백질 때문에 일어나는지, 아니면 단백질은 촉매를 일으키는 화합물의 운반체에 불과한지도 명확히 알지 못했다. 20세기 초까지는 후자의 견해가 우세했는데, 헤모글로빈 연구의 영향이 컸기 때문이다.

앞서 언급한 대로 헤모글로빈은 헴과 헴에 결합된 철 원자를 통해 산소와 결합하며, 헴이 분리된 '글로빈'만으로는 산소와 결합하지 못한다. 즉 헤모글로빈의 산소 결합 기능에 소분자 물질인 헴은 필수 불가결하다. 이러한 연구에 영향을 받은 20세기 초반 연구자들 사이에서는 다른 모든 효소 반응 역시 촉매를 촉진하는 작은 화학물질인 촉매단(prosthetic group)에 의해서 이루어지며(헴이 산소와 결합하듯), 단백질은 촉매단의 운반체에 지나지 않는다는 견해가 지배적이었다.

물론 효소 중에서 촉매단이 있어야만 효소 반응을 하는 것도 존재한다. 그러나 상당수 효소는 촉매단 없이도 효소 역할을 한다. 그럼에도 당시 '효소는 단순한 운반체'라는 이론을 믿던 독일 중심의 주류 생화학계 인사들은 촉매단 없이 단백질만으로는 효소 반응이 일어나지 않는다는 의견이 강세였다. 효소를 순수하게 정제하면 촉매단의 존재를 밝힐 수 있겠지만, 앞서 말한 대로 당시에는 그러한 기술이 거의 존재하지 않았고 순수한 물질임을 증명할 수 있는 방법은 결정화뿐이었다. 그마저도 헤모글로빈처럼 혈중 적혈구 안에 압도적으로 많이 들어 있는 경우가 아니라면, 대부분의 효소는 자연계에서 수많은 효소와 함께 존재하므로 결정화가 쉽지 않았다.

그러다 1926년 미국의 생화학자 제임스 섬너(James B. Sumner, 1887~1955)가 작두콩(jack bean)에서 요소 분해효소인 유레이스(urease)를 결정화하는 데 성공한다. 섬너가 요소 분해효소를 결정화할 때 사용한 방법은 오늘날 구조 분석을 위해 단백질 결정을 얻으려는 구조생물학자가 보기에는 어이없을 만큼 간단했다. 아세톤과 물을 섞은 액체에 작두콩을 넣고 갈아서 밤새도록 방치해 두는 방법으로 결정을 얻었기 때문이다. 이 결정을 회수하여 성분을 분석해 보니 단백질이었고, 결정을 녹여서 액체로 만들면 여전히 요소를 분해할 수 있었다. 앞서 이야기했듯이 결정은 순수한 물질이 모여서 형성된 격자 형태다. 따라서 결정을 녹여서 얻은 순수한 단백질이 요소 분해효소 활성을 띤다는 것은 요소 분해효소가 촉매단 없이 단백질만으로도 효소 활성을 가진다는 뜻이 된다. 요소 분해효소의 본체가 단백질로 이루어져 있다는 것을 더욱 확실하게 입증하기 위하여 섬너는 결정을 녹인 액체에 단백질 분해효소를 첨가했다. 그 결과 단백질 분해효소를 첨가한 액체는 더 이상 요소 분해 능력을 가지지 않았다. 이로써 섬너는 요소 분해효소가 단백질로 이루어졌음을 입증했다.

많은 발견이 그렇듯이 촉매단 없이 단백질만으로 효소가 존재할 수 있다는 주장은 당시 주류였던 독일 생화학계에서 바로 인정받지 못했다. 그러다 1930년 미국의 생리학자 존 하워드 노스럽(John Howard Northrop, 1891~1987)이 이전부터 잘 알려져 있던 효소인 펩신의 결정화에 성공하고 펩신 결정을 녹인 액체에 단백질 분해효소 활성이 그대로 남아 있다는 것이 알려진 이후 서서히 인정받았다. 섬너, 노스럽, 그리고 담배모자이크바이러스(tobacco mosaic virus) 결정화에 최초로 성공한 웬들 스탠리(Wendell Meredith Stanley, 1904~1971)는 1946년 노벨 화학상을 공동 수상한다.

결국 1930년대에 들어서 세포 내에서 화학 반응을 촉매하는 효소는 단백질로 이루어져 있다는 것이 확인되었다. 그렇다면 단백질이 아미노산의 중합체라는 사실은 언제 알려졌을까?

아미노산 중합체로써의 단백질

1902년 독일 칼스버그에서 개최한 독일 자연과학자·의사학회(Gesellschaft Deutscher Naturforscher und Ärzte)에서 단백질이 아미노산들의 중합으로 형성된 고분자 물질이라는 사실을 에밀 피셔(Emil Hermann Fischer, 1852~1919)와 프란츠 호프마이스터(Franz Hofmeister, 1850~1922)라는 두 과학자가 발표한다. 이들은 아미노산의 카르복시산(carboxylic acid)과 아미노기(amino residue)가 화학 결합하여 펩타이드 결합을 형성하고, 단백질은 이러한 아미노산의 연쇄로 형성된 복합체(폴리펩타이드polypeptide)라는 사실을 밝혀낸다. 두 사람의 연구 방식은 정반대였는데, 에밀 피셔는 각각의 아미노산(글리신)을 서로 결합하여 디펩티드(dipeptide, 글리실-글리신)를 만들 수 있으며, 이를 다시 분해하면 아미노산으로 돌아간다는 것을 보여 주었다(디펩티드란 2개의 아미노산으로 이루어진 펩타이드를 말한다). 반면 호프마이스터는 자연산 단백질을 분해하여 아미노산이 탄소(C)와 질소(N) 결합으로 이루어졌음을 입증했다.

이렇게 단백질이 아미노산의 중합체라는 것을 알아낸 피셔는 글리신과 류신을 화학적으로 연결하여 여러 개의 아미노산이 연결된 폴리펩타이드를 만들고, 이 폴리펩타이드가 생명체에서 일어나는 화학 반응을 매개하는지 살펴보고자 했다. 그는 1906년 18개의 아미노산이 연결된 (15개의 글리신과 4개의 류신이 이어진) 폴리펩타이드를 화학적으로 만들었으며, 이러한 '인공 폴리펩타이드'가 생명체 내에서 벌어지는 것과 같은 여러 화학 반응을 촉매하지 않을까 기대했다. 그러나 그의 기대와는 달리 인공 폴리펩타이드는 화학 반응을 전혀 촉매하지 않았다.

왜 피셔가 만든 18개의 아미노산으로 구성된 폴리펩타이드는 화학 반응을 촉매하지 못했을까? 피셔는 단백질이 여러 개의 아미노산으로 연결된 중합체라는 것은 알았지만, 단백질이 정해진 아미노산 서열로 구성되어야만 특정한 화학 반응이 가능하다는 데는 생각이 미치지 못했다. 오늘날에는 효소가 최소 100개 이상의 아미노산이 연결된 폴리펩타이드이고, 글리신과 류신만으로 이루어지지 않으며, 20종의 아미노산이 효소마다 일정한 순서로 배열되어야만 한

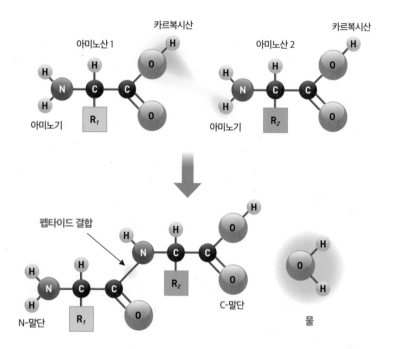

아미노산 1 카르복시산

아미노기

아미노산 2 카르복시산

아미노기

펩타이드 결합

N-말단

C-말단

물

그림 1-2 **단백질 간 아미노산의 연결인 펩타이드 결합**

다는 것을 안다. 26개의 알파벳을 무작위로 연결한다고 해서 의미가 통하는 문장이 되지 않는 것과 마찬가지다.

인공 효소를 화학적으로 개발하려던 시도가 실패하자 피셔는 단백질 관련 연구에 서서히 흥미를 잃었다. 피셔의 꿈이 실현되기까지는 매우 오랜 시간이 흘러야만 했다. 결국 이 책의 주제는 인공 효소를 만들겠다는 피셔의 꿈이 이루어지기까지 120년간의 단백질 연구 역사인 셈이다.

02

아미노산 서열의
미스터리를 풀다

20세기 중반에 이르러 단백질이 약 20종의 아미노산으로 구성된 고분자라는 사실이 알려졌다. 그렇다면 단백질을 구성하는 아미노산의 순서는 어떻게 될까? 또 아미노산 순서가 고정된 단백질에는 무엇이 있을까?

오늘날 알려진 바로는 단백질을 구성하는 아미노산의 순서는 DNA의 유전체 정보에 기인하고, 이후 전사와 번역 과정을 거쳐 단백질의 아미노산 순서가 결정된다. 따라서 당연히 단일 단백질이라면 아미노산 순서가 고정되어 있다고 받아들인다. 그러나 이러한 단백질의 생성 과정에 대한 사전 지식이 없던 20세기 초중반의 사람들에게는 단백질의 아미노산 배열 순서는 해결되지 않은 미스터리로 남아 있었다.

1950년대에 이르러서야 단백질을 구성하는 아미노산이 일정한 순서로 배열되어 있다는 것이 밝혀진다. 20세기 초에 이를 확인할 수 있는 실험 기술들이 서서히 등장했기 때문이다. 그중 하나가 크로마토그래피다.

크로마토그래피의 원리

크로마토그래피라는 단어는 생물학 또는 화학 연구자가 아니더라도 한번쯤 들어봤을 것이다. 학창 시절 과학 시간에 분필이나 종이를 이용한 크로마토그래피로 실험을 해봤을 것이기 때문이다. 즉 여러 색소가 섞인 혼합물을 종이나 분필 등에 흡수시키고 이를 녹여 내는 용액에 세워 두면, 용액이 종이나 분필을 타고 서서히 올라가면서 각각의 색소를 분리해 내는 실험이다. 이때의 기억을 떠올려 보자.

기본적으로 크로마토그래피는 혼합물의 물질을 분리하는 기술이며, 여기에는 이동상(mobile phase)과 고정상(stationary phase)이라는 용어가 등장한다. 이동상은 혼합물이 타고 이동하는 용액을 의미하며, 고정상은 분필이나 종이 같은 매질을 의미한다. 여러 가지 색소가 섞인 혼합액의 물질들이 분필이나 종이에서 분리되는 이유는 각 물질이 용액에 녹는 정도가 다르기 때문이다. 이처럼 용액에 좀 더 잘 녹는 물질은 고정상보다는 이동상에 더 많이 녹아서 좀 더 빨리 이동할 테고, 잘 녹지 않는 물질은 녹는 정도가 덜하기 때문에 느리게 이동할 것이다. 따라서 모든 크로마토그래피의 기본 원리는 분리하려는 물질이 고정상에 흡착되는 정도의 차이에 따라 서로 다른 물질을 분리하는 것이라고 할 수 있다.

그렇다면 크로마토그래피와 단백질의 아미노산 순서는 어떤 관계가 있을까? 단백질을 분해하여 아미노산으로 만들면 단백질을 구성하고 있는 아미노산들이 혼합된 상태로 존재한다. 즉 아미노산 순서를 파악하려면 단백질 분해액 중에 어떤 아미노산이 얼마나 들어 있는지부터 알아야 하며, 이를 위해 아미노산들을 서로 분리할 필요가 있다.

크로마토그래피라는 실험법은 러시아의 식물학자 미하일 츠베트 (Mikhail Tsvet, 1872~1919)가 처음 만들었다. 그는 식물의 색소 성분을 분리하는 연구 도중에 탄산칼슘($CaCO_3$)이 들어 있는 가느다란 유리관에 유기 용매로 추출한 색소를 부으면 탄산칼슘에 색소가 흡착되는 것을 발견했다. 그리고 서로 다른 화학적 성질의 용매를 흘려서 녹아 나와 흡착되는 색소를 각각 분리할 수 있다는 것을 알게 되었다. 츠베트는 자신이 고안한 실험법을 색을 뜻하는 라틴어 '크로마'(chroma)와 쓰기를 뜻하는 라틴어 '그라파인'(graphein)을 합쳐 크로마토그래피라고 명명한다. 그리고 1906년 독일의 어느 학술지에 발표한 논문에서 다음과 같이 크로마그래피를 정의했다.

스펙트럼으로 분리된 빛처럼, 색소 혼합물에 들어 있는 여러 가지 구성물들이 탄산칼슘 칼럼에서 분해되어 이를 정성적, 정량적으로 분석할 수 있었다. 이렇게 물질이 분리되는 것을 크로마토그램 (chromatogram)이라고 부르고, 이를 가능케 하는 실험 방법을 크로마토그래피법(chromatographic method)이라고 명명했다.

츠베트가 개발한 크로마토그래피는 오늘날 흡착 크로마토그래피(adsorption chromatography)라고 불린다. 여기서는 탄산칼슘에 분리하려는 물질이 직접 흡착되고 탄산칼슘은 고정상이 된다. 그리고 이동상에 속하는 용매에 흡착된 물질이 얼마나 잘 녹는지에 따라 분리되는 정도가 달라진다.

그러나 서로 다른 성질의 두 용매가 섞여 있다면 어떻게 될까? 가령 종이를 구성하고 있는 셀룰로스(cellulose) 같은 물질은 물과 같은 극성 용매와 수소 결합에 잘 반응하지만, 기름 같은 성질을 띠는 비극성 용매와는 잘 어울리지 못한다. 그렇다면 층이 완전히 나뉘지는 않지만 어느 정도 혼합되는 두 용매(가령 물과 비극성 성질을 가진 2-프로판올)가 섞여 있다면 어떻게 될까? 이 경우에는 종이에 극성 용매인 물이 적셔지고, 비극성 용매는 그 위에서 층을 형성한다.

이러한 성질을 이용하는 크로마토그래피를 분배 크로마토그래피(partition chromatography)라고 한다. 서로 다른 성질을 가진 두 액체의 분배비 차이를 이용해 특정한 물질을 분리하는 방법이다. 대표적인 예가 종이 크로마토그래피(paper chromatography)를 이용하여 아미노산을 분리하는 것이다. 종이 크로마토그래피 방법은 먼저 거름종이에 아미노산 용액을 점으로 찍어서 말리고, 이를 물과 비극성 용매(아미노산에 따라 다르나 2-프로판올과 암모니아가 섞인 용액을 많이 사용한다)가 섞인 용액에 담가 둔다. 그러면 셀룰로스로 구성된 종이의 표면에는 물과 같은 극성 용매가 위치하여 고정상으로 작용하고, 비극성 용매는 극성 용매와 층을 이루어 이동하면서 이동상으로 작용한다. 즉 고정상과 이동상 모두 액체인 셈이다.

단백질을 구성하는 아미노산에는 물에 잘 녹는 것과 그렇지 않는 것이 있다. 물에 잘 녹는 아미노산은 고정상인 물에 더 많이 존재하여 잘 이동하지 않는 반면, 물에 잘 녹지 않는 아미노산은 이동상인 비극성 용매에 더 많이 녹아 더 많이 이동한다.

이러한 분배 크로마토그래피는 1941년 영국의 화학자인 아처 마틴(Archer John Porter Martin, 1910~2002)과 리처드 싱(Richard Laurence Millington Synge, 1914~1994)이 발명했다. 이들은 칼럼에 넣은 실리카겔을 물에 적신 다음 비극성 용매인 클로로포름(chloroform)을 흘리는 방법으로 서로 다른 아미노산을 분리할 수 있음을 증명했다. 이후 단순히 물을 흡수하는 실리카겔 대신 물을 고정상으로 하고 유기 용매를 이동상으로 하여 물질을 분리하는 간단한 방법을 고안했는데, 이것이 바로 앞에서 설명한 종이 크로마토그래피다.

1944년 마틴의 연구팀은 여과용 거름종이에 아미노산 용액을 적정하고, 부탄올이나 페놀 등 다양한 유기 용매와 암모니아 등이 첨가된 극성 용매를 섞은 용매를 이용하여 종이에 적정한 아미노산을 분리할 수 있음을 보였다. 그러나 약 20종의 아미노산을 한 번에 분리하기는 어려웠다. 그래서 일단 아미노산이 분리된 종이를 90° 방향으로 돌리고, 다른 성질의 용매를 이용해 다시 한번 분리를 시도한다. 이렇게 하면 하나의 용매 시스템에서 잘 구분되지 않은 물질이라도 다른 시스템에서 보이는 차이에 따라서 분리할 수 있으므로 단백질에 존재하는 약 20종의 아미노산을 모두 분리할 수 있었다. 이렇게 두 종류의 용매 시스템을 이용하여 다른 방향으로 분리하는 방법을 2차원 종이 크로마토그래피(two-dimensional paper chromatography)라고 한다.

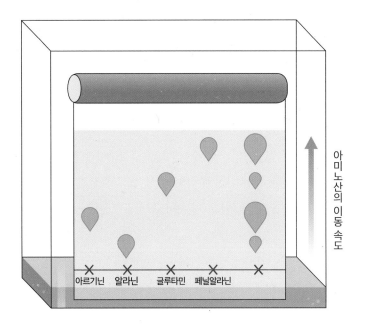

아
미
노
산
의
이
동
속
도

그림 2-1 종이 크로마토그래피에 의한 아미노산의 분리

아미노산 용액을 거름종이에 찍어 말리고, 이를 극성 용매와 비극성 용매가 섞인 용액에 담근다. 그러면 거름종이의 셀룰로스는 극성 용매와 반응하고, 비극성 용매는 그 위에 층을 형성한다. 이후 비극성 용매에 더 잘 녹는 아미노산(페닐알라닌 등)은 빠르게 이동하고, 극성 용매에 더 잘 녹는 아미노산(아르기닌 등)은 느리게 이동하여 혼합물 속의 아미노산이 분리된다.

이렇게 마틴과 싱이 개발한 분배 크로마토그래피와 이의 원리를 이용한 종이 크로마토그래피로 아미노산이나 비타민 등 수많은 생체 유래 소분자 물질의 분리가 가능해졌다. 단백질을 구성하는 아미노산의 조성 등도 대부분 종이 크로마토그래피로 처음 밝혀졌다. 마틴과 싱은 분배 크로마토그래피를 개발한 공로로 1952년 노벨 화학상을 수상한다.

프레더릭 생어와 단백질의 아미노산 서열

크로마토그래피의 발명 덕분에 단백질을 분해한 다음 생성된 아미노산을 분리하여 정량화하는 방식으로 단백질을 구성하는 아미노산의 종류를 알 수 있었다. 그렇다면 단백질을 구성하는 아미노산들의 순서는 어떻게 밝혀졌을까?

1943년, 영국의 생화학자인 프레더릭 생어(Frederick Sanger, 1918~2013)는 인슐린(insulin)의 아미노산을 분석하는 연구를 시작했다. 왜 생어는 인슐린을 연구 대상으로 선택했을까? 단백질의 아미노산 조성을 연구하려면 정제된 단백질이 필요한데, 당시에 얼마 안 되던 정제된 단백질이 인슐린이었기 때문이다. 인슐린은 1920년대에 처음 정제된 이후 1940년대에는 의약품으로 널리 이용되고 있었으므로 상대적으로 구하기 쉬웠다. 그리고 의약품으로 판매되는 단백질에 대한 연구였으므로 제약사로부터 연구비를 구하기에도 수월했다(당시에는 지금과 같이 국가에서 과학 연구비를 지원하는 것이 일반적이지 않았다).

생어가 가장 먼저 시도한 것은 단백질의 아미노 말단(N-말단)에 있는 아미노산이 무엇인지 밝혀내는 것이었다. 단백질에는 아미노기와 카르복실기가 서로 결합하여 펩타이드 결합을 형성하고 있으므로, 단백질을 구성하는 아미노산 중에서 아미노기(NH_3)가 결합되어 있는 것은 N-말단의 아미노산 하나뿐이다. 만약 아미노기와 특이적으로 반응하는 화합물을 처리한 후에 단백질을 산으로 분해하고, 이러한 아미노산을 크로마토그래피로 분리하여 화합물과 결합된 아미노산을 찾아낸다면, N-말단의 아미노산만 화합물에 반응할 것이다. 즉 이러한 방식으로 N-말단의 아미노산의 정체를 알아낸다는 계획이었다.

그렇다면 아미노기와 특이적으로 반응하는 화합물로 어떤 것을 사용했을까? 여러 종류의 화합물을 테스트해 본 결과 2,4-디니트로페놀(DNP; 2,4-dinitrophenol)이라는 화합물이 아미노산의 아미노기와 반응하여 결합하고, 색을 띠어 다른 아미노산과 쉽게 구분할 수 있었다. 단백질의 아미노기는 카르복실기와 결합하고 있기 때문에 DNP와 반응할 수 있는 아미노산은 N-말단에 있는 것 하나밖에 없다. 생어는 이를 이용하여 단백질에 DNP를 반응시키고, 산 처리로 단백질을 분해하는 방식으로 N-말단에 있는 아미노산을 찾아냈다. 결과는 1:1 비율로 페닐알라닌과 글리신이 차지하고 있었다. 즉 인슐린은 단일 가닥의 폴리펩타이드가 아닌 두 가닥의 단백질로 이루어져 있고, 그 안에 포함된 시스테인에 의해 이황화 결합(disulfide bond)으로 결합되므로 2개의 N-말단이 있다는 것을 알게 되었다.

이후 생어는 약한 산 처리로 인슐린을 불완전하게 분해한 다음에 여러 조각을 냈다. 이렇게 분리된 단백질 조각에는 새로운 아미노

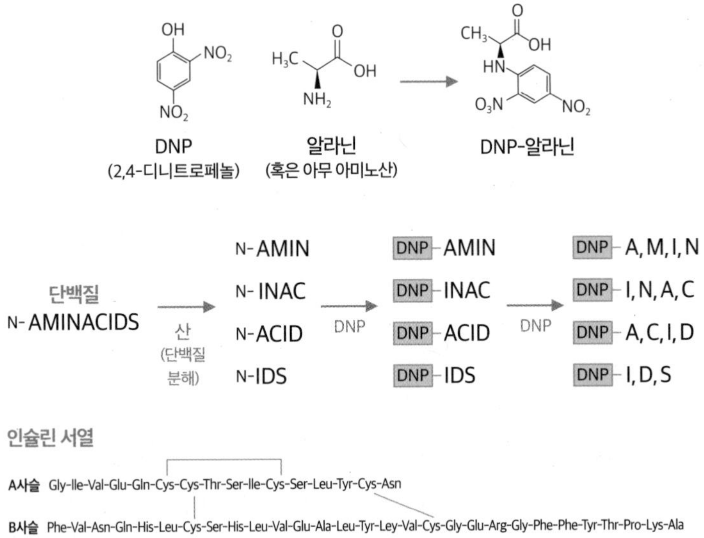
OH
NO_2
NO_2
DNP
(2,4-디니트로페놀)
O
H_3C
OH
NH_2
알라닌
(혹은 아무 아미노산)
O
CH_3
OH
HN
O_3N
NO_2
DNP-알라닌
단백질
N- AMINACIDS
산
(단백질
분해)
N- AMIN
N- INAC
N-ACID
N-IDS
DNP
DNP-AMIN
DNP-INAC
DNP-ACID
DNP-IDS
DNP
DNP- A, M, I, N
DNP- I, N, A, C
DNP- A, C, I, D
DNP- I, D, S
인슐린 서열
A사슬 Gly-Ile-Val-Glu-Gln-Cys-Cys-Thr-Ser-Ile-Cys-Ser-Leu-Tyr-Cys-Asn
B사슬 Phe-Val-Asn-Gln-His-Leu-Cys-Ser-His-Leu-Val-Glu-Ala-Leu-Tyr-Ley-Val-Cys-Gly-Glu-Arg-Gly-Phe-Phe-Tyr-Thr-Pro-Lys-Ala

그림 2-2 **생어가 최초로 확인한 고정된 아미노산의 서열**

프레더릭 생어는 인슐린의 아미노산 서열을 결정하여 측정한 단백질이 고정된 아미노산 서열로 되어 있음을 처음 확인했다.

말단이 생긴다. 여기에 다시 DNP를 처리하여 절단된 N-말단의 아미노산 조성을 파악했다. 그리고 나서 단백질을 특이적으로 분해하는 단백질 분해효소를 사용해 다른 패턴으로 단백질을 분해하고, 각 조각의 아미노산 조성을 알아냈다.

생어는 이러한 과정을 계속하여 아미노산 서열의 부분적인 정보를 얻고, 이를 퍼즐 맞추는 식으로 인슐린의 아미노산 순서를 단계적으로 알아냈고 1955년에는 전체 아미노산 서열을 알아냈다. 폴리펩타이드 두 가닥으로 구성된 인슐린은 이황화 결합으로 이어진 51개의 아미노산으로 구성되었다. 인슐린의 아미노산 서열은 단백질의 아미노산 서열로써 최초일 뿐만 아니라, 단백질이 고정된 아미노산 서열로 구성되어 있음을 최초로 확인했다는 점에서도 의미가 크다. 1958년 생어는 단백질 아미노산 서열을 최초로 결정한 업적으로 첫 번째 노벨 화학상을 수상한다.

이후 생어의 단백질 서열 결정법은 스웨덴의 화학자인 페르 에드먼(Pehr Edman)이 개발한 방법으로 대치되었다. 에드먼의 방법 역시 아미노기와 반응하는 페닐이소티오시안산(phenyl isothiocyanate)이라는 화학물질로 N-말단의 아미노산과 화합물을 만드는 것까지는 동일하다. 그러나 에드먼의 방법에서는 페닐이소티오시안산으로 표지된 아미노산은 단백질에서 분리되고, 두 번째 아미노산이 다시 아미노 말단이 된다. 따라서 30~50개의 아미노산 순서를 연속으로 결정할 수 있다는 장점이 있다. 한 번에 아미노 말단의 아미노산만 알 수 있는 생어의 방법에 비해 우월했기 때문에, 곧 에드먼의 단백질 분해법은 단백질의 아미노산 서열을 결정하는 주된 방법이 되었다.

이에 힘입어 여러 가지 단백질의 아미노산 서열이 결정되었다. 인슐린에 이어서 아미노산 서열이 결정된 단백질 중에 하나는 헤모글로빈이었다. 특히 정상 헤모글로빈과 겸상 적혈구 빈혈증(유전성의 용혈성 빈혈로 적혈구가 낫 모양을 띠면서 빈혈을 유발하는 질병) 환자 유래 헤모글로빈의 아미노산 서열을 조사해 본 결과, 겸상 적혈구 빈혈증 환자의 헤모글로빈에 있는 아미노산 하나가 정상 헤모글로빈과 달랐다. 이후 이것이 겸상 적혈구 빈혈증의 유발 원인임이 알려졌다. 이는 아미노산의 서열 변화가 기능 변화를 일으키고 결과적으로 질병을 유발한다는 점을 확인한 최초의 예다.

이처럼 1970년대 중반까지 단백질의 아미노산 서열은 순수하게 정제된 단백질을 충분히 얻고 이를 복잡한 화학 실험을 통하여 분석하는 식으로 결정되었으므로 시간이 오래 걸렸다. 2020년대에 들어서 단백질 구조 예측이 본격화되기 전까지 단백질의 3차 구조를 실험으로 결정하는 것에 맞먹을 정도로 어려운 일이었다. 1970년대 후반부터는 단백질을 화학적으로 분석하는 방법이 아닌, 다른 방법으로 단백질의 아미노산 서열을 결정할 수 있게 되었다. 이는 분자생물학의 발전과 관련되어 있다.

최초의 단백질 서열 데이터베이스

단백질 서열을 결정하는 실험적 방법이 알려진 이후, 자연계에 존재하는 단백질의 아미노산 서열 정보가 점차 축적되었다. 그러나 당시 아미노산 서열 정보의 축적 속도는 그리 빠르지 않았다. 단백질을 순수 분리하고 화학 실험을 통해 아미노산 서열을 얻는 것이 어려웠으므로, 1960년대까지만 해도 자연계에 풍부하게 존재하는 극히 일부 단백질의 아미노산 서열만 얻을 수 있었다.

1965년 미국의 물리화학자 마거릿 데이호프(Margaret Dayhoff, 1925~1983)와 리처드 익(Richard Eck)은 그때까지 알려진 약 65종 단백질의 아미노산 서열을 종합한《단백질 서열 및 구조 아틀라스(Atlas of Protein Sequence and Structure)》라는 책을 펴냈다. 오늘날에는 아미노산 서열이 알려진 단백질만 해도 약 2억 종이 넘어서 이를 책으로 기록한다는 건 상상하기 어렵지만, 최초의 단백질 서열 목록인 이 책은 약 100페이지 남짓한 책자로 구성되었다. 이 책에 기록된 단백질은 주로 사이토크롬 C(cytochrome C)나 헤모글로빈과 같이 대량으로 얻기 쉬워서 연구가 가능했던 것들이었고, 동일한 종류의 단백질이라도 각각 다른 생물에서 유래된 경우가 많았다. 이렇게 다른 생물 종에서 유래된 동일한 종류의 단백질이 많아지자, 데이호프와 익은 이들을 비교하는 방법을 고안할 필요성을 느꼈다.

이때까지는 단백질의 아미노산 서열을 3자 코드로 기록했다. 라이신을 'LYS', 알라닌을 'ALA'와 같이 줄여 부르는 식이었다. 그러나 당시에 과학자들이 사용하던 컴퓨터의 메모리(기억용량)는 지금에 비하면 아주 보잘것없어서, 비교 작업에 사용되는 메모리를 줄이기 위해서는 아미노산의 글자를 1자로 표기하는 것이 유리했다. 또한 종이로 출력하여 비교할 때도 3자 대신 1자가 편했다. 따라서 데이호프는 각각의 아미노산에 대응하는 1자 코드를 만들기로 결정한다. 일반적으로 많이 사용되는 단백질의 아미노산은 20종이고, 알파벳은 26자이므로 적어도 아미노산에 대응하는 글자가 모자랄 염려는 없었기 때문이다.

일단 시스테인(C), 히스티딘(H), 이소류신(I), 메티오닌(M), 세린(S), 발린(V), 알라닌(A), 글리신(G), 류신(L), 프롤린(P), 트레오닌(T)은 첫 글자를 그대로 사용했다. 첫 글자가 겹치는 다른 아미노산이 있었음에도 이들에게 우선권을 준 이유는 그때까지 알려진 단백질 서열에서 사용 빈도가 높고 구조가 간단했기 때문이라고 한다. 이후 아미노산의 첫 글자만으로 분류하기 힘든 것들이 속속 등장했다. 이것들의 코드는 어떻게 결정되었을까?

먼저 아르기닌(arginine)과 타이로신(tyrosine)은 두 번째 글자인 R과 Y로 지정되었다. 하지만 페닐알라닌(phenylalanine)과 트립토판(tryptophan)의 두 번째 글자는 이미 사용되고 있어서 겹치지 않는 다른 코드를 지정했다. 페닐알라닌은 비슷한 발음인 'Fenyl'을 따서 F로, 트립토판은 화학 구조식에 2개의 링(double ring)이 있다는 점에 착안하여 W로 결정되었다.

그 다음으로 아스파르트산, 아스파라긴, 글루탐산, 글루타민(glutamine)이다. 아미노산의 화학 구조식을 살펴보면 아스파르트산과 글루탐산은 암모니아가 하나 더 붙으면 아스파라긴과 글루타민이 된다. 따라서 데이호프는 아스파르트산과 아스파라긴, 글루탐산과 글루타민의 연관성을 고려하면서도 아스파르트산은 글루탐산보다 작고, 아스파라긴은 글루타민보다 작다는 것을 떠올렸다.

따라서 남은 글자 중에서 아스파르트산을 D, 글루탐산을 그다음 글자인 E로 정했다. 그리고 (아미노기가 붙어서) 분자량이 더 큰 아스파라긴과 글루타민을 남는 글자인 N과 Q로 정했다. 글루타민의 코드를 N 다음 글자인 O가 아닌 Q로 결정한 이유로 확신할 수 없지만 Q의 발음이 Glu와 그나마 유사해서 그랬다는 이야기가 있다(O는 한참 나중에 22번째 아미노산인 피롤리신의 약자로 사용된다). 마지막으로 남은 라이신은 크기가 비슷한 류신(L)에서 그리 멀지 않은 글자인 K를 선택했다.

셀레노시스테인(U)과 피롤리신(O)의 코드에는 재미있는 일화가 있다. 그전까지 코드 글자로 U나 O가 거론되지 않았는데, U는 손으로 쓴 글자를 해독할 때 V와 혼동될 수 있고, O는 프린터 인쇄가 잘 못되었을 때 G, Q, C, D와 혼동될 수 있었기 때문이라고 한다. 지금은 상상하기 어렵지만 당시만 해도 아미노산 서열을 종종 손으로 쓰거나 도트 프린터로 인쇄하던 시절이었다. 셀레노시스테인과 피롤리신의 코드는 이러한 문제가 없어졌을 때 정해졌다. 현재도 쓰이는 알파벳 아미노산 기호는 이런 식으로 결정되었다.

DNA 서열을 통한 단백질 아미노산 서열 결정

1960년대 이후 단백질의 아미노산 서열이 궁극적으로 DNA의 DNA 염기 서열에서 유래되고, 이것이 RNA를 거쳐 단백질로 전달된다는 분자생물학의 중심 가설(central dogma)이 세워졌다. 이는 이후 단백질 서열 분석에도 직접적인 영향을 미친다. 특히 1965년 유전 암호, 즉 20개의 아미노산을 의미하는 염기 서열이 알려진 후에는 단백질의 아미노산 서열과 DNA의 관계가 확립된다.

만약 단백질을 암호화하는 DNA 또는 RNA의 염기 서열을 알게 된다면 이를 바탕으로 단백질의 아미노산 서열을 알 수 있을 것이다. 그러나 단백질의 아미노산 서열 결정법은 1955년 생어가 발표한 후에 개선된 방법이 나와 있었지만, 당시만 해도 DNA 또는 RNA 염기 서열을 결정하는 방법은 존재하지 않았다.

DNA와 RNA 중 염기 서열 결정법이 먼저 등장한 쪽은 RNA였다. 1965년 미국의 생화학자 로버트 홀리(Robert W. Holley, 1922~1993)는 효모의 알라닌 tRNA(transfer RNA, 전달 RNA)의 염기 서열을 결정한다. 홀리는 생어가 인슐린의 아미노산 서열을 결정한 것과 유사하게 tRNA를 부분적으로 조각낸 후 이를 분해하여 tRNA를 구성하는 염기를 종이 크로마토그래피를 이용해 알아내고, 다시 조합하는 방식으로 77개 염기 길이의 tRNA 서열을 모두 결정했다. 이후 이러한 방법으로 몇 종류의 RNA 서열들이 결정되었다.

또한 생어는 단백질의 아미노산 서열 결정법을 개발한 공로로 노벨 화학상을 받은 후에 RNA의 서열 결정법도 개발한다. RNA 서열 결정 역시 단백질 서열을 결정할 때 사용한 방법처럼 RNA를 분해한 다음, RNA의 구성 성분을 화학적으로 조사하는 방법이 적용되었다. 1967년, 생어는 리보솜을 구성하는 작은 RNA인 5S RNA의 120개 염기 순서를 결정하는 데 성공한다. 그러나 단백질의 아미노산 서열을 결정하는 것처럼 RNA 서열 결정에도 당시 매우 많은 시간과 노력이 들었다. 따라서 그때 개발한 방법으로 유전자 전체의 서열을 결정하기는 어려웠다. 결국 좀 더 빠르게 염기 서열, 특히 DNA의 염기 서열을 결정하는 새로운 방법이 필요했다.

이후 생어를 비롯해 많은 연구자가 DNA의 염기 서열 결정법 개발에 뛰어든다. 1977년, 하버드대학교의 분자생물학자 월터 길버트(Walter Gilbert)와 앨런 맥섬(Allan Maxam)은 동위원소로 표지된 DNA를 화학적으로 분해하여 서열을 결정하는 방법을 개발한다(이를 '맥섬-길버트 염기서열법'**Maxam-Gilbert sequencing**이라고 부른다). 반면 생어는 DNA를 시험관 내에서 복제하는 DNA 중합효소 (DNA polymerase)를 이용해 DNA 서열을 결정하는 방법을 고안했다. 그는 디디옥시뉴클레오티드(dideoxynucleotide)를 중합효소 반응에 첨가해 보았다(디디옥시뉴클레오티드는 DNA 중합효소에 의해 DNA가 되는 단위체인 디옥시뉴클레오티드**deoxynucleotide**가 약간 변형된 물질이다). 하나의 히드록시기(-OH)를 가지고 있어서 다른 디옥시뉴클레오티드를 받아들이고 DNA 합성을 계속 가능케 하는 디옥시뉴클레오티드와는 달리, 히드록시기가 전혀 없는 디디옥시뉴클레오티드가 DNA 반응에 들어가면 DNA 합성이 중단된다. 미량의 디디옥시뉴클레오티드와 디옥시뉴클레오티드가 섞인 혼합물이 DNA 중합효소 반응에 들어가면 길이가 서로 다른 DNA 조각이 생기기 때문이다. 생어는 이렇듯 길이가 다른 DNA 조각을 전기영동 (electrophoresis)이라는 방법으로 분리하여 염기 서열을 결정할 수 있음을 밝혀냈다.

생어가 개발하고 1977년 발표한 이 실험 방법은 현재 '생어 염기 서열 분석'(Sanger sequencing)이라고 부른다(여기서 알 수 있듯 염기 서열 분석법은 '시퀀싱'**sequencing**으로 표현한다). 생어 염기 서열 분석은 여러 가지 화학물질을 사용해야 하는 맥섬-길버트 염기서열법에 비해 훨씬 효율적이었다. 생어는 이 방법으로 5,375개 염기에 달하는 박테리오파지 X174의 전체 유전체 서열을 결정하여 1977년 발표한다. 또한 1981년에는 인간 미토콘드리아의 16,569개 염기 서열을 결정할 수 있었다. 생어 염기 서열 분석은 이후에 꾸준히 사용되어, 2001년 인간 유전체의 전체 서열을 결정할 때도 사용되었다. 생어는 1980년 생어 염기 서열 분석을 개발한 공로로 두 번째 노벨 화학상을 수상한다.

이렇듯 효율적인 DNA 서열 결정이 가능해지면서 이후 DNA 정보에 근거하여 유전자의 염기 서열을 결정할 수 있게 되었다. 또한 특정한 유전자가 만들어 내는 단백질의 아미노산 서열 역시 유전 암호를 번역하여 얻을 수 있게 되었다. 굳이 단백질을 분해하여 아미노산을 분리하지 않고도 DNA 정보로 아미노산의 서열을 빠르게 유추하게 되면서 수많은 단백질의 아미노산 서열 정보를 차곡차곡 쌓을 수 있었다. 특히 20세기 후반에 들어 생물 유전체 수준의 모든 DNA 정보를 알아내는 게놈 프로젝트가 여러 생물을 대상으로 진행되었고, 이로써 지구상 생물들이 가지고 있는 거의 모든 단백질의 아미노산 서열이 알려졌다.

다시 말해 단백질 서열 결정법의 개발은 단백질의 가장 중요한 정보인 단백질이 어떤 아미노산 순서로 되어 있는지 손쉽게 파악하는 계기가 되었다. 이러한 단백질의 서열 정보는 이후 단백질의 기능을 분석하는 가장 중요한 1차 자료가 된다. 이후 단백질 구조 예측에서도 단백질 서열 정보는 가장 기본적인 자료가 되었다.

03

단백질은 과연 고정된 구조의
고분자일까?

오늘날에는 단백질이 수만 이상의 분자량을 가진 고분자이며, 생물학적으로 중요한 단백질은 대부분 일정한 입체 구조를 띤다는 것이 정설로 인정된다. 하지만 20세기 초반까지는 이러한 사실이 널리 받아들여지지 못했다.

가령 단백질이 분자량 1만 이상의 고분자라는 점은 19세기 말 헤모글로빈의 원소 분석을 통하여 처음 알려졌다. 하지만 이에 의심을 품는 사람이 많았다. 그도 그럴 것이 그때까지 알려진 대부분 물질의 분자량은 1,000 이내였다. 그런 상황에서 이보다 분자량이 10배 이상 큰 물질이 과연 존재하는지 의구심을 가질 수밖에 없었을 것이다. 예를 들어 코끼리와 같이 덩치 큰 짐승을 한 번도 본 적 없는 사람들에게 지구 어딘가에 몸무게가 5톤이 넘는 짐승이 있다는 사실을 어떻게 납득시킬 수 있을까? 결국 그런 짐승이 실제로 존재한다는 증거들을 제시하고, 결정적으로 눈앞에 코끼리를 데려다 놓는 방법밖에 없을 것이다. 이처럼 단백질이 고분자임을 인정하는 과정에도 여러 가지 증거가 필요했다.

단백질이 고분자임을 증명하기 위한 여정

단백질이 고분자라는 최초의 증거는 1장에서 말한 대로 헤모글로빈을 구성하는 원소 분석에서 나왔다. 헤모글로빈은 결정화를 통해 손쉽게 정제할 수 있는 단백질이었고, 헤모글로빈에는 다른 단백질에서는 흔히 찾아볼 수 없는 철 원자가 들어 있는 헴이 결합되어 있었다. 이를 통해 헤모글로빈 내에서 철이 차지하는 비율을 알아낸 후 헤모글로빈의 분자량이(철 원자가 1개 있을 경우) 최소 16,000이라는 것을 계산할 수 있었다. 이러한 결과는 단일 생물 유래의 헤모글로빈뿐만 아니라 여러 종류의 헤모글로빈에서 일정하게 재현되었다.

이후 단백질을 분해하여 단백질 내의 아미노산 조성을 조사하면서도 비슷한 결과를 얻게 되었다. 그때까지 알려진 다른 고분자, 즉 셀룰로스나 녹말 등은 단일한 종류의 물질이 중합되어 만들어진 것이라 이를 분해해도 분자량에 대한 정보는 얻기 힘들었다. 그러나 단백질은 서로 다른 아미노산으로 구성되어 있고, 단백질을 분해하면 다른 아미노산보다 훨씬 적은 양의 아미노산이 항상 검출되었다. 가령 우유에 많이 존재하는 단백질인 카세인의 아미노산을 살펴보면 약 10%를 차지하는 글루탐산과 1% 내외를 차지하는 트립토판이 함께 존재했다. 이렇듯 비율만으로 아미노산 개수를 계산해 봐도 대부분의 단백질은 수백 개의 아미노산으로 구성된 고분자 물질임이 명백했다.

그러나 이러한 화학적 증거에도 불구하고, 단백질의 분자량을 측정한 물리적 데이터가 없는 상태에서는 단백질이 실제로 고분자 물질이 맞는지 의구심이 계속되었다. 특히 20세기 초에 콜로이드 화학(colloid chemistry)이 발전하면서 이러한 혼동이 지속되었다.

교질(膠質)이라고도 하는 콜로이드(colloid)는 일종의 혼합물로, 개별 분자가 용매 내에 완전히 퍼져 있는 용액과는 달리 물속의 분자가 일정한 크기로 응집되어 용액 속에 퍼져 있는 상태를 의미한다. 콜로이드의 좋은 예로 우유의 유지방을 들 수 있는데, 유지방에는 물 분자에 둘러싸인 유지방 입자가 모여 있고 오래 두어도 분리되지 않는다. 즉 일정한 시간이 지나면 중력 때문에 토양 입자들이 가라앉아 분리되는 흙탕물 등의 '불균일 혼합물'과는 성질이 다르다. 콜로이드는 완전히 녹아든 수용액과 불균일 혼합물의 중간쯤 성질을 띤다.

콜로이드 화학이 발전하면서 단백질 역시 진정한 고분자가 아닌 소분자 물질이 응집하여 콜로이드 상태로 존재하는 게 아니냐는 주장이 나오기 시작했다. 이전부터 단백질을 연구하던 생화학자들은 이러한 주장에 반박했지만 뚜렷한 결론은 나오지 않았다. 역설적이게도 이러한 논쟁에 종지부를 찍은 것은 콜로이드를 연구하던 학자들이었다.

스베드베리와 초원심분리기

스웨덴의 화학자인 테오도르 스베드베리(Theodor Svedberg, 1884 ~1971)는 1907년 콜로이드의 브라운 운동에 관한 연구로 박사학위를 받고, 스웨덴의 웁살라대학교에서 콜로이드 관련 연구를 수행했다. 이처럼 그는 처음엔 단백질과 관련 없는 콜로이드를 연구했으며 콜로이드 입자 크기의 분포에 특히 관심을 보였다. 이후 그는 액체 속 콜로이드 입자의 크기를 파악하는 방법을 고안한다.

입자가 200nm 정도인 토양은 지구 중력에서 가라앉지만, 일반적으로 그보다 작은 콜로이드 입자는 지구 중력에서도 가라앉지 않는다. 이보다 작은 (따라서 질량이 작은) 입자라면 어떻게 될까? 만약 지구 중력보다 높은 중력을 가하면 지구 중력에서 가라앉지 않는 입자라도 가라앉을 테고 침강 속도(가라앉는 속도)는 입자의 질량과 비례할 것이다. 그렇다면 어떻게 중력을 높일 수 있을까? 물체를 고속으로 회전시킨다면 중력보다 높은 원심력이 작용할 것이고, 이러한 원심력에 따라 중력이 높은 행성에 가지 않더라도 높은 중력으로 물체를 가라앉힐 수 있다. 이러한 원리에 기반하여 만들어진 것이 원심분리기(centrifuge)다.

스베드베리는 매우 빠른 속도로 회전할 수 있는 로터(rotor)에 콜로이드 시료를 넣고 회전시켰다. 그러면 콜로이드 용액에 들어 있는 입자의 질량이 클수록 좀 더 빨리 가라앉고 시간에 따라 침강이 끝날 것이다. 우유에 있는 유지방인 미셀(micelle)과 같이 덩치가 매우 큰 덩어리는 손으로 돌리는 수준의 분당 수백 번 회전만으로도 충분히 침강한다. 그러나 입자가 작아질수록 침강 속도는 느려진다.

그렇다면 이 과정을 어떻게 관찰할 수 있을까? 오늘날 시료를 분리할 때 사용하는 조제용 원심분리기(preparative centrifuge)는 밀폐된 로터 안에 시료가 들어가기 때문에 시료 안에서 침강이 어떻게 일어나는지 볼 수 없다. 하지만 스베드베리가 만든 초원심분리기(ultracentrifuge)에는 외부에 시료를 관찰할 수 있는 구멍이 뚫려 있고, 이 구멍을 통해 자외선이 투과되었다. 이후 빛을 흡수하는 콜로이드 시료를 시간대별로 촬영하여 시료가 얼마나 침강하는지 관찰할 수 있었다. 스베드베리가 처음 만든 초원심분리기는 중력보다 5,000배 높은 원심력으로 입자를 빠르게 침강시킬 수 있었으며, 원심력을 높일수록 중력 또한 높아져서 분당 4만 2,000번 회전할 경우 중력은 지구 중력의 90만 배(900,000×g)까지 높아진다. 스베드베리는 이미 잘 알려진 콜로이드 물질인 금 콜로이드(colloidal gold) 용액을 이용하여 5nm 지름의 콜로이드 입자까지 지름을 추정해 냈다. 이를 통해 콜로이드 입자는 지름이 균일하지 않으며, 4~10nm 지름이 분포되어 있고 평균 지름은 7nm라는 사실을 알게 되었다.

스베드베리가 다음으로 선택한 연구 재료는 단백질이었다. 그는 콜로이드 화학을 연구한 여느 연구자처럼 단백질 역시 분자량이 일정하지 않을 것으로 예상했다. 그러나 그의 예상과는 달리 헤모글로빈 샘플은 매우 일정한 분포를 보였으며, 침강 속도에 의해 추정된 분자량은 약 67,000이었다. 기존에 헤모글로빈의 질량에서 철의 비중을 통해 추산한 분자량인 16,700의 약 4배에 해당하는 값으로, 이는 헤모글로빈이 4개 분자가 결합되어 존재한다는 것을 의미한다.

스베드베리는 이후 다양한 단백질을 대상으로 분자량을 측정했다. 젤라틴 등의 극히 일부 단백질을 제외하고는 대부분의 단백질은

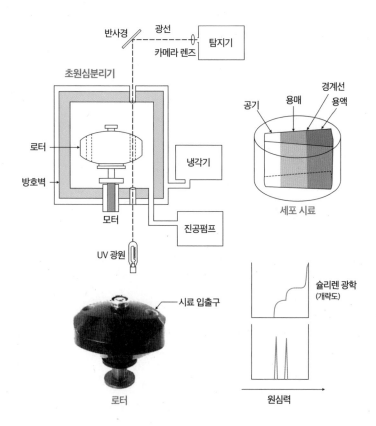

그림 3-1 **분석용 초원심분리기의 예**

35,000 정도부터 100만 이상까지 분자량이 다양했지만 각각 일정한 분자량을 기록했다. 결국 스베드베리는 단백질은 콜로이드 형태로 다양한 분자량을 가진 응집체가 아니라, 진정한 고분자 물질임을 인정하게 되었다.

이렇게 단백질이 진정한 고분자 물질임을 물리적인 방법으로 측정한 이후, 다음 과제는 과연 단백질이 일정한 구조를 가지고 있는지였다. 이를 위해서는 또 다른 물리적 분석법이 필요했다.

단백질 구조 분석의 핵심이 된 X선 결정학

1895년 독일의 물리학자 빌헬름 뢴트겐(Wilhelm Conrad Röntgen, 1845~1923)은 가시광선보다 파장이 훨씬 짧은(10~0.01nm, 가시광선은 400~700nm) 전자기파를 발견한다. 이 전자기파는 투과력이 매우 강하여 인체 내부를 투과해 뼈를 관찰할 수 있었으며, 이러한 성질 때문에 의료 기술에 엄청난 영향을 미친다. 이 전자기파는 '뢴트겐선' 또는 'X선'으로 불리게 된다.

기존의 가시광선에서는 볼 수 없던 높은 에너지의 전자기파인 X선은 곧 여러 가지 흥미 있는 현상을 유도한다는 것이 밝혀진다. 1912년 독일의 물리학자 막스 폰 라우에(Max Von Laue, 1879~1960)는 X선을 황산구리의 결정에 노출시키면 X선에 특정한 패턴이 나타난다는 것을 발견한다. 결정 속의 규칙적으로 배열된 원자 구조에 X선의 파동이 접촉하면 간섭이 일어났기 때문이다. 이러한 현상을 회절(diffraction)이라고 부른다.

1913년 영국의 윌리엄 헨리 브래그(William Henry Bragg)와 윌리엄 로런스 브래그(William Lawrence Bragg) 부자는 결정에서 X선이 회절되는 조건을 규명했다. 결정은 주기적인 구조를 가진 물질이고, X선을 다양한 각도에서 비추면 어떤 각도에서는 강한 회절이 일어나지만, 다른 각도에서는 회절이 일어나지 않는다. 이는 결정을 구성하는 물질의 원자에 X선이 충돌하여 파장의 방향이 바뀔 때 어느 경우에는 파장이 중첩되어 강해지고, 다른 경우에는 약해지기 때문에 일어나는 현상이다. 브래그 부자는 격자에서 X선의 회절이 나타나는 조건을 수식으로 확립했고, 이 수식은 브래그 법칙(Bragg's Law)으로 알려진다. 이후 브래그 법칙을 이용해 여러 가지 무기물의 결정 내에서 원자가 어떻게 배열되어 있는지 알 수 있게 되었다. 즉 결정에서 유래된 X선 회절 패턴을 분석함으로써, 결정 내 원자들의 배열 정보를 파악할 수 있게 된 것이다. 이것이 무기물, 유기 화합물부터 단백질까지 수많은 화학 물질의 구조 분석을 가능케 한 X선 결정학의 시작이다.

처음엔 단순한 무기물 결정 구조를 밝히는 데 쓰였던 X선 결정학은 이후 좀 더 복잡한 탄소 화합물의 구조를 결정하는 데 사용되기 시작한다. 1925년 윌리엄 로런스 브래그의 제자였던 결정학자 존 데즈먼드 버널(John Desmond Bernal, 1901~1971)은 흑연(graphite) 결정을 X선 회절로 분석하여 흑연이 탄소가 육각형 형태로 이루어진 격자 구조임을 밝혀낸다. 이후 X선 결정학은 여러 가지 유기 화합물의 구조를 밝히는 데 사용되었고, 이는 1947년 항생제 페니실린(penicillin), 1952년 비타민 B_{12}의 구조와 같이 복잡한 유기 화합물의 구조 규명으로 이어진다. 이후 X선 결정학은 가장 복잡한 탄소 화합물인 단백질의 구조를 밝히는 핵심 도구로 쓰이게 된다.

X선을 통한 단백질 구조 관찰

단백질 구조 연구에 X선을 제일 먼저 사용한 사람은 영국 리즈대학교의 연구자였던 윌리엄 애스터버리(William Astbury, 1898~1961)였다. 캠브리지대학교에서 윌리엄 헨리 브래그의 제자로서 연구를 수행하던 애스터버리는 1930년경 리즈대학교로 자리를 옮기면서 양모를 구성하는 케라틴(keratin)을 연구하기 시작한다. 리즈대학교는 당시 모직물 산업이 발달했던 웨스트요크셔주에 위치하고 있어서 양모업자에게 연구비를 비교적 수월하게 얻을 수 있었다.

관찰 결과 양모의 케라틴은 결정을 형성하고 있지는 않았지만 섬유 형태가 균일했다. 애스터버리는 이렇게 규칙적으로 배열된 케라틴 섬유에 X선을 노출하면 X선 산란이 일어나서 균일하게 배열된 단백질의 구조에 대한 정보를 얻을 수 있다고 보았다(현재 이러한 실험 방법을 '광각 산란'WAXS; Wide Angle X-ray Scattering이라고 부른다).

애스터버리는 양모를 그대로 X선에 노출했을 때와 팽팽하게 당겨 노출했을 때 X선 산란 패턴이 어떻게 달라지는지 관찰했다. 양모를 그대로 X선에 노출하면 원호 형태의 패턴이 나타났는데, 애스터버리는 이를 단백질이 나선 구조를 이룬다고 해석하며 약 5.1옹스트롬(1옹스트롬은 0.1nm의 길이이며, 기호는 Å) 간격으로 나선이 반복되었다고 생각했다. 그러나 이러한 패턴은 양모를 팽팽하게 당기면 없어졌는데, 그는 이를 나선 구조가 양모를 팽팽하게 당김으로써 변형된다고 해석했다.

후속 연구에서 케라틴은 알파 나선(alpha-helix)들이 중첩되어 존재하는 이중나선(coiled coil) 구조로 되어 있고, 애스터버리가 기술한 것과 매우 근접한 수치인 5.4옹스트롬 간격으로 구조가 반복되며, 구조의 변형 역시 일어난다는 것이 확인되었다. 애스터버리는 1938년 DNA 샘플도 X선을 이용하여 측정했는데, 측정 결과 케라틴과 마찬가지로 DNA에서도 약 3.3옹스트롬 단위로 반복되는 구조가 관측되었다(실제 DNA의 구조에서 염기 서열 간의 거리는 3.4옹스트롬이다). 이러한 관측 데이터에 기반하여 애스터버리는 DNA와 이를 구성하는 염기가 동전을 쌓아 올린 것처럼 나선형으로 존재한다는 모델을 만들었다. 애스터버리의 모델은 그로부터 15년 후에 발표된 왓슨-크릭 모델과는 차이가 크다. 그러나 애스터버리는 단백질뿐 아니라 DNA의 X선 산란 결과를 이용해 구조 모델을 제시한 최초의 연구자라는 점에서 '최초의 구조생물학자'라고 불릴 만하다.

애스터버리의 실험 결과는 단일 결정이 아닌 섬유상의 단백질(또는 DNA)에 대한 결과였다. 그렇다면 단백질 결정에 대한 X선 회절은 언제 확인되었을까? 1장에서 설명한 대로 1926년 미국의 섬너가 요소 분해효소를 최초로 결정화했고, 1929년 존 하워드 노스럽이 단백질 분해효소인 펩신을 결정화했다.

1934년 캠브리지대학교에 있던 존 데즈먼드 버널은 펩신 결정에 X선을 쪼여 보았다. 그러자 말라 있는 결정에는 아무런 회절이 보이지 않았으나, 작은 모세관에 결정과 액체를 넣고 적신 상태에서 X선을 쏘아 보니 다양한 점으로 이루어진 회절 패턴이 나타났다. 버널과 실험을 같이 수행한 대학원생 도러시 크로풋(Dorothy Crowfoot,

나중에 결혼 후 도러시 크로풋 호지킨Dorothy Crowfoot Hodgkin이라는 이름을 쓰며 1964년 노벨 화학상을 수상한다)은 회절 시험 결과를 종합해 1934 년《네이처》에 논문으로 발표한다.

효소의 결정이 회절한다는 것은 무엇을 의미할까? 결정은 분자가 일정한 규칙으로 입체 배열되어 있다는 뜻이며, X선을 쪼였을 때 결 정에 회절 패턴이 나타난다는 것은 결정을 구성하는 분자가 고정된 화학 구조를 띤다는 의미다. 즉 이 결과는 단백질이 고정된 3차 구조 를 가지고 있음을 암시하는 첫 번째 결과다.

X선을 쪼여서 얻은 회절 패턴을 분석함으로써 두 사람은 결정을 구성하는 최소 단위(unit cell이라고 부른다)를 알아내고, 이 최소 단 위의 부피를 통해 단백질이 수만의 분자량으로 된 고분자임을 다시 확인했다. 단백질 결정의 회절 패턴은 해당 단백질의 결정화 방식과 결정 내 단백질 원자의 배열 방식에 따라 결정된다. 결국 결정의 회 절 패턴에는 단백질 구조에 대한 정보가 들어 있는 셈이다.

이후 1939년 버널은 단백질 결정의 회절 패턴에서 2옹스트롬 이 하로 떨어져 있는 원자의 회절된 파동을 식별할 수 있음을 규명했 다. 이는 단백질 내 원자들이 결합하는 거리인 1.5옹스트롬과 거의 근접하므로, 단백질 결정의 회절 패턴에는 단백질을 구성하는 원자 의 위치를 판별할 수준의 정보가 들어 있다는 것을 의미한다.

그렇다면 이러한 정보를 이용하여 단백질의 3차 구조를 어떻게 풀어낼까? 1930년대에는 회절 패턴에서 단백질 구조를 알아내는 방법을 짐작할 수 없었다. 당시까지 X선 회절 패턴을 통해 구조를 알아낸 물질들은 주로 간단한 무기물질이나 원자 수십 개로 구성 된 유기물질 정도였기 때문이다. 이러한 상황에서 수천 개의 원자로 구성된 단백질의 구조를 X선 회절 패턴으로 알아낸다는 것은 쉬운 문제가 아니었다. 결국 이의 해답은 1950년대 이후에나 등장한다.

2

실험구조생물학의
발전

1940년대 이후 양자화학을 통해
원자 간 화학 결합의 성질이 밝혀지자
화학 결합의 거리와 각도 등도 규명되었고,
이에 기반하여 아미노산이 연결된 폴리펩타이드가
3차원 공간에서 어떻게 배열되어 있는지에 대한
모델을 구축하려는 연구가 시작되었다.

X선 결정학에 의한
단백질 구조 해석

오스트리아 출신의 분자생물학자인 막스 페르디난트 퍼루츠(Max Ferdinand Perutz, 1914~2002)는 1936년 캠브리지대학교의 캐번디시 연구소에서 버널의 지도를 받으며 단백질 X선 결정학 연구를 시작한다. 퍼루츠가 연구 대상으로 삼은 단백질은 혈액 내에서 산소와 결합하는 단백질인 헤모글로빈이었다. 헤모글로빈은 가장 먼저 결정화된 단백질이었으므로, 결정화하기가 매우 용이했다는 게 연구 대상으로 삼은 주된 이유였을 것이다.

1938년 퍼루츠는 버널과 함께 헤모글로빈 결정의 X선 회절 결과를 보고한다. 그가 발표한 결정은 X선을 매우 잘 회절했고, 최대 2옹스트롬 간격의 회절 신호도 포착되었다. 이러한 결과는 단백질 결정에서 나온 회절 신호가 단백질을 구성하는 개별 원자에서 나오는 신호를 구별할 정도로 고해상도이며, 단백질 구조에서 유래된 회절 신호를 분석하면 단백질의 구조를 원자 수준에서 파악할 수 있다는 것을 암시했다. 그러나 문제는 이 신호를 어떻게 해석하느냐였다.

회절 패턴에서 단백질 구조 규명까지

단백질 결정에서 회절되어 나오는 X선 신호는 X선 필름에 감광하는 형태로 저장되며, 이 정보를 통해 원자로부터 나온 X선 신호의 세기를 알 수 있다. 그러나 이를 이용해 X선을 회절하는 원자의 형태(단백질의 구조)를 알기 위해서는 회절 신호의 세기, 즉 X선 파동의 진폭만으로는 불충분했다. 각 단백질 원자에 맞고 튕겨 나오는 X선 파동의 진폭뿐만 아니라, 각각의 위상(phase)을 알아야 단백질 원자 위치를 재구성할 수 있기 때문이다.

완전히 정확하진 않겠지만 좀 더 이해하기 쉬운 비유로 알아보자. X선 회절 신호를 이용해 단백질의 원자 구조를 파악하는 연구는 물체의 그림자를 이용해 어떤 물체의 완전한 입체 모델을 구축하려는 것과 비슷하다. 어떤 물체에 빛을 비추어 그림자를 드리울 때, 그림자를 보고 물체의 윤곽이나 전반적인 크기는 알 수 있더라도 물체의 모든 특징을 알 수는 없다. 가령 사람의 그림자를 보고 체형은 알아보더라도 구체적인 얼굴 모양이나 옷 무늬 같은 세부적인 정보를 알 수 없는 것과 비슷한 상황이라고 생각하면 된다.

퍼루츠가 직면한 문제도 바로 이와 비슷한 상황이었다. 즉 단백질 결정에서의 X선 회절 데이터를 통해 회절하는 X선 파동의 세기는 알 수 있지만, 파동을 형성하게 한 원자의 위치(X선 파동의 위상)

를 알 수는 없다. 한마디로 회절 데이터에는 단백질의 구조에 대한 정보가 들어 있지만, 구조를 실제로 풀어내려면 회절 데이터만으로는 부족하고 암호를 푸는 열쇠처럼 위상 정보가 필요하다. 이 문제는 이후 '위상 문제'(phase problem)라고 불렸으며, 한동안 해결책이 등장하지 않았다.

퍼루츠가 위상 문제에 고심하고 있던 1939년, 유럽에 제2차 세계대전이 발발했다. 당시 오스트리아는 영국 입장에서는 적성국이었고, 오스트리아 출신의 퍼루츠는 적국의 시민을 격리한다는 영국 정책으로 뉴펀들랜드의 수용소에 몇 달간 억류된다. 수용소에서 석방된 후 연구소에 돌아갔지만 영국 내 연구기관들은 전쟁에 필요한 연구를 수행하고 있었으며, 퍼루츠 또한 얼음을 이용해 항공모함을 만든다는 군사 프로젝트인 '하박국 계획'에 관여한다. 전쟁 때 수행하던 연구들은 이후 중단되지만, 1945년 전쟁이 끝날 때까지 단백질 구조 연구는 진전 없이 멈춰 있었다.

제2차 세계대전 종전 후 퍼루츠는 단백질 구조 연구로 복귀했으며 이후 몇몇 동료가 합류한다. 먼저 존 카우더리 켄드루(John Cowdery Kendrew, 1917~1997)는 헤모글로빈처럼 산소를 운반하는 단백질이지만 혈액이 아닌 근육에서 산소를 공급하는 미오글로빈(myoglobin)에 대한 연구를 시작한다. 헤모글로빈은 4개의 단백질이 결합된 분자량 6만 정도의 단백질이지만, 미오글로빈은 헤모글로빈과 유사한 단백질이 단 하나뿐이므로 구조 규명에 좀 더 용이할 것으로 판단되었기 때문이다.

헤모글로빈과 달리 미오글로빈의 결정화 과정은 순탄하지 못했다. 켄드루는 처음에 말 심근 유래의 미오글로빈을 분리해서 결정화하려고 했으나 실패했다. 이후 그는 물에서 사는 포유동물이 육상 포유동물에 비해 미오글로빈 함량이 높다는 것을 알게 되었다. (미오글로빈은 근육에서 산소를 공급하는 단백질이므로 산소가 부족한 환경에 사는 동물이 더 많은 미오글로빈을 가지고 있다.) 그리고 다양한 종류의 해양동물(돌고래, 물개, 펭귄, 거북, 잉어 등)의 미오글로빈을 테스트하여, 끝내 흰고래 고기 유래의 미오글로빈이 연구에 적합한 결정을 만든다는 것을 알아내고 고래 유래의 미오글로빈 구조를 해석하기 위해 노력했다. 켄드루의 이러한 접근 방식, 즉 다양한 생물 종의 단백질 구조는 대개 비슷하므로 비교적 얻기 쉽고 결정도 잘 만들어지는 생물의 단백질 구조를 결정하는 것은 후대 구조생물학자들의 일반적인 연구 방식이 된다.

퍼루츠 연구팀에 합류한 또 다른 동료는 물리학 대학원생인 프랜시스 크릭(Francis Crick, 1916~2004)이었다. 나중에 프랜시스 크릭은 미국 출신의 포스트닥(박사 후 과정)인 제임스 왓슨(James Watson, 1928~)과 함께 DNA 이중나선 모델을 만들어 유명해졌다. 퍼루츠 연구팀에 합류할 당시 크릭의 박사학위 주제는 단백질의 3차 구조 해석법을 찾는 것이었다. 그러나 여전히 X선 회절의 위상 정보를 구하여 이를 통해 단백질의 3차 구조를 얻는 방법에는 별다른 진척이 없었다. 이러한 상황에서 미국에서 단백질 구조에 관련한 큰 진전이 보고된다.

단백질의 2차 구조 모델

영국에서 처음 단백질의 구조를 연구했던 과학자들은 X선 회절과 같은 실험 데이터를 해석하여 단백질 구조의 실마리를 얻으려고 노력했다. 그러나 다른 한편에서는 화학적 지식에 기반해 단백질의 구조를 밝혀내는 이론적인 연구도 진행되었다. 특히 1940년대 이후 양자화학을 통해 원자 간 화학 결합의 성질이 밝혀지자 화학 결합의 거리와 각도 등도 규명되었고, 이에 기반하여 아미노산이 연결된 폴리펩타이드가 3차원 공간에서 어떻게 배열되어 있는지에 대한 모델을 구축하려는 연구가 시작되었다.

이러한 연구를 주도한 사람은 칼텍(Caltech, 캘리포니아공과대학교)의 화학자 라이너스 폴링(Linus Carl Pauling, 1901~1994)이었다. 폴링은 단백질의 펩타이드 결합이 이중 결합적인 성격을 띠고 있고, 따라서 펩타이드 결합을 구성하는 원자들은 평면에 배열되며 카르복실기의 산소는 아미노기의 수소를 끌어당겨 수소 결합을 할 수 있다는 것을 깨달았다. 그는 이렇듯 자신의 양자화학 지식을 바탕으로 제약 조건을 통해 다른 연구자보다 정확한 모델을 구축해 냈다.

이렇게 화학적 지식에 따라 고안된 최초의 단백질 구조 모델이 바로 '알파 나선'과 '베타 시트'(beta sheet)다. 1950년에 폴링, 로버트 코리(Robert B. Corey), 허먼 브랜슨(Herman Branson)은 펩타이드 결합을 형성하는 폴리펩타이드의 존재 방식을 두고 2가지 모델을 만든다. 이 두 모델은 실험적인 관찰에 근거한 것이 아니라 원자 간 거리, 가능한 결합각(한 원자에 연결된 2개의 화학적 결합이 이루는 각도) 등과 같은 제약 조건을 만족하면서 단백질 사슬이 존재하는 상

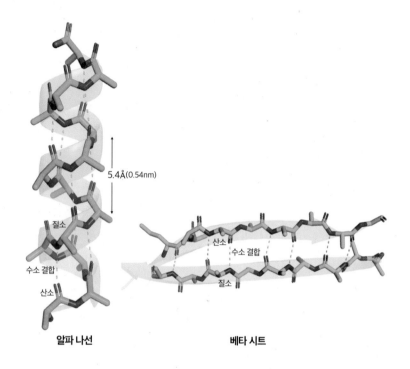

5.4Å(0.54nm)

질소

수소 결합

산소

산소   수소 결합

질소

알파 나선   **베타 시트**

그림 4-1 **알파 나선과 베타 시트**

알파 나선과 베타 시트 모두 카르복실기의 산소(빨간색)가 아미노기의 질소(파란색)와 수
소 결합(점선)으로 결합되면서 만들어진다. 알파 나선의 수소 결합은 4개의 아미노산 간격
을 두고 카르복실기와 아미노기 간에 형성되는 반면, 베타 시트는 인접한 가닥의 아미노기
와 카르복실기 사이의 수소 결합으로 형성된다.

태를 순전히 이론적으로 예측한 모델이었다. 이렇듯 분자 모델을 통해 구조를 유추하는 방법은 이후 크릭과 왓슨에 의한 DNA 이중나선 구조 규명에서 거의 동일하게 재현된다. 또한 추후 수행된 실험을 통해 이렇듯 화학적 지식과 직관에 의거해 만든 모델이 매우 정확하다는 사실이 입증되었다.

먼저 알파 나선은 그림 4-1의 왼쪽과 같이 아미노산들이 결합된 폴리펩타이드가 나선형을 이룬다. 이러한 나선 구조를 만드는 힘은 폴리펩타이드를 구성하는 카르복실기의 산소 원자와 아미노기의 수소 원자 간 수소 결합이다. 알파 나선에서 카르복실기는 4번째 뒤의 아미노산 내 아미노기의 수소 원자와 수소 결합하여 나선 구조를 유지한다. 이러한 나선 구조는 아미노산 3.6개당 1회 회전하는(즉 36개 아미노산에서 10회 회전하는) 구조가 된다. 폴링의 구조에서 아미노산들의 거리는 1.5옹스트롬이고, 하나의 나선은 5.4옹스트롬 떨어져 있다. 알파 나선은 단백질에서 바로 인접한 아미노산에서 근처(4개의 아미노산 간격을 둔)에 있는 아미노산 사이의 수소 결합에 따라 이루어지지만, 폴링이 제시한 두 번째 구조인 베타 시트는 아미노산 서열에서 멀리 떨어져 있는 (어떤 경우에는 아예 다른 폴레펩타이드 사슬인) 폴리펩타이드 가닥의 아미노기와 카르복실기의 수소 결합으로 형성된다. 그림 4-1의 오른쪽과 같이 베타 시트에서 인접한 폴리펩타이드 가닥이 수소 결합을 통해 서로 결합되는 구조다.

알파 나선과 베타 시트는 순전히 이론적인 모델이었지만, 앞서 말한 대로 단백질 내에 실제로 이러한 구조가 존재한다는 실험적 증거가 제시되었다. 당시 단백질의 X선 결정 데이터를 통해 단백질 구조를 어떻게 밝혀낼지 고민하던 퍼루츠는 폴링의 모델대로 단백질 내에 알파 나선에 해당되는 구조가 있다면 그에 따른 X선 회절 패턴이 검출되리라고 판단했다. 이후 실험을 통해 알파 나선의 아미노산 간 거리에 해당하는 1.5옹스트롬에 특정한 패턴이 있음을 확인한다. 이렇게 단백질의 여러 3차 구조가 규명된 이후에 알파 나선과 베타 시트는 거의 모든 단백질 구조의 기본 구성 요소임이 알려진다.

그렇다면 모든 단백질이 알파 나선이나 베타 시트 같은 특정한 구조로만 형성되어 있을까? 이를 확인하기 위해서는 퍼루츠가 당시 애를 먹고 있던 '위상 문제'가 해결되어야만 했다.

원자 수준으로 처음 밝혀낸 단백질 구조

1953년에 되어서야 위상 문제에 대한 실마리가 잡혔다. 퍼루츠는 헤모글로빈에 수은이나 은 같은 중금속을 결합해도 산소 결합 활성이 유지된다는 논문을 접했다. 중금속이 결합해도 헤모글로빈의 산소 결합력이 유지된다는 것은 중금속 결합이 헤모글로빈의 구조를 바꾸지 않는다는 것을 의미한다. 그러나 결정 안의 헤모글로빈에 중금속이 결합한 상태에서 X선을 결정에 쏘면 X선 회절 패턴은 달라질 것이다. 중금속 원자는 탄소나 질소 등의 단백질에 있는 일반적인 원자에 비해서 무겁기 때문에 X선을 산란시키는 특성 역시 다르기 때문이다.

퍼루츠는 수은이 결합된 헤모글로빈 결정의 X선 회절을 측정하여, 이를 수은이 결합되지 않은 일반적인 헤모글로빈 결정의 X선 회절 패턴과 비교했다. 그 결과 회절 패턴의 미세한 변화를 발견했다.

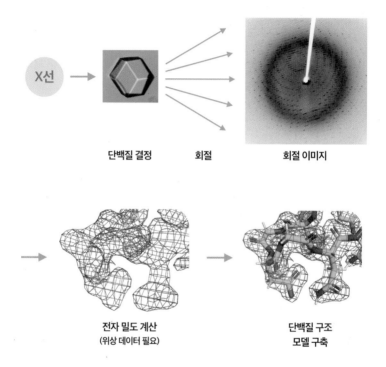

X선 → 단백질 결정 회절 회절 이미지

전자 밀도 계산
(위상 데이터 필요)

단백질 구조
모델 구축

그림 4-2 X선 결정학에 의한 단백질 구조 규명 단계

이러한 회절 패턴의 차이는 곧 헤모글로빈에 존재하는 수은에 의한 변화이고, 이를 이용해 수은의 위치(위상 정보)를 얻을 수 있었다. 퍼루츠는 이렇듯 결정 안에 존재하는 몇몇 중금속의 위치 정보를 이용해 중금속의 위상은 물론이고 단백질 분자 전체의 위상 역시 계산해 냈다. 단백질 원자에서 나오는 회절의 진폭과 위상을 알게 되면 단백질을 구성하는 전자의 밀도를 계산하여 단백질의 구조 모델을 만들 수 있다. 이후 이렇게 만든 단백질 구조 모델과 회절 진폭 데이터를 이용해 전자 밀도를 다시 계산하고 모델을 수정하는 과정이 반복되었다. (오늘날에는 이러한 과정을 모두 컴퓨터로 수행할 수 있지만, 그전만 해도 손으로 계산하고, 그 결괏값에 따라 원자 모델을 직접 만들어야 했기에 몇 년씩 걸릴 수밖에 없었다.)

1958년에야 켄드루는 미오글로빈 전자 밀도 계산을 통해 얻은 대략적인 미오글로빈의 구조를 발표했다. 이 결과는 원자 위치를 정확히 제시할 만큼 고해상도의 구조가 아니었고, 단백질의 윤곽만 구분할 수 있을 정도였다. 원자 위치까지 완전히 구별할 수 있을 만한 구조는 1.5옹스트롬까지 식별 가능한 결정 회절 데이터를 얻게 된 이후인 1961년에야 발표된다. 이때 미오글로빈을 구성하는 2,600개 원자의 3차원 위치가 정확히 규명되었고, 이를 구성하고 있는 아미노산들과 산소를 결합하는 보결 원자단인 헴의 위치 및 구성 원자까지 명백히 알려졌다. 이는 생명의 원초적인 분자인 단백질의 구조를 원자 수준에서 관찰한 최초의 사건이었다.

켄드루가 미오글로빈의 구조를 규명하는 와중에 퍼루츠는 헤모글로빈의 구조를 푸는 작업을 계속 진행하고 있었다. 미오글로빈과 헤모글로빈은 산소에 결합하는 단백질이라는 공통점이 있지만 앞

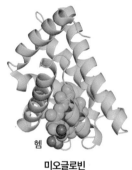

헴

미오글로빈

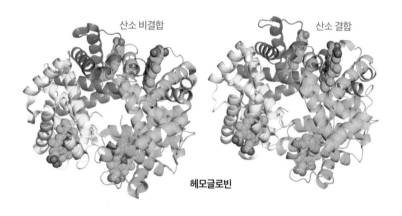

산소 비결합

산소 결합

헤모글로빈

그림 4-3 **X선 결정학으로 처음 규명한 미오글로빈과 헤모글로빈의 구조**

미오글로빈은 단백질 가닥 1개로 구성된 비교적 간단한 구조이며, 헤모글로빈은 4개의 단백질 가닥으로 구성되고 산소가 결합하지 않을 때와 결합할 때의 구조가 다르다.

서 설명한 대로 차이점이 있었다. 미오글로빈은 단백질 가닥 1개로 구성된 비교적 간단한 단백질이지만, 헤모글로빈은 4개 가닥의 단백질(알파 서브유닛 2개, 베타 서브유닛 2개)로 만들어진 좀 더 큰 단백질이기에 구조 결정에도 시간이 좀 더 걸렸다. 1960년 5.5옹스트롬 수준의 해상도를 가진 최초의 헤모글로빈 모델이 만들어졌는데, 이때 헤모글로빈을 구성하는 네 가닥의 단백질은 미오글로빈과 마찬가지로 헴 하나와 결합하고 있었다.

이후 산소가 포함된 헤모글로빈과 산소가 없는 헤모글로빈의 구조가 개별로 결정되었고, 헤모글로빈 단백질은 산소 결합 여부에 따라 구조가 미세하게 변하는 '나노 머신' 같은 존재임이 밝혀졌다. 이렇듯 단백질의 3차 구조가 규명되면서, 생명체의 기본적인 부품인 단백질의 역할을 연구하는 학문이 태동되기 시작한다.

퍼루츠와 켄드루는 1962년 단백질 구조 연구에 대한 공로로 노벨 화학상을 수상한다. 공교롭게도 1962년 노벨 생리의학상은 DNA의 이중나선 구조 모델을 제시한 공로로 프랜시스 크릭, 제임스 왓슨, 모리스 윌킨스(Maurice Hugh Frederick Wilkins, 1916~2004)가 공동 수상했다. 노벨 화학상과 노벨 생리의학상 수상에서 알 수 있듯, 두 연구의 영향으로 1962년 이후 생명과학 연구에서는 헤모글로빈과 미오글로빈 외에 다른 단백질의 구조를 규명하는 것이 매우 중요해졌다. 생명체를 이루는 생체 고분자 중에서 가장 중요한 역할을 하는 단백질의 기능을 알려면 그 구조를 원자 수준으로 파악하는 것이 먼저이기 때문이다. 퍼루츠와 켄드루의 헤모글로빈과 미오글로빈의 구조 규명 이후 생물학의 분자적 기전을 파악하는 '구조생물학'이 비로소 시작된 것이다. 생명체를 구성하고 있는 수만 개의 부품 중 겨우 2개의 생김새를 아는 것으로 구조생물학이 시작되었다. 그렇다면 다른 수만 개 단백질의 구조는 어떻게 알아 냈을까?

생명공학의 발전과
단백질 구조 결정

앞 장 말미에 언급한 대로 헤모글로빈과 미오글로빈의 구조 규명을 통해 구조생물학이라는 학문이 본격적으로 시작되자 1960년대 후반부터 다른 단백질에 대한 구조 결정이 시도되었다.

먼저 구조 결정을 시도한 단백질은 세포 내에서 화학 반응을 촉매하는 효소들이었다. 효소는 어떻게 화학적 촉매 반응을 수행할까? 이의 화학적 기전을 정확히 파악하려면 단백질의 아미노산, 특히 효소 내 촉매 작용의 핵심인 활성 자리(active site)에 있는 아미노산들이 화학 반응에 참여하는 물질과 어떻게 상호작용하는지 알아야 한다. 결국 단백질의 원자 수준에서 3차 구조를 알아낸 후에야 효소가 어떻게 촉매 반응을 수행하는지 정확히 이해할 수 있었다. 여기서는 효소의 구조와 촉매 작용 기전이 밝혀진 과정을 알아보자.

효소의 구조와 촉매 작용 기전

가장 먼저 3차 구조가 규명된 효소는 라이소자임(lysozyme)이다. 라이소자임은 계란 흰자, 눈물 등 동물의 다양한 체액에 들어 있으며, 세균의 세포벽을 녹여 항균 작용을 하는 효소다. 1965년 데이비드 필립스(David C. Phillips) 연구팀은 계란 흰자 유래의 라이소자임을 결정화하고 구조를 규명했다. 사실 라이소자임이 최초로 구조가 알려진 효소가 된 데는 생물학적 중요성도 있지만 계란 흰자와 같이 쉽게 구할 수 있는 재료에서 대량으로 얻을 수 있다는 점, 그리고 다른 단백질에 비해 유독 결정화가 쉽고, 만들어진 결정은 X선에서 잘 회절하기 때문이라는 이유도 컸다.

이렇게 얻은 라이소자임의 구조는 기존에 밝혀진 미오글로빈과 헤모글로빈의 단백질 구조와는 매우 달랐다. 미오글로빈과 헤모글로빈이 알파 나선으로만 구성된 것에 비해, 라이소자임은 알파 나선과 베타 시트가 섞여 있는 최초의 단백질 구조였다. 그렇다면 이러한 구조를 통해 라이소자임이 효소로써 작용하는 기전에 대해 어떤 정보를 얻었을까?

라이소자임은 N-아세틸뮤람산(NAM; N-acetylmuramic acid)과 N-아세틸-D-글루코사민(NAG; N-acetyl-D-glucosamine) 사이의 결합을 끊는 효소다. NAM은 세균 세포벽의 구성 성분인 펩티도글리칸(peptidoglycan)을 구성하는 단위체다. 다당류의 결합을 끊으려면 일단 다당체 분자가 라이소자임에 결합해야 하는데, 라이소자임 가운데에는 긴 다당류가 붙을 수 있는 움푹한 '포켓'(pocket)이 있었다. 필립스 연구팀은 라이소자임의 입체 구조에 기반하여 다당류가

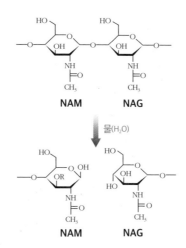

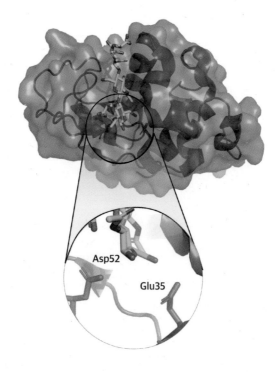

그림 5-1 **라이소자임의 효소 반응과 단백질 구조**

붙을 수 있는 포켓에 마주 보고 있는 두 산성 아미노산, 즉 52번째 아스파르트산과 35번째 글루탐산이 촉매 작용에 참여하는 효소 반응 기전을 제시했다. 52번째 아스파르트산이 NAM과 NAG를 연결해주는 글리코시드 결합(glycosidic bond)에 결합하여 중간체를 형성하고, 나중에 물 분자가 들어와 가수분해 반응이 일어나며 형성되는 양성자를 35번째 글루탐산이 가져가는 기전이다. 이후 구조생물학 및 생화학적 후속 연구를 통해서 이러한 효소 작용 기전이 검증되었다.

라이소자임 다음으로 구조가 밝혀진 효소는 단백질 분해효소인 키모트립신(chymotrypsin)과 트립신(trypsin)이었다. 그중 1967년에 구조가 밝혀진 키모트립신은 효소의 촉매 반응을 수행하는 활성 자리에 세린이 존재하는 세린 프로테아제(serine protease) 계열의 단백질 분해효소다.

키모트립신에서 촉매 반응의 핵심을 담당하는 세린은 195번째 아미노산이다. 그러나 세린이 단백질 분해에서 제 역할을 하려면 다른 아미노산이 필요한데, 바로 57번째 아미노산인 히스티딘과 102번째 아미노산인 아스파르트산이다. 이 셋을 합쳐서 흔히 '촉매 반응 3인방'(catalytic triad)이라고 부른다. 195번째 세린이 단백질의 펩타이드 결합과 직접 반응하여 중간체를 형성하기 위해서는 가지고 있는 양성자(H^+) 분자를 다른 아미노산에 넘겨주어 세린이 이온화되어야 한다. 이 역할을 할 수 있는 것이 pH 7 근처에서 양성자를 붙였다 뗐다 할 수 있는 아미노산인 히스티딘이다. 57번째 히스티딘은 세린으로부터 양성자를 받고, 히스티딘은 102번째 아스파르트산과 이온 결합하여 안정화되며, 이온화된 195번째 세린은 단백질의 펩타이드

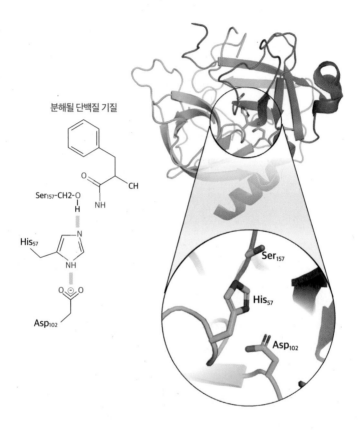

분해될 단백질 기질

Ser₁₅₇–CH2-O
His₅₇
Asp₁₀₂

Ser₁₅₇
His₅₇
Asp₁₀₂

그림 5-2 단백질 분해효소인 키모트립신의 활성 메커니즘과 단백질 구조

결합과 반응하여 단백질을 분해한다.

　이러한 반응 기전은 키모트립신의 구조가 알려지지 않았을 때부터 생화학적 실험 결과에 따라 가설로 제시되었으나, 당시만 해도 이러한 아미노산의 상호작용이 효소 활성에 어떤 영향을 미치는지 확인되지 않았다. 이후 키모트립신의 구조가 밝혀지자 세린, 히스티딘, 아스파르트산의 '촉매 반응 3인방' 아미노산들이 키모트립신의 중심부에 모여 있고, 이들이 실제로 양성자를 주고받을 수 있을 만큼 가까이 있으며, 이로써 이러한 반응 기전이 실존한다는 것이 입증되었다. 즉 생체 내에서 화학 반응을 일으키는 주요 원동력인 효소의 촉매 기능 역시 단백질 구조 규명을 통해 비로소 본질이 밝혀진 셈이다.

세포 골격 단백질의 구조

　단백질 결정학 초창기에는 효소를 중심으로 단백질 구조가 규명되었지만, 1970년대부터는 효소 이외에 세포 내에서 여러 역할을 하는 다양한 단백질의 구조가 알려지기 시작했다. 이러한 단백질 중에 하나는 세포 골격의 중심 역할을 하는 액틴(actin)이었다. 근육 수축, 세포 분열, 세포 이동 등 수많은 생명 현상에 관여하는 단백질인 액틴은 세포 내에서는 단량체 형태인 G-액틴(globular actin)과 액틴 단량체가 모여서 형성된 필라멘트 형태인 F-액틴(actin filament)이라는 2가지 형태로 존재한다. 그렇다면 액틴의 구조를 어떻게 밝혀냈을까?

일단 수많은 G-액틴이 결합하여 형성되는 필라멘트 형태인 F-액틴은 결정을 얻는 게 불가능했다. 단백질 결정을 얻으려면 결정을 형성하는 단백질의 조성이 일정해야 하는데, F-액틴은 수십 개의 G-액틴으로부터 형성된 짧은 필라멘트부터 수천 개의 액틴이 중합되어 형성된 매우 긴 필라멘트까지 조성이 다양했다. 결정화되려면 결정의 구성물이 되는 단백질의 화학 조성이 같아야 하는데, 형성된 F-액틴은 각각 다른 중합체를 가지고 있으므로 결정화가 불가능했다.

그리고 G-액틴의 결정을 얻는 것도 쉽지 않았다. 단백질 결정이 형성되려면 고농도의 단백질이 필요하며, 이러한 단백질은 침전물과 수용액의 중간 상태일 때 결정화된다. 그러나 세포 내에서 분리한 액틴을 결정 형성이 가능할 정도로 고농도로 농축하면 G-액틴이 F-액틴으로 중합되어서 결국 결정 형성에 실패한다. 따라서 G-액틴의 결정을 얻으려면 고농도로 액틴을 농축해도 F-액틴으로 중합되지 않는 조건이 필요했다. 그에 따른 방법을 찾던 와중에 우연히 연구자들은 G-액틴은 DNA 가수분해효소 I(DNase I)과 매우 강하게 결합하며, DNA 가수분해효소와 결합한 G-액틴은 결정 형성이 가능할 만큼 고농도로 농축할 수 있지만 F-액틴으로 잘 중합되지 않는다는 사실을 발견한다. 이러한 성질을 이용하여 DNA 가수분해효소와 결합된 G-액틴의 구조가 1990년 규명되었다. 그렇다면 G-액틴이 모여서 형성되며 결정화되지 않는 F-액틴은 어떻게 구조를 얻었을까?

이를 이해하기 위해서는 1953년 제임스 왓슨, 프랜시스 크릭이 제창한 DNA 이중나선 구조 모델에 매우 중요한 정보를 제공했던 로

절린드 프랭클린(Rosalind Franklin, 1920~1958)의 DNA X선 회절 사진에 대해 살펴볼 필요가 있다. 당시 영국의 생물물리학자인 로절린드 프랭클린의 DNA 샘플 역시 단일 결정을 얻지 못했다(당시에는 합성 DNA 기술이 없어 일정한 크기의 DNA를 얻을 방법이 없었다). 프랭클린이 분석에 사용한 것은 DNA 섬유였는데, 이러한 비결정 물질도 X선에 노출시키면 어느 정도 회절이 나타나며, 원자 수준의 구조 정보는 아니지만 DNA가 이중나선이라는 것 정도의 샘플 구조 정보는 얻을 수 있었다. 이러한 실험 방법을 '섬유 회절'(fiber diffraction)이라고 한다. 3장에서 설명한 애스터버리의 케라틴 구조 분석에 사용된 X선 회절 역시 섬유 회절에 속한다.

1958년, 36세의 젊은 나이에 암으로 세상을 떠난 로절린드 프랭클린은 죽기 전 케네스 홈스(Kenneth Holmes, 1934~2021)라는 대학원생을 지도했는데, 홈스는 이후 프랭클린이 DNA 구조 정보를 얻을 때 사용한 섬유 회절 방법을 액틴 필라멘트에도 적용할 수 있음을 알아냈다. 이를 통해 결정화가 불가능한 필라멘트 형태의 F-액틴도 X선에 노출시키면 어느 정도 회절이 나타나며 원자 수준의 구조

왓슨-크릭 모델의 실제 검증 시점

왓슨과 크릭은 프랭클린의 이러한 회절 데이터에 착안하여 DNA 이중나선 구조 모델을 만들었지만, 이 데이터는 DNA의 단일 결정에서 나온 회절 데이터가 아닌 관계로 원자 수준의 DNA 구조에 대한 정보는 없었다. 실제로 이중나선 DNA의 결정과 원자 수준의 DNA 모델이 만들어져서 왓슨-크릭 모델이 확실히 검증된 시점은 1980년대 초였다. 즉 왓슨과 크릭이 이중나선 모델을 발표한 지 거의 30년이 넘은 뒤였다.

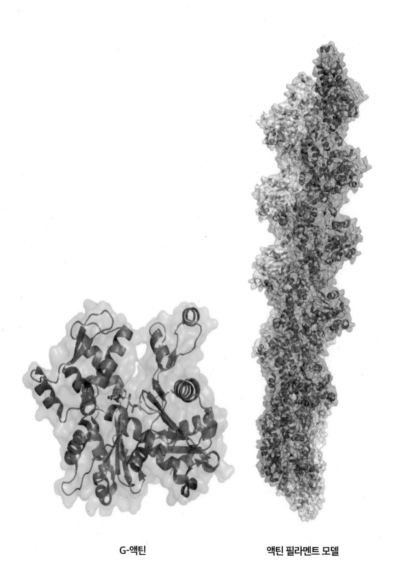

G-액틴　　　　　　　　　액틴 필라멘트 모델

그림 5-3 G-액틴과 액틴 필라멘트 모델

액틴 필라멘트의 단위체인 G-액틴을 기반으로 액틴 필라멘트 모델이 구축되었다.

정보는 아니더라도 필라멘트의 전체 구조를 암시하는 정보를 얻을 수 있었다. 이 정보로 유추한 액틴 필라멘트의 구조는 2개의 액틴 분자가 맞닿아서 이어지는 나선형이었다. 단백질 결정을 통해서 얻은 G-액틴의 구조를 기본 단위체로 하여 섬유 회절로 얻은 필라멘트 구조에 맞추어 구성한 액틴 필라멘트 모델은 1990년 등장했다.

이렇게 세포 골격의 중심이 되는 액틴 필라멘트의 구조가 밝혀진 후, '세포의 부품' 역할을 하는 수많은 단백질의 구조가 1990년대부터 속속 등장했다. 또한 이들이 세포 내에서 화학 에너지를 운동 에너지로 바꾸는 기전이 분자 수준에서 알려졌다. 이 시기에 구조가 밝혀진 단백질은 액틴과 상호작용하여 근육 수축 및 물질 이동을 일으키는 모터 단백질인 미오신(myosin), 액틴과 더불어 세포 골격을 이루는 또 다른 주요 단백질인 튜불린(tubulin), 그리고 튜불린과 상호작용하는 모터 단백질인 키네신(kinesin)과 디네인(dynein) 등이다(모터 단백질은 세포 골격 단백질인 액틴이나 튜불린을 따라서 스스로 움직이는 단백질을 말한다).

유전자 조작 기술과 구조생물학의 발전

이렇듯 초창기에 밝혀진 단백질 구조는 손쉽게 단백질을 대량 얻을 수 있는 헤모글로빈, 효소 등을 중심으로 이루어졌다. 그러나 자연 산물에서 많이 쉽게 얻을 수 있는 단백질은 한정되어 있었고, 그중에서도 일부 단백질만 결정화가 가능했으므로 단백질 구조가 풀리는 속도는 매우 느렸다.

1971년, 그동안 규명된 단백질 구조 정보를 취합하기 위해 미국 브룩헤이븐 국립연구소의 월터 해밀턴(Walter Hamilton)은 단백질 데이터 뱅크(PDB; Protein Data Bank)[1]를 설립했다. PDB 설립은 DNA의 유전체 정보를 저장하는 데이터베이스인 진뱅크(GenBank)[2]보다도 약 10년 전의 일이다.

그러나 PDB가 설립될 때까지 3차 구조가 풀린 단백질은 10종 미만이었고, PDB에 처음 등록된 단백질은 7종에 불과했다. 반면 진뱅크 설립 후에는 1977년 프레더릭 생어의 DNA 염기 서열 결정법 덕분에 유전자의 DNA 서열을 통해 단백질의 아미노산 서열을 손쉽게 얻을 수 있었고 단백질의 아미노산 서열 숫자 또한 급증했다.

그러나 단백질 구조의 규명 속도는 단백질의 아미노산 서열보다 현저하게 느렸다. 연구자들은 인간 같은 고등생물 유래 단백질에 관심을 더욱 보이지만, 고등생물은 세균 등에 비해 단백질 종류가 훨씬 많아 결정화가 가능할 만큼 순수한 단백질을 대량 얻는 것은 불가능에 가까웠다(초기에 구조가 규명된 헤모글로빈 등의 단백질은 예외였다고 보면 된다).

그러다 1980년대 이후에 유전자 조작으로 단백질의 유전자를 확보하고, 이를 대장균 등에 넣어서 단백질을 대량 생산하는 재조합 단백질 기술이 등장하면서 단백질 구조 규명도 큰 영향을 받게 되었다. 즉 천연 조직 내 희소한 단백질도 유전자만 확보하면 재조합 단백질 기술로 대량 얻을 수 있어서 이를 이용해 결정화를 시도할 수 있었다. 따라서 기존에는 불가능했던 수많은 단백질의 구조를 얻게

1   https://www.rcsb.org
2   https://www.ncbi.nlm.nih.gov/genbank/

되었다.

특히 진핵생물은 여러 개의 도메인(domain)으로 구성된 단백질이 많다. 보통 이러한 도메인들은 뚜렷한 3차 구조를 가지고 있지만, 그 중에서 형태가 뚜렷하지 않은 무정형의 아미노산 서열로 연결된 경우도 있었다. 이 경우에는 그전까지 전체 단백질로써 결정화하기 어려웠지만, 유전자 조작 기술이 등장하면서 단백질의 도메인에 해당하는 유전자를 떼어내 재조합 단백질을 만드는 방식으로 구조를 결정할 수 있게 되었다.

이렇게 분자생물학과 재조합 단백질 기술의 발전은 단백질 구조 규명을 직접적으로 촉진했으며, 결정적으로 생물체의 유전체 정보가 전부 밝혀지며 '유전체 시대'가 본격적으로 개막된 1990년대 말부터 가속되었다.

단백질 구조는 단백질 서열에 비해 훨씬 잘 보존되기 때문에 자신이 직접 연구하는 종의 단백질이 아닌 다른 종의 단백질이라도 서열이 유사한 같은 종류의 단백질이라면 구조가 보존된다. 가령 인간 유래 단백질의 결정화에 실패하여 구조를 얻지 못했다 하더라도 다른 동물 또는 곤충이나 효모, 심지어 세균의 단백질까지 구조가 보존되는 경우가 많았다. 일단 가능할 경우 어떤 생물의 단백질이든 구조를 규명해 놓으면 추후 해당 단백질의 기능을 파악하는 데 꽤 유용한 정보가 된다(4장에서 설명한 켄드루의 고래 미오글로빈을 이용한 단백질 구조 연구가 최초의 예다). 즉 알려진 유전체의 정보가 많으면 많을수록 여러 생물 종에 보존된 다양한 단백질의 구조 결정을 시도해 볼 수 있으므로 단백질 구조 규명의 가능성이 커진다.

이렇게 다양하게 축적된 유전체 정보에 근거하여 많은 단백질이 재조합 단백질 기술로 생산되고 구조가 결정되었다. 1999년에 이르러 PDB에 기탁된 구조는 1만 개를 넘었으며, 2008년에는 5만 개, 2014년에는 10만 개가 넘었다. 물론 단백질 구조가 축적되는 속도보다 생물의 DNA 서열이 훨씬 빨리 결정되었고, DNA 서열로부터 유추된 단백질 서열이 데이터베이스에 축적되는 속도는 단백질 구조가 결정되는 속도에 비해서 훨씬 더 빨라서 단백질 서열은 알려진 단백질 구조보다 수천 배 이상 빠르게 축적되어 갔다. 즉 서열은 알고 있지만 구조를 모르는 단백질 아미노산 서열 정보가 점점 많이 쌓였다.

유전체학과 함께 X선 결정학에 의한 단백질 구조 결정의 발전을 가속화한 또 다른 기술은 싱크로트론(synchrotron, 방사광 가속기) 유래의 X선이다. 싱크로트론의 빔 라인(beam line)을 통해 통상적인 실험실에 있는 X선 발생 장치보다 훨씬 더 강한 X선을 얻을 수 있다. 이렇게 강한 X선을 단백질 결정에 쏘면 좀 더 높은 해상도의 회절 데이터를 얻을 수 있고, 회절 데이터를 얻는 시간도 훨씬 단축되었다. 물론 강한 X선을 단백질 결정에 쏘면 강한 방사선 때문에 결정이 빨리 손상된다. 그러나 이러한 문제는 결정을 액체질소 등을 이용해 -196℃ 이하의 극저온으로 얼리면서 데이터를 수집하면 피할 수 있었다. 이렇게 싱크로트론과 극저온 결정학의 도입으로 단백질 구조의 결정 속도는 급격히 빨라졌다.

켄드루와 퍼루츠가 구조를 풀던 시절에는 단백질 결정에 X선을 쏜 다음에 나타난 회절 패턴을 X선 필름에 감광하여 현상했다. 그렇게 수백 장의 사진을 며칠에 걸쳐 찍은 후에 회절 패턴을 구성하는 점들의 위치와 강도를 일일이 측정해야 하는 방식이라 최소 몇

달에서 몇 년이 걸렸다. 그러나 오늘날에는 싱크로트론에서 나오는 강력한 X선을 이용하면 불과 몇 분 내에 데이터 수집 작업을 마칠 수 있다. 따라서 단백질 구조를 푸는 과정에서 X선 회절 데이터를 얻는 과정은 이제 장애물이 되지 못했다.

이러한 기술 발전으로 결정화가 쉬운 단백질의 구조부터 생명 현상의 기본 부품으로써 단백질 기능을 차근차근 파악하던 단백질 결정학은 1990년대 말부터 연구 방향이 달라진다. 바로 인간의 생리와 질병에 중요한 역할을 하는 단백질의 구조를 규명하는 것이었다.

06

질병 관련 단백질의
비밀을 밝히다

분자생물학과 구조생물학의 기술이 확립된 이후 많은 연구자가 인간 질병에 관한 단백질의 구조에 관심을 보였다. 결국 약물은 특정한 단백질에 작용하여 효과를 내므로, 질병에 직접적으로 연관된 단백질의 구조를 알게 되면 질병을 치료하는 약물을 개발할 수 있으리라는 기대 때문이었다. 이러한 기대가 바로 실현된 경우도 있었지만, 대개는 단백질 구조가 밝혀진 후에도 해당 단백질을 표적화하는 치료제가 나오기까지 오랜 시간이 걸렸다. 그럼에도 질병 관련 단백질의 구조는 질병의 기본 메커니즘을 깊게 이해할 수 있는 계기가되었다. 이제 구조생물학이 어떻게 질병 관련 단백질의 구조를 풀고 질병의 기전을 이해하는 데 기여했는지 알아보자.

암유전자 K-Ras의 구조

1960년대 분자생물학의 기본 원리가 알려진 이후 많은 연구자가 관심을 보인 분야는 발암 원인을 분자 수준에서 이해하는 것이었다. 1970년대부터 이러한 연구가 본격적으로 시작되며 다양한 유전자가 발견되었다. 먼저 세포 증식 조절 기능을 하지만 돌연변이가 생기면 그 기능이 멈추고 돌연변이의 활성화가 이어지면 암 성장을 촉진하는 '암유전자'(oncogene)였다. 또 정상 세포에서는 유전체 정보의 손상을 억제하고 있지만, 돌연변이가 생겨서 기능을 잃으면 유전체 정보를 빠르게 손상해 발암 확률을 높이는 '암 억제 유전자'(tumor suppressor gene)도 알려지기 시작했다.

암유전자로 맨 처음 알려진 유전자 중 하나가 'K-Ras'이다. 오늘날 고형암(위암, 대장암, 폐암, 췌장암 등의 덩어리를 형성하는 대부분의 암)의 약 20%에서 발견되는 돌연변이인 K-Ras 유전자는 쥐에서 발암 바이러스에 의해 전파되는 유전자로 처음 발견되었다. 이와는 별개로 돌연변이에 의한 DNA 손상이 암을 유발한다고 믿었던 연구자들은 방광암에서 정상 세포를 암으로 바꾸는 DNA 조각을 발견했고, 이것이 이전에 바이러스에서 발견한 K-Ras와 동일한 유전자임을 확인한다. 암세포에서 발견된 K-Ras 유전자는 정상 세포에 존재하는 유전자의 단 하나의 염기 변화로 아미노산 딱 하나가 바뀌며 형성되는 돌연변이 유전자였다.

그렇다면 이러한 돌연변이는 어떻게 단백질에 영향을 미쳐 암을 유도할까? 이에 대한 해답은 해당 단백질의 3차 구조에 있었다. 단백질의 3차 구조를 알아낸 이후에야 돌연변이가 단백질 기능에 영향을 미쳐 결과적으로 암을 유도하는 과정을 좀 더 잘 이해할 수 있기 때문이다.

1988년, 미국 캘리포니아대학교의 구조생물학자 김성호(Sung-Hou Kim, 1937~)는 Ras 단백질의 구조를 규명했다. 그러나 의외로 암세포에서 발견되어 발암 돌연변이가 있는 Ras 단백질의 구조는 돌연변이가 없는 단백질과 크게 다르지 않았다. 그렇다면 이 차이를 어떻게 설명할 수 있을까? 이 의문은 1990년 GTP(구아노신삼인산)가 결합된 Ras 단백질과 GDP(구아노신이인산)가 결합된 Ras 단백질의 구조가 모두 풀리고 이를 비교함으로써 해결되었다. Ras 단백질은 GTP나 GDP와 결합하는데, 둘 중 무엇과 결합하느냐에 따라 구조가 크게 달라진다. GTP가 결합된 Ras는 다른 단백질과 결합하여 세포 증식을 계속하라는 신호를 보내지만, GDP가 결합된 Ras는 구조가 달라지면서 세포 증식 신호를 더 이상 보낼 수 없다. 즉 Ras라는 단백질은 세포 내에서 GTP 또는 GDP가 결합된 상태를 서로 오가면서 세포 증식을 조절하는 스위치 역할을 한다.

그러나 Ras 유전자에 암을 유발하는 돌연변이가 있으면 상황이 달라진다. 가령 암세포에서 발견된 Ras 유전자는 12번째 아미노산인 글리신이 시스테인(G12C)이나 아스파르트산(G12D) 등으로 변형되는 경우가 많다. 이렇게 돌연변이가 있는 Ras 단백질은 GTP가 GDP로 교환되지 않고 그대로 붙어 있다. 즉 돌연변이가 있는 Ras 단백질은 세포 증식을 유도하는 GTP가 결합된 구조로 항상 남아 있기 때문에 스위치가 늘 켜져 있게 되고, 세포 증식이 필요하지 않을 때도 세포 증식을 유도한다. 발암 원인이 암세포가 무절제하게 증식하는 것임을 고려한다면, Ras 단백질의 구조 규명은 Ras 유전자의

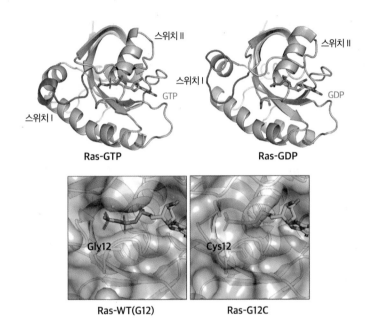

스위치 II
스위치 I
GTP
Ras-GTP

스위치 II
스위치 I
GDP
Ras-GDP

Gly12
Ras-WT(G12)

Cys12
Ras-G12C

그림 6-1 **Ras-GTP와 Ras-GDP의 구조**

Ras 단백질은 GTP나 GDP 중 무엇에 결합하느냐에 따라서 구조가 달라진다. GTP로 인해 구조가 변하는 부분은 스위치 I(Switch I) 및 스위치 II(Switch II)라고 부른다.

돌연변이가 왜 암을 유발하는지 설명하는 데 크게 기여했다.

물론 이러한 발견이 항암 치료제 개발로 곧바로 이어지지 못했다. 규명된 Ras 단백질의 구조에는 약물이 붙어 기능을 억제할 만한 움푹한 포켓이 보이지 않았다. 이 때문에 Ras는 한동안 약물을 통한 활성 저해가 불가능한 단백질로 여겨졌다. 나중에 약물로 Ras 단백질의 기능을 억제할 수 있다는 사실이 밝혀지긴 했으나, 이는 Ras 단백질의 구조가 밝혀진 지 약 30년이 넘은 후였다(이에 대해서는 7장에서 자세히 후술하겠다).

단백질 인산화효소의 구조

1970~1980년대 암유전자를 연구하던 연구자들은 암을 유발하는 유전자의 상당수가 돌연변이가 생긴 단백질 인산화효소(protein kinase)임을 깨닫기 시작했다. 1976년 미국의 바이러스학자인 해럴드 바머스(Harold E. Varmus)와 생리학자인 존 마이클 비숍(John Michael Bishop)은 조류 세포에서 생겨나는 발암 바이러스인 라우스 육종 바이러스(Rous sarcoma virus)의 발암 유전자가 정상적인 조류 세포에도 있다는 사실을 알게 된다. 다만 정상 세포에 있는 유전자 (c-Src)의 끝에는 바이러스의 발암 유전자(v-Src)에 비해 아미노산이 몇 개 더 달려 있었다.

후속 연구가 진행되면서 이 유전자는 단백질의 타이로신 잔기에 인산기를 달아 주는 타이로신 단백질 인산화효소(tyrosine protein kinase)라는 사실이 알려졌다. 연구 결과, 정상 세포의 c-Src에 추가

된 몇 개의 아미노산은 타이로신 단백질 인산화효소의 활성을 억제하며 '브레이크' 역할을 하는 단백질이었고, c-Src의 끝에 존재하는 527번째 타이로신이 인산화되면 단백질의 기능이 억제되었다. 즉 c-Src 단백질은 세포 증식을 결정하는 신호를 전달하는 역할을 하는데, 암을 유발하는 v-Src 단백질은 단백질 인산화효소 활성을 억제하는 기능이 없어 항상 '스위치가 켜진' 상태였다. 이렇게 세포 증식 신호가 계속 켜져 있는 돌연변이 단백질이 암의 원인이 된다.

비슷한 시기에 암의 원인으로 규명된 유전자 중에 하나는 만성 골수성 백혈병(CML; Chronic Myeloid Leukemia)의 원인 유전자다. 1960년대에 만성 골수성 백혈병 환자의 암세포에 비정상적으로 작은 염색체가 있다는 사실이 밝혀졌고, 이후 이러한 염색체의 형성 원인이 9번 염색체와 22번 염색체가 일정 부위에서 절단되어 서로 이동하기 때문으로 드러났다. 1980년대에 이르러 이러한 염색체 치환이 9번 염색체에 있는 'ABL'이라는 유전자와 22번 염색체에 있는 'BCR'이라는 유전자의 융합을 통해 두 단백질이 합쳐진 융합 단백질을 만든다는 것이 알려졌다. 이렇게 형성된 융합 단백질과 암 발생은 어떤 관계가 있을까? ABL 역시 단백질 인산화효소 유전자였고, BCR과 ABL 유전자가 융합되면 'BCR-ABL'이라는 정상적인 상태에서는 존재하지 않는 융합 단백질이 만들어진다. 그러면 단백질 인산화효소인 ABL이 활성을 조절하지 못한 채 항상 활성이 유지된 상태로 존재한다. ABL이 활성을 유지하고 있으면 세포 성장 신호가 계속 켜져 있게 되어 백혈병 암세포가 무절제하게 증식한다. Ras와 마찬가지로 여러 단백질 인산화효소 역시 세포 증식을 조절하는 스위치가 망가져서 항상 세포 증식을 촉진하면 암의 원인이 된다.

1991년, 단백질 인산화효소 중에 최초로 단백질 인산화효소 A (Protein Kinase A)의 구조가 규명되었다. 단백질 인산화효소 A의 구조는 크게 두 도메인이 결합된 형태였다. 각 도메인은 N-말단에서 베타 시트로 주로 이루어진 영역(N-lobe)과 C-말단에서 알파 나선으로 주로 이루어진 영역(C-lobe)이다. 또한 가운데 부분에서 단백질의 인산화가 진행되었고, 여기에 인산기를 전달하는 ATP(아데노신삼인산)가 결합되어 있었다. 단백질 인산화효소 A는 타이로신 대신 세린이나 트레오닌에 인산화를 하는 세린/트레오닌 단백질 인산화효소(Ser/Thr protein kinase)이며, 생체 내에서 에너지 대사에 관련된 단백질의 기능을 조절하는 역할을 한다. 1994년 타이로신 단백질 인산화효소 중에 최초로 인슐린 수용체 단백질 인산화효소의 구조가 밝혀졌으며, 이의 구조 역시 세린/트레오닌 단백질 인산화효소와 크게 다르지 않았다.

그렇다면 타이로신 단백질 인산화효소의 활성은 어떻게 조절될까? 1996년 인간 림프구 인산화효소(LCK; human lymphocyte kinase)라는 타이로신 단백질 인산화효소가 활성화된 상태의 구조가 풀렸다. LCK는 c-Src와 조절 기전이 유사한 타이로신 단백질 인산화효소로써, C-말단에 존재하는 타이로신 잔기가 인산화되어 있으면 활성이 없어지지만, C-말단의 타이로신 잔기의 인산기가 사라지고, 인산화효소 가운데에 존재하는 394번 타이로신이 인산화되면 활성을 보인다. 이 구조를 기존에 풀린 인슐린 수용체 단백질 인산화효소와 비교해 보니 활성화된 인산화효소는 인산화될 단백질이 붙는 활성 자리에 가까운 부분이 열려 있지만, 기존의 인슐린 수용체 단백질 인산화효소는 활성 자리가 닫힌 형태였다. 즉 타이로신

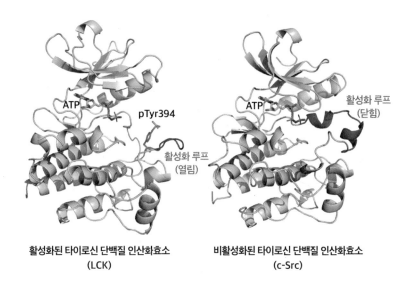

ATP   pTyr394   활성화 루프 (열림)

ATP   활성화 루프 (닫힘)

활성화된 타이로신 단백질 인산화효소
(LCK)

비활성화된 타이로신 단백질 인산화효소
(c-Src)

그림 6-2 활성화된 타이로신 단백질 인산화효소(LCK)와
비활성화된 타이로신 단백질 인산화효소(c-Src) 비교

394번 타이로신이 인산화된 LCK의 활성화 루프는 바깥쪽으로 돌출되어 있어 인산화될
단백질의 결합을 용이하게 한다. 그러나 비활성화 상태에서의 활성화 루프는 알파 나선을
형성하여 단백질의 결합을 막는다. 상당수의 단백질 인산화효소는 이렇듯 인산화로 인해
활성화 또는 비활성화되어 그 기능이 엄격히 조절된다.

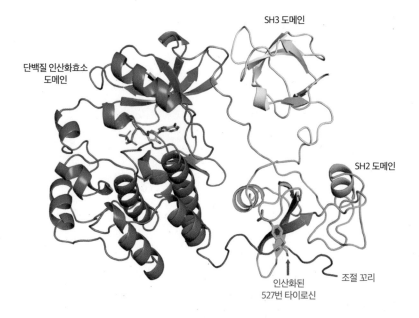

단백질 인산화효소 도메인

SH3 도메인

SH2 도메인

인산화된
527번 타이로신

조절 꼬리

그림 6-3 **c-Src의 구조**

c-Src의 맨 끝에 있는 '조절 꼬리'는 활성 조절에 중요한 역할을 하고, 527번 타이로신이
인산화되면 SH2 도메인에 결합하여 비활성화 상태를 유지한다. 바이러스에 존재하는
v-Src는 이러한 '조절 꼬리'가 존재하지 않아서 항상 활성화 상태를 유지한다.

단백질 인산화효소의 활성은 '활성화 루프'(activation loop)라고 불리는 영역이 열려서 단백질이 활성 자리에 결합될 수 있는지에 따라 결정된다.

한편 c-Src와 같이 단백질의 C-말단에 조절 영역이 존재하는 단백질 인산화효소의 조절 기전은 1999년 c-Src의 구조가 풀리면서 규명되었다. C-말단 중 타이로신이 존재하는 조절 영역의 타이로신은 인산화 상태에서 단백질의 N-말단에 있는 SH2 도메인에 결합한다. 이후 단백질 내에서 일어나는 상호작용으로 타이로신 단백질 인산화효소는 비활성화된다. 반면 c-Src의 조절 영역이 없어진 바이러스의 돌연변이 v-Src 단백질은 활성화 상태로 유지되므로 세포 증식 신호를 계속 보내고, 이는 암세포의 증식으로 이어진다.

암 억제 단백질의 구조

앞서 설명했듯 암과 관련된 유전자에는 암유전자 외에도 DNA의 손상을 억제하여 암 발생을 막는 암 억제 유전자가 있다. 그렇다면 암 억제 유전자에서 생성되는 암 억제 단백질은 어떻게 작동할까?

암에서 돌연변이가 가장 빈번하게 일어나는 암 억제 단백질인 p53은 1979년에 처음 발견되었다. p53은 세포의 DNA 손상을 막아서 세포가 암세포로 변하는 것을 막아 준다. 세포가 유해성 물질이나 자외선에 노출되어 DNA가 손상되면 세포의 DNA에 돌연변이가 축적되고, 이것이 계속되다 보면 세포 성장을 조절하는 암유전자 등에 돌연변이가 생겨 결국 암으로 발전한다. DNA 손상이 수리 가능한 수준이라면 p53은 DNA를 수선하는 유전자들의 발현을 유도해서 세포 내에서 손상된 DNA를 수선한다. 그러나 DNA 손상이 수리 가능한 역치를 넘어선다면, p53은 세포의 증식은 억제하고 사멸은 유도하면서 개체 차원에서 암이 발생하는 것을 막는다.

p53이 다른 유전자의 발현을 촉진하려면 일단 DNA에 결합해야 한다. p53 단백질 내에서 DNA에 결합하는 부분은 단백질 가운데에 존재하는 DNA 결합 도메인이며, 이곳은 약 200개의 아미노산으로 이루어져 있다. 1994년 미국 뉴욕의 슬론케터링 암 센터의 니콜라 파블레비치(Nikola Pavletich) 연구팀은 p53에서 DNA와 결합하는 부위의 구조를 규명했다. 단백질-DNA의 복합체 구조와 암 환자에게서 발견된 p53 유전자 내의 돌연변이를 연결 지어 관찰하니 매우 흥미로운 관계가 도출되었다. 암 환자의 p53에서 DNA 결합 도메인에 돌연변이가 가장 빈번하게 발생했으며, DNA 결합 도메인의 아미노산 중에서도 DNA의 인산기와 직접 상호작용하는 아미노산들인 175, 248, 249, 273번째 아르기닌에서 돌연변이가 가장 많이 발생했다. 결국 p53의 DNA 결합 부위에 돌연변이가 발생하여 p53 단백질이 DNA에 더는 결합하지 못하면 암 억제 유전자로서의 기능이 망가지게 된다.

한편 p53은 DNA가 많이 손상되었을 때 DNA 수선, 세포 증식 억제, 세포 사멸을 유도하는 단백질이므로 DNA 손상이 없는 정상 상태에서는 작동해서는 안 된다. 그렇다면 p53의 기능은 어떻게 조절될까?

p53을 연구하던 과학자들은 정상 상태에서 p53은 MDM2(또는 MDMX)라는 단백질과 결합하고 있고, 이로 인해 p53의 전사 활성화

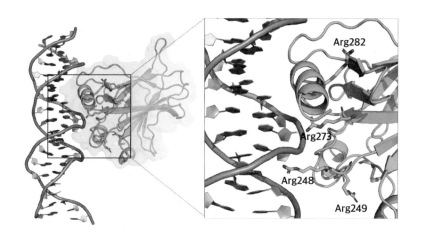

그림 6-4 **p53과 DNA의 결합 구조**

암 억제 유전자 p53은 DNA에 결합하여 손상된 DNA의 수리에 관련된 유전자의 발현을 유도하며, 암 환자에게서 가장 빈번히 돌연변이가 나타나는 유전자다. p53과 DNA의 결합 구조를 규명한 결과, p53에서 가장 빈번하게 돌연변이가 나타나는 부분은 p53과 단백질이 직접 결합하는 273, 282, 248번째 아르기닌 등의 아미노산이었다.

기능이 저해된다는 것을 알아낸다. 또한 1996년 파블레비치 연구팀은 MDM2 단백질과 p53의 전사 활성화 도메인의 복합체 구조를 밝혔다. 이를 통해 MDM2 단백질은 p53이 DNA에 결합할 때 유전자의 전사를 활성화하는 데 필요한 부분에 경쟁적으로 결합하는 저해 단백질로 작용한다는 것을 알 수 있었다.

이와 더불어 MDM2는 p53에 유비퀴틴을 결합해 단백질을 분해하는 유비퀴틴 라이게이즈(ubiquitin ligase)의 역할도 담당한다. 즉 p53에 결합하여 이의 전사 활성화 기능을 억제하며, 동시에 p53을 분해한다. 이러한 2가지 기전으로 p53이 정상 상태에서는 기능하지 못하도록 강력히 억제하고 있는 것이다. 그러나 p53이 필요할 때에 오히려 그 기능이 억제될 수도 있다. 예를 들어 대다수 암 환자 체내의 MDM2 유전자에 변형이 생기면 MDM2 유전자가 과다하게 만들어지는데, 이 경우 DNA 손상이 일어나 '비상사태'임에도 p53이 제 기능을 못하므로 암 발생이 촉진될 수 있다. 이렇게 MDM2가 비정상적으로 많이 존재할 때는 MDM2와 p53의 결합을 막는다면 p53의 기능을 회복할 수 있을지도 모른다. 이러한 가능성은 1990년대 말 MDM2와 p53 간의 복합체 구조가 규명되었을 때 제시되었으나 이를 약물로 증명하기까지 많은 시간이 흘러야 했다.

바이러스 유래의 단백질 구조

1980년대 암 관련 유전자를 한창 발굴할 때에 등장한 또 다른 이슈는 인간면역결핍바이러스(HIV; Human Immunodeficiency Virus)

의 감염에 의해 유발되는 후천성면역결핍증, 즉 에이즈(AIDS)의 창 궐이었다. 인체 면역의 컨트롤타워인 헬퍼 T세포에 감염되어, 헬퍼 T세포의 숫자를 점차 줄여 결국엔 거의 모든 적응성 면역력을 감소 시키는 에이즈는 한때 '20세기의 흑사병'이자 인류 종말을 가져올 위협적인 질병으로 여겨졌다. 다행히 1990년대 중반, '강력 항레트 로바이러스요법'(HAART; Highly Active Antiretroviral Therapy)이라 고 불리는 새로운 항바이러스 치료법이 등장하면서 에이즈는 인류 의 종말을 가져올 수 있는 질병에서 약을 꾸준히 복용하면 오랫동안 증상 없이 관리 가능한, 고혈압이나 당뇨 같은 만성질환의 위치로 변했다. 물론 에이즈는 여전히 아프리카와 같이 보건 인프라가 부족 한 국가에서는 1년에 수십만 명의 사망자를 내는 치명적인 질병이 다. 그럼에도 치료법이 없어 불치의 질병이던 예전과는 상황이 크 게 달라졌다.

바이러스와 이로 인한 질병이 확인된 지 10여 년 만에 이를 치료 하는 효과적인 약물이 어떻게 신속하게 나올 수 있었을까? 여기에 는 여러 가지 요인이 있겠지만, 그중 대표적인 요인은 1980년대 이 후 급속도로 발전한 분자생물학이다. 분자생물학 덕분에 HIV의 유 전자와 그 단백질들의 기능이 속속들이 조사되었고, 또한 바이러스 의 생활사를 연구하면서 바이러스의 '약점'이 드러나 이를 공략하 는 약물이 개발될 수 있었다. 특히 구조생물학의 발전으로 HIV의 단백질 구조가 거의 모두 밝혀졌고, 이는 HIV 단백질을 저해하는 약물 개발에 크게 기여했다.

HIV에는 총 15개의 단백질이 있다. 이 중 바이러스의 본체를 구 성하는 구조단백질은 일단 3개의 유전자(gag, pol, env)로부터 3개의 긴 단백질로 번역된다. 이후 각각의 긴 단백질은 단백질 분해효소에 의해 잘려서 다양한 기능을 하는 단백질을 형성한다. 즉 HIV를 구성하는 단백질이 완성되려면 단백질 분해효소에 의한 절단 과정이 필수다. 이렇게 HIV의 증식 과정에 꼭 필요한 HIV 단백질 분해효소를 둘러싸고 연구자들 사이에서는 항바이러스 약물의 표적이 될 수 있으리라는 기대감이 싹텄다. 그러나 단백질 분해효소를 저해하는 약물을 개발하는 데 가장 중요한 정보는 역시 단백질 분해효소의 단백질 구조였다.

1989년 미국 제약사 MSD의 연구진은 HIV 유래 단백질 중에 최초로 HIV 단백질 분해효소의 구조를 규명했다. HIV 단백질 분해효소는 99개의 아미노산으로 구성되어 있고, 활성 자리에 아스파르트산이 위치한 '아스파르트산 단백질 분해효소'다. 하지만 보통 300개 이상의 아미노산으로 구성된 동물 유래의 일반적인 아스파르트산 단백질 분해효소에 비해 1/3 정도의 작은 크기였다.

규명된 HIV 단백질 분해효소는 2개의 단백질 단위체가 대칭으로 이합체를 형성하고 있는 구조였고 두 단위체 사이에는 분해될 가닥이 붙을 수 있는 부위가 포켓처럼 파여 있었다. 아스파르트산 단백질 분해효소는 활성 자리에 아스파르트산-트레오닌-글리신의 아미노산이 있고, 이 3개의 아미노산이 단백질 분해효소의 활성에 결정적인 역할을 한다고 알려져 있다. HIV 단백질 분해효소에는 25, 26, 27번째 아미노산에 이 3개의 아미노산이 배치되어 있었다. 즉 대칭으로 이합체를 형성한 후, 분해될 단백질 사이에서 마주 보고 있는 25번 아스파르트산 2개가 산염기 촉매 작용을 수행하여 단백질의 펩타이드 결합을 분해한다. 이러한 HIV 단백질 분해효소의 구조는 곧 여기에 결합하여 활성을 저해하는 약물의 개발을 촉진했다.

이렇게 속속 밝혀진 질병 관련 단백질의 구조는 이후 '구조 기반 신약개발'(SBDD; Structure-Based Drug Design)이라는 새로운 패러다임의 기반이 된다. 다음 장에서는 단백질 구조가 어떻게 신약개발을 돕고 그에 따라 신약이 개발된 과정에 대해 알아보도록 하자.

단백질 구조 기반의
신약개발

질병의 기전과 질병 관련 단백질의 구조를 연구하는 궁극적인 목적은 새로운 질병 치료법을 찾기 위함이다. 그렇다면 질병 관련 단백질의 구조가 해당 질병을 치료하는 약물의 개발로 어떻게 이어졌을까? 흔히 신약개발 과정에 정통하지 않은 일반인, 심지어 몇몇 생물학자 역시 질병 관련 단백질의 구조가 규명되면 이를 억제하는 약물 개발은 시간문제라고 생각한다. 실제로 단백질의 구조는 이 단백질에 결합하는 화합물을 단백질의 작용 원리에 따라서 찾을 수 있게하는 매우 중요한 정보가 된다. 그러나 어떤 단백질에 강하게 결합하여 그 단백질의 기능을 저해하는 물질을 찾는 것은 신약개발 과정에서 시작 단계에 불과하다. 이를 이해하기 위해서는 현대의 (화합물) 신약개발 과정에 대해 알아볼 필요가 있다.

오늘날 화합물 신약의 개발 과정

1990년대 이후 다소 어려운 과정을 거쳐야 하지만 시간과 노력을 들이면 단백질 구조를 규명할 수 있게 되자, 이후 구조 기반 신약 발굴(structure-based drug discovery) 또는 앞서 말한 구조 기반 신약개발이라는 개념이 등장했다. 구조 기반 신약개발에서 후보물질은 크게 다음의 단계를 거쳐 발굴된다.

1. **표적 단백질의 구조 결정**: 특정한 약물과의 결합으로 기능을 조절하여 질병을 치료할 수 있는 질병 관련 단백질 구조를 실험적인 방법으로 결정한다. 단백질과 약물 간의 상호작용을 관찰하려면 단백질의 구성 원자들을 최대한 정확히 관찰해야 하므로, 분해능(resolving power, 대상을 세밀하게 분리할 수 있는 능력)이 가장 높은 X선 결정학으로 밝혀진 구조를 이용하는 것이 최선이다. 다만 X선 결정학을 활용하기 어렵다면 저온전자현미경 등으로 결정된 구조를 쓰는 것도 가능하다. 만약 표적 단백질의 실험 구조가 없다면 단백질 구조 예측(3부에서 자세히 설명하겠다)으로 얻은 단백질 구조를 대신 사용한다.

2. **히트 발굴**: 신약개발에서는 특정한 단백질에 결합하여 원하는 효과를 나타내는 화합물을 '히트'(Hit)라고 표현한다. 히트 발굴에는 크게 2가지 방법이 있는데, 실험 기반의 방법과 가상 실험 기반의 방법이다. 실험 기반의 방법은 고속 대량 스크리닝(HTS; High-Throughput Screening) 등의 방법을 이용해 수많은 화합물 중에서 원하는 효과를 보이는 화합물을 찾아내는 것이다. 가상

실험 기반의 방법은 단백질 구조 정보를 기반으로 해당 구조에 결합하는 화합물을 분자 도킹(molecular docking)이라는 계산법으로 찾아내는 가상 스크리닝이다. 이 두 방법은 별도로 사용할 수도 있지만, 조합하는 것도 가능하다. 실험 기반의 방법은 단백질 구조 없이도 진행할 수 있다는 이점이 있지만, 대량의 화합물을 이용해 실험하는 만큼 큰돈이 든다. 가상 스크리닝은 고속 대량 스크리닝에 들이는 비용과 장비 등을 절약할 수 있다는 장점이 있지만, 단백질 구조를 기반으로 하여 화합물 결합을 측정하는 방법은 아직 정밀하지 않아서 선별된 화합물들은 실험을 통해 활성 상태를 반드시 검증받아야 한다. 어떤 방법을 사용하든 표적 단백질과 작용하여 약물로 사용할 수준은 아니더라도 어느 정도 저해 활성을 가지는 화합물을 얻는 것이 목표다.

3. 히트의 선도물질화(Hit to Leads): 일반적인 히트는 활성이 그다지 높지 않으므로, 약물로 사용되려면 표적 단백질과 훨씬 더 강하게 결합하여 낮은 농도로도 높은 활성을 가져야 한다. 이렇듯 표적 단백질과 히트의 결합을 개선하기 위해서는 다양한 화합물을 제작하여 약물로써 효과를 측정하고, 화합물의 구조-활성 관련(SAR; Structure-Activity Relationship)을 정립할 필요가 있다. 또한 이 과정을 효율적으로 수행하려면 단백질-화합물 결합 구조, 특히 실험에 기반한 구조가 필수적이다. 결합 구조가 있어야 단백질을 구성하는 아미노산과 화합물 간의 상호작용을 분석하여 단백질 구조를 기반으로 최적의 화합물을 설계할 수 있기 때문이다. 만약 표적 단백질과 화합물 간의 결합 구조가 없다면 분자 도킹 같은 방법을 통해 얻은 결합 모델로 화합물 최적화를

진행할 수도 있겠지만, 이러한 모델이 정확하다고 믿을 수 있는 확실한 근거(유사한 구조를 가진 화합물이 동일 표적에 결합한 구조를 근거로 하는 모델 등)가 필요하다. 이 과정에서 각종 물리적 시뮬레이션을 이용하여 약물과 단백질 간의 상호작용을 분석하고 실험 없이 가상 화합물을 더 많이 테스트할 수 있다면 좀 더 유리할 것이다. 이런 방식으로 시험관 시험에서 찾아낸 충분한 활성의 화합물을 '선도물질'(Lead)이라고 부른다.

4. 선도물질 최적화(Lead Optimization): 시험관에서 충분한 활성을 보이는 화합물을 확보해도 그것이 바로 약물이 되진 않는다. 화합물에 따라서 세포 투과성이 부족하거나 원하는 투여 경로(주사제, 경구투여제)로 흡수되지 않을 수 있다. 또한 흡수된 약물이 너무 빨리 분해되어 약물이 제 효과를 내지 못할 수도 있고, 원하는 표적 이외에 다른 단백질과 결합하여 의도치 않은 효과를 내거나 독성을 일으키는 경우도 많다. 따라서 약물을 최적화하여 원하는 성질을 가지면서도 효과를 그대로 유지할 수 있게 연구해야 한다.

이러한 과정을 모두 통과하여 후보물질이 되더라도 이제 인간 대상으로 효과와 독성 등을 검증하는 임상시험(clinical trial)이 남아 있다. 실제로 비용 측면에서만 보면, 전임상(pre-clinical) 단계에 이르기까지 후보물질을 개발할 때 드는 돈은 신약개발 전체 비용의 10~20%에 불과하다. 즉 대부분의 비용과 노력은 임상시험과 인허가 과정에서 소요된다.

다시 말해 단백질 구조는 신약개발 과정의 10~20%를 차지하는 후보물질 개발 단계 중에서도 극히 초기에 필요한 정보다. 사실 단백질 구조에 의존하는 약물 개발은 비교적 최근의 일이고, 그전까지 개발된 신약들은 단백질 구조 없이 개발이 진행되었으므로 더 큰 비용과 노력이 들었다. 2000년대부터 본격적으로 구조 기반 신약이 개발되었다는 사실을 고려하면, 그전의 약물은 대부분 후보물질이 개발될 때까지 단백질 구조의 힘을 빌리지 않은 셈이다. 결론적으로 단백질 구조는 신약개발에 필요한 수많은 정보 중 하나일 뿐이다.

이러한 여러 가지 어려움 때문에 질병 관련 단백질의 구조가 알려지고 나서도 이를 이용해 개발된 신약은 생각만큼 많지 않다. 그러나 어려움을 딛고서도 그간 여러 종류의 약물이 개발되었으며, 오늘날 단백질 구조 기반의 신약개발은 적어도 소분자 화합물 기반의 신약개발에 있어서는 기본 과정이 되었다. 구조 기반으로 개발된 약물의 몇 가지 성공 사례를 살펴보도록 하자.

바이러스 질병 관련 약물의 구조 기반 개발

단백질 구조 정보가 약물 개발에 실질적인 보탬이 된 첫 번째 예는 바이러스 질병 관련 약물, 특히 HIV 치료제였다. 6장에서 HIV 단백질 분해효소가 HIV의 증식 과정에서 매우 중요한 역할을 한다는 것을 설명했다. 그에 따라 HIV 단백질 분해효소를 억제하면 HIV 증식을 억제하여 에이즈를 치료할 수 있다는 가정 하에 많은 연구자 및 제약사가 HIV 단백질 분해효소를 억제하는 물질 개발에 뛰어들었다. 그렇다면 HIV 단백질 분해효소를 억제하는 기전은 무엇일까?

많은 연구자는 HIV 단백질 분해효소가 절단하는 HIV 단백질의 서열을 분석하고, 이를 약간 변형한 펩타이드 유사체를 이용하면 HIV 단백질 분해효소에 결합하여 기능을 억제하는 물질을 만들 수 있을 거라고 생각했다. 이를 위해서는 일단 HIV 단백질 분해효소가 어떻게 단백질(또는 억제 물질)과 결합하는지에 대한 정확한 정보가 있어야 했다. 1989년 미국 국립 암연구소(National Cancer Institute)와 칼텍의 공동 연구팀은 HIV 단백질 분해효소와 이 단백질 분해효소가 인식하는 6개의 펩타이드를 약간 변형하여 단백질 분해를 방해하는 유도체와의 결합 구조를 밝혔다. 아스파르트산 단백질 분해효소의 촉매 과정에서 핵심적인 역할을 하는 아미노산인 25번째 아스파르트산은 HIV 단백질 분해효소에 의해 잘려 나가는 단백질과 매우 가까운 위치에 있었다.

그러나 단백질 분해효소가 절단하는 펩타이드 서열을 약간 변형하는 것만으로는 약물로 쓸 만큼 강력한 저해 활성이 나타나지 않았다. 또한 펩타이드는 세포 내로 잘 흡수되지 않았으며 체내에 존재하는 단백질 분해효소에 의해 빠르게 분해되기 때문에 약물로는 부적합했다. 이를 극복하기 위해서는 단백질 분해효소에 의해 분해되는 펩타이드와 거의 유사하게 단백질 분해효소에 결합하면서도 약물 측면의 특성은 훨씬 우수한 화합물을 만들어야 했다.

제약사 로슈(Roche)의 연구진은 HIV 단백질 분해효소가 HIV 단백질 중 페닐알라닌-프롤린 또는 타이로신-프롤린의 사이를 절단한다는 것에 주목했다. 동물 유래의 일반적인 아스파르트산 단백질 분해효소는 이들 아미노산 사이를 절단하는 경우가 거의 없기 때문이다. 그래서 페닐알라닌과 프롤린(proline)을 특이적으로 인식하는 단백질 분해효소의 저해물질을 만든다면 숙주세포의 단백질 분해 효소를 그다지 저해하지 않고도 바이러스의 단백질 분해효소만 특이적으로 저해하는 (따라서 별다른 부작용이 없는) 약물을 개발할 수 있으리라 가정했다.

이후 연구진은 페닐알라닌과 프롤린으로 구성된 펩타이드를 변형하여 단백질 분해효소에 의해 분해되지 않는 히드록시에틸아민(hydroxyethylamine) 유도체를 만들었고, 이 물질은 HIV 단백질 분해효소에 약한 저해 활성을 가졌다. 이렇게 처음 찾은 페닐알라닌과 프롤린 디펩티드 기반의 화합물을 연장해 가며 100여 개의 유도체를 만들었는데, 그중 한 화합물은 $0.4nM(IC_{50})$ 이하의 강한 저해 활성을 가지고 있었다. 이 물질과 HIV 단백질 분해효소의 결합 구조를 결정해 보았더니, HIV 단백질 분해효소의 단백질 분해에 핵심적인 잔기인 25번째 아스파르트산이 원래 분해하는 HIV 단백질과 결합한 상태와 거의 일치하게 결합되어 있었다. 한마디로 HIV 단백질 분해효소가 분해하는 단백질과 거의 유사하게 결합하지만 분해되지 않는 화학물질을 만든 것이다. 이렇게 개발된 화합물은 이후 '사퀴나비르'(Saquinavir)라는 이름으로 1995년 HIV 단백질 분해효소 저해제 기반의 HIV 치료제로 처음 승인되었다. 사퀴나비르 이후에 여러 종류의 HIV 단백질 분해효소 저해제가 등장했다.

이러한 방식으로 개발된 HIV 단백질 분해효소 저해제는 다른 항바이러스 물질과 조합하여 '칵테일 요법'이라고 불리는 강력 항레트로바이러스요법(HAART)의 핵심 구성 요소가 되었다. 돌연변이가 빨리 일어나는 HIV에 의해 유발되는 에이즈는 하나의 항바이러스 물질에만 의존하면 금방 그 물질에 내성을 가지는 변이체가 나

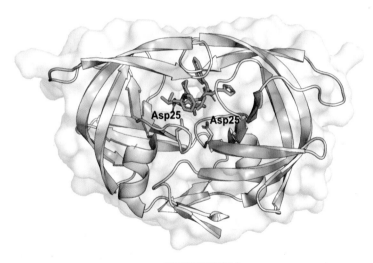

사퀴나비르

HIV 단백질 분해효소

그림 7-1 HIV 단백질 분해효소와 여기에 결합한 저해물질인 사퀴나비르

HIV 단백질 분해효소(아스파르트산 단백질 분해효소)의 핵심 아미노산인 25번째 아스파르트산(Asp25)은 사퀴나비르와 인접하여 위치해 있다.

타난다. 반면 동시에 2~3개의 별도 기전을 가진 약물을 사용하는 HAART로 치료하면 상대적으로 치료법에 내성을 띠는 바이러스가 잘 나타나지 못했다. 따라서 HAART는 HIV 감염자에 대한 좋은 치료법이 되었다.

1990년대 중반 도입된 HAART가 HIV 감염자에 미친 영향은 지대하다. HAART 도입 이전인 1989년만 해도 HIV에 감염된 20세 청년의 평균 기대 여명은 11.9년이었다. 즉 당대 치료법을 사용하면 20세 HIV 감염자가 평균적으로 30세 중반이 되기도 전에 사망했다. 그러나 HAART가 일반화된 이후인 2006~2013년 20세 HIV 감염자의 기대 여명은 54.6년이었다. 주목할 점은 HAART 치료를 더 잘 받고 건강 관리도 잘 것으로 기대되는 고학력나 고소득자 계층도 HIV 감염자의 기대 여명이 60년이라서 HIV에 감염되지 않은 계층과 별 차이가 없었다는 것이다. 결국 HIV 단백질 분해효소 저해제와 HAART 덕분에 에이즈는 불치의 질병이 아닌 치료만 꾸준히 잘 받는다면 오랫동안 건강을 유지하면서 살 수 있는 만성질환 수준으로 탈바꿈했다.

HIV 단백질 분해효소 저해제 개발을 필두로 단백질 구조 기반의 항바이러스제 개발이 이어졌다. 한 예로 인플루엔자 치료제로 유명한 '타미플루'(Tamiflue)는 인플루엔자 바이러스의 감염에 필수적인 효소인 뉴라미니디아제(neuraminidase)에 결합하는 물질로써, 타미플루 개발에도 뉴라미니디아제의 구조 및 저해물질과의 결합 구조가 중요한 역할을 했다.

2019년부터 근래까지 이어졌던 코로나19 팬데믹 때도 구조 기반 신약개발이 큰 효과를 발휘했다. 코로나19 바이러스 역시 HIV와 마찬가지로 한 가닥의 단백질로 바이러스를 구성하는 단백질이 만들어지고, 이것이 바이러스의 단백질 분해효소에 의해 절단되어 코로나19 바이러스를 구성하는 각각의 단백질이 된다. 2019년 코로나19 바이러스가 확산하자 수많은 제약사는 새로운 유형의 코로나바이러스(SARS-CoV-2)에 대해 저해 활성을 보이는 물질을 개발하고자 했으며, 코로나바이러스의 주 단백질 분해효소(main protease)가 표적이 되었다. 사실 2002년 사스-코로나바이러스가 처음 출현했을 때 화이자(Pfizer) 등의 제약사들은 바이러스 치료제 개발을 위해 코로나바이러스의 주 단백질 분해효소를 표적으로 하여 후보물질을 찾아 두었지만, 이후 사스-코로나바이러스가 서서히 사그라들자 선도물질을 더 이상 개발하지 않고 있던 상태였다. 결국 코로나19 팬데믹으로 바이러스 치료제를 시급히 개발해야 했던 시국과 맞물려 다시 빛을 보게 되었다.

원래 찾아낸 선도물질은 바이러스 저해 활성은 강했으나 경구 투여 시 거의 흡수되지 않아 먹는 약으로는 사용할 수 없었다. 그러나 코로나19 팬데믹 때는 매일 복용해야 하는 약물로 사용하기 위해 주사약보다는 복용약으로 제조해야 했고, 이를 위해 경구 투여가 가능하면서도 바이러스 저해 활성을 그대로 유지한 물질을 만들어야 했다. 이에 따라 다양한 물질과 주 단백질 분해효소 간의 복합체 구조가 결정되었으며, 이러한 단백질 구조에서 유추된 결합 방식에 근거하여 새로운 물질이 디자인되었다. 이로써 얻은 '니르마트렐비르'(Nirmatrelvir)라는 물질은 코로나바이러스의 주 단백질 분해효소의 촉매 작용에 필수적인 145번 시스테인과 공유 결합할 수 있는 새로운 물질이었다. 니르마트렐비르는 체내 지속 시간을 늘리는 리토

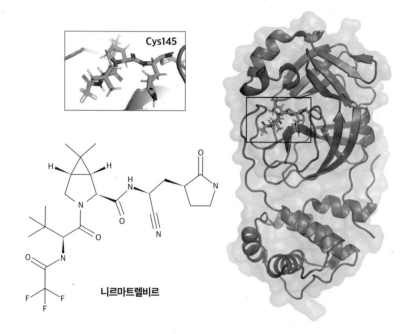

Cys145

니르마트렐비르

그림 7-2 SARS-CoV-2의 주 단백질 분해효소에 결합한 니르마트렐비르

니르마트렐비르는 SARS-CoV-2 바이러스의 주 단백질 분해효소(시스테인 단백질 분해효소)인 145번째 시스테인(Cys145)과 공유 결합을 형성하여 단백질 활성을 억제한다.

나비르(Ritonavir)라는 약물과 같이 임상시험을 거쳐서 2021년 말부터 '팍스로비드'(Paxlovid)라는 이름의 치료제로 널리 공급되기 시작했다.

이렇듯 병원체가 알려진 지 불과 2년 내에 전혀 새로운 화학 구조의 치료물질을 개발하는 데 있어 구조생물학의 역할이 매우 중요했다. 구조생물학에 의해 가장 먼저 신약개발이 활발히 이루어진 분야는 앞서 살펴본 HIV나 인플루엔자 바이러스 등의 바이러스 질병 치료제였지만, 제약사의 신약개발에서 가장 높은 비중을 차지하는 항암 신약개발에서도 구조생물학이 점차 중요한 역할을 하기 시작했다.

단백질 인산화효소 저해제와 단백질 구조

1980년대 중반, 많은 암유전자는 돌연변이가 발생한 단백질 인산화효소라는 사실이 알려지고 나서 많은 연구자가 항암 표적 치료제로 사용할 수 있으리라 판단하고 단백질 인산화효소의 저해물질을 찾기 위해 노력했다. 그러나 한편에서는 단백질 인산화효소가 유효한 항암 표적이 되기 어렵다고 보는 회의적인 시각도 많았다. 이유인즉 우리 몸속에는 약 500종에 달하는 단백질 인산화효소가 있고, 이들 대부분은 동일한 인산화 도메인을 공유하고 있기 때문이었다. 즉 단백질 인산화효소의 인산화 도메인에 결합하여 단백질 인산화효소를 저해하는 물질은 다른 단백질 인산화효소를 저해할 수 있으므로 의도치 않은 독성이 나타날 가능성이 크다는 주장이었다. 실제로 단백질 인산화효소 연구 초창기에 알려진 타이로신 유사체 기반의 저해물질들은 이렇다 할 선택성 없이 단백질 인산화효소를 모두 저해했다. 따라서 이러한 우려는 어느 정도 근거가 있었다.

그러나 시간이 흘러 특정한 단백질 인산화효소에 특이적으로 작용하는 화합물이 탄생되면서 단백질 인산화효소를 표적으로 하는 항암제의 개발 가능성이 입증되었다. 6장에서 알아보았듯이 만성 골수성 백혈병은 9번 염색체와 22번 염색체의 융합으로 생기는 BCR-ABL 융합 유전자에서 BCR-ABL 단백질 인산화효소의 조절 기능이 망가지며 유발된다. 1997년 스위스의 제약사인 시바 가이기(현 노바티스)는 ABL 단백질 인산화효소를 특이적으로 저해하는 'STI-571'이라는 물질을 개발한다. 이 물질은 ABL에는 약 38nM의 높은 저해 활성을 보였지만 EGFR(상피성장인자수용체) 인산화효소, c-Src, 단백질 인산화효소 A 등의 인산화효소들은 거의 저해하지 않았다. 얼마 지나지 않아 이 물질은 만성 골수성 치료에 탁월한 효과가 있음이 입증되었고, 1999년 '이매티닙'(Imatinib)이라는 정식 성분명으로 판매 허가를 받았다(현재는 상품명인 글리벡Gleevec으로 더 잘 알려져 있다).

이매티닙이 처음 개발될 때만 해도 ABL과 이매티닙의 결합 구조가 알려지지 않아서, 연구진은 이매티닙이 단백질 인산화효소가 활성화 상태일 때 결합하고 있는 것으로 추측했다. 그러다 2000년 캘리포니아대학교의 존 쿠리안(John Kuriyan) 연구실에서 이매티닙이 ABL에 결합되어 있는 구조를 규명했으며, 이로써 원래 예상과는 달리 이매티닙이 단백질 인산화효소가 비활성 상태일 때 결합한다는 것을 알 수 있었다. 즉 이매티닙은 활성화된 단백질 인산화효소에 결합하여 단백질 인산화를 방해하는 것이 아니라, 비활성화된 단백질 인산화효소에 결합하여 단백질 인산화효소의 활성화를 막는 물질이었다.

이러한 독특한 결합 방식은 이매티닙이 어떻게 ABL에 특이적인 저해물질이 되었는지 잘 설명해 준다. 앞서 언급한 대로 단백질 인산화효소는 대부분 유사한 인산화 도메인을 공유하고 있고, 이들의 형태는 특히 활성화 상태에서 유사하다. 그러나 활성화된 단백질 인산화효소에 비해 활성화 루프가 닫힌 단백질 인산화효소는 종류별로 구조가 크게 다르다. 이러한 구조의 차이에 따라 이매티닙은 ABL 인산화효소에 특이적인 약물이 될 수 있었다.

이후 다양한 단백질 인산화효소를 대상으로 2020년까지 약 50종의 단백질 인산화효소 저해제가 FDA(미국 식품의약국)에서 허가 승인을 받았으며, 이렇듯 다양한 단백질 인산화효소의 개발 과정에서 단백질 구조 정보는 필수적이었다. 때로는 단백질 구조가 단백질 인산화효소의 돌연변이에 의해 약물 내성이 생겼을 때 이를 극복하는 약물 개발에 중요한 역할을 하기도 했다.

실제로 이매티닙 판매 초창기에는 이매티닙을 투여받은 환자에게서 이매티닙에 내성을 가진 암세포가 증식한다는 것이 밝혀졌다. 이매티닙에 대한 내성 기전을 살펴본 결과, ABL 인산화효소의 315번째 트레오닌이 이소류신(isoleucine)으로 바뀐 돌연변이(T315I)가 이매티닙의 결합을 방해하여 내성이 생기는 것으로 확인되었다. 이후 아리아드 파마슈티컬스(ARIAD Pharmaceuticals)는 일본 제약사 오츠카제약과 협력하여 T315I 돌연변이가 있는 ABL 인산화효소에도 결합하여 저해 활성을 보이는 저해제인 '포나티닙'(Ponatinib)을

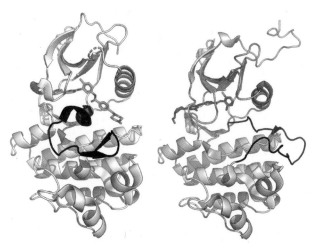

**비활성화된 ABL 인산화효소와
이매티닙의 결합**   **활성화된 ABL 인산화효소와
다사티닙의 결합**

그림 7-3 **이매티닙과 ABL 인산화효소의 결합 구조**

최초의 단백질 인산화효소 표적 치료제인 이매티닙은 비활성화된 ABL 인산화효소에 결
합하여 비활성화 상태를 유지하는 방식으로 단백질 인산화효소 활성을 억제한다. 반면 다
사티닙(Dasatinib) 같은 일부 단백질 인산화효소 저해제는 활성화된 단백질 인산화효소에
결합하여 활성을 저해하기도 한다. ABL 인산화효소의 활성화 루프(검은색으로 표시)는 이
매티닙 또는 다사티닙의 결합 상태에 따라서 다르다.

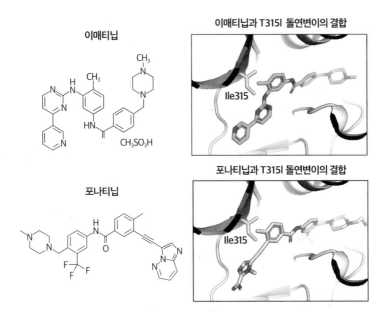

이매티닙

이매티닙과 T315I 돌연변이의 결합

포나티닙

포나티닙과 T315I 돌연변이의 결합

Ile315

Ile315

그림 7-4 이매티닙과 포나티닙의 결합 구조

이매티닙은 ABL 인산화효소의 315번 트레오닌이 이소류신으로 바뀐 경우(Ile315) 결합력이 떨어진다. 이를 극복하기 위해 새로 디자인된 저해제인 포나티닙은 315번 이소류신에도 정상적으로 결합하여 이매티닙 내성 돌연변이에 작용한다.

개발했다. 포나티닙과 이매티닙, 그리고 ABL 인산화효소의 결합 구조를 보면 왜 이매티닙은 T315I 돌연변이에 취약하고 포나티닙은 그렇지 않은지 쉽게 알 수 있다. 315번 트레오닌의 히드록시(OH)기는 이매티닙에 있는 아미노기의 질소 원자와 가까이 위치하고 있어 상호작용을 한다. 그러나 트레오닌이 소수성(물과 친하지 않은 성질) 아미노산인 이소류신으로 바뀌면 이소류신의 소수성 잔기와 아미노기 간의 상호작용이 방해받고 약물의 결합력도 크게 떨어진다. 그러나 포나티닙은 이 위치에 탄소 간의 3중 결합이 존재하고, 소수성을 띠는 탄소-탄소 3중 결합은 이소류신과의 상호작용에 문제가 없으므로 잘 결합한다. 이렇게 내성 돌연변이에 대응하는 포나티닙 같은 화합물은 약물과 표적 단백질 간의 결합 구조가 밝혀진 이후에야 개발될 수 있었다.

K-Ras 저해물질의 개발 과정

이렇듯 단백질 구조 기반의 소분자 물질 개발이 일반화되고 다양한 질병 표적 단백질의 저해물질이 개발되고 있는 와중에도 K-Ras 저해물질의 개발 속도는 유독 지지부진했다. 가장 일찍 알려진 발암 유전자이자, 가장 많은 종류의 암에서 발생하는 돌연변이 유전자임에도 K-Ras의 표적 약물은 왜 쉽게 등장하지 못했을까? Ras 구조에서 이에 대한 답을 찾을 수 있다. 약물이 단백질에 표적으로 작용하려면 단백질의 가운데에 약물이 단단히 결합할 수 있는 움푹한 포켓이 있어야 한다. 그러나 상대적으로 작고 둥근 형태의 K-Ras

에는 약물이 강하게 붙을 수 있는 깊은 포켓이 발견되지 않아서 K-Ras에 직접 결합하여 활성을 억제하는 화합물 개발은 한동안 불가능한 영역으로 여겨졌다.

따라서 K-Ras를 표적으로 하는 치료법을 개발하려던 연구자들은 K-Ras에 직접 결합하는 화합물보다는 K-Ras의 특성을 이용해 활성화를 억제하는 방향으로 연구를 수행했다. 이러한 시도 중에 하나는 K-Ras 단백질이 신호 전달을 위해 일단 단백질 끝의 파르네실화(farnesylation)라는 반응에 따라 지질과 결합하여 결과적으로 단백질이 실제로 작동하는 생체막에 결합하는 특성을 이용한 것이었다. 즉 K-Ras 끝에 파르네실화를 일으키는 파르네실전달효소(farnesyltransferase)를 억제하면 K-Ras가 세포 내에서 제 위치에 이동할 수 없어 기능이 억제되리라 보고 파르네실전달효소 저해물질을 개발했다. 이렇게 개발된 화합물은 세포 수준 및 실험동물 수준의 연구에서는 탁월한 항암 효과를 보여 인간 대상의 임상실험에 들어갔으나 인간에게는 전혀 항암 효과가 없었다. 인간의 K-Ras는 파르네실화가 저해되어도 다른 단백질 변형이 일어나서 결과적으로 K-Ras가 정상적으로 위치했기 때문이다.

K-Ras 저해제 개발의 돌파구는 2010년대 초에 뚫린다. UCSF(캘리포니아대학교 샌프란시스코 캠퍼스)의 화학생물학자인 케번 쇼캇(Kevan Shokat)은 K-Ras에 분포하는 발암 돌연변이 중에서 G12C 돌연변이에 특이적으로 반응하는 화합물을 찾을 수 있을 거라 판단했다. 이후 돌연변이에 의해 생성되는 시스테인의 씨올(-SH)기에 공유 결합으로 반응하는 화합물을 찾아 K-Ras에 특이적으로 결합하고 합성을 저해하는 화합물을 만들겠다는 발상이었다. 이에 따라

쇼캇 연구실은 씨올기에 반응하는 화합물 라이브러리를 이용하여 K-Ras 활성을 억제하는 화합물을 찾아냈고, 이를 K-Ras의 결합 구조와 비교해 보니 이 화합물은 예상대로 12번째 시스테인에 공유 결합으로 연결되어 있었다. 또한 화합물과 결합하는 과정에서 단백질에 화합물 결합이 가능한 포켓이 형성되었고 여기에 화합물이 결합되어 있었다. 즉 화합물과의 결합으로 단백질 구조에 미세한 변형이 생겨 화합물이 없는 상태에서는 존재하지 않았던 포켓이 나타난 것이다.

이때 발견한 화합물은 당장 약물로 쓸 수 있을 만큼 활성이 높지 않았다. 그러나 이러한 발견에 자극받은 제약사들은 이와 비슷한 전략을 세워 G12C 돌연변이가 있는 K-Ras의 저해물질을 찾기 시작했다. 가장 먼저 성과를 올린 제약사는 암젠(Amgen)이다. 2021년 암젠이 발굴한 K-Ras G12C 돌연변이에 특이적으로 공유 결합을 형성하는 저해제인 '소토라십'(Sotorasib)은 곧 G12C 돌연변이를 가진 비소세포폐암 환자 대상의 첫 표적 항암제인 루마크라스(Lumakras)로 출시되었다. 이후 미라티 세라퓨틱스(Mirati Therapeutics)가 G12C 돌연변이 저해제인 '아다그라십'(Adagrasib)을 개발하고 2022년에 사용 허가를 받았다. 돌연변이 K-Ras가 발암 유전자임이 알려진 지 40년이 지난 후였다.

그렇다면 G12C가 아닌 K-Ras의 돌연변이는 어떨까? 암을 유발하는 K-Ras 돌연변이는 G12C 이외에도 G12D, G12V, Q69L 등 다양하며, 암젠과 미라티 세라뷰틱스의 저해제는 G12C 돌연변이가 있는 약 20%의 K-Ras에만 작용하며 다른 돌연변이에는 효과가 없다. 이를 극복하기 위해서는 다른 돌연변이에도 특이적으로 작용하

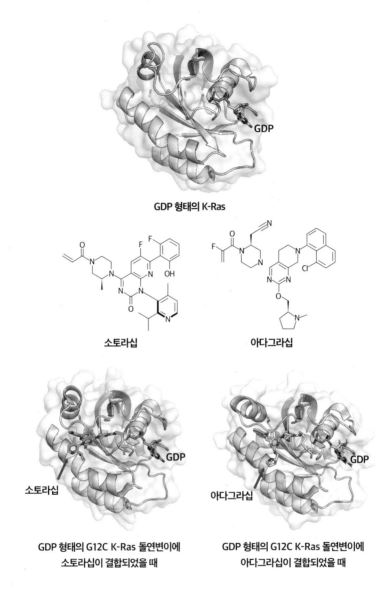

GDP 형태의 K-Ras

소토라십

아다그라십

소토라십

GDP

아다그라십

GDP

GDP 형태의 G12C K-Ras 돌연변이에
소토라십이 결합되었을 때

GDP 형태의 G12C K-Ras 돌연변이에
아다그라십이 결합되었을 때

그림 7-5 **GDP 형태의 G12C K-Ras 돌연변이에 소토라십 또는 아다그라십이 결합된 구조**
G12C 돌연변이에 공유 결합을 형성하여 G12C 돌연변이를 저해하는 두 화합물은 화합물
이 붙어 있지 않은 GDP 형태의 K-Ras에는 없는 결합 포켓을 형성한다.

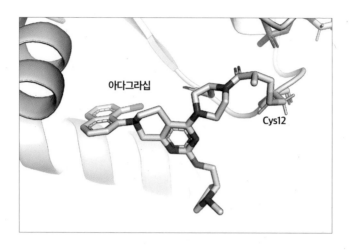

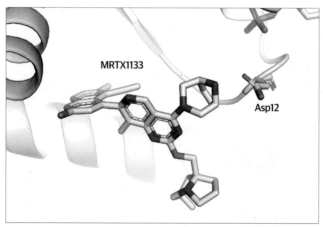

그림 7-6 **G12C 돌연변이의 저해제인 아다그라십과 현재 개발 중인 MRTX1133**

아다그라십은 12번째 시스테인과 공유 결합을 형성하는 반면, MRTX1133은 12번째 아스
파르트산과 수소 결합을 형성하여 K-Ras를 저해한다.

는 약물이 필요하다.

그러나 이러한 한계도 조만간 극복될 전망이다. 미라티 세라퓨틱스는 2021년 K-Ras의 G12D 돌연변이에 특이적으로 결합하는 저해제인 'MRTX1133'을 공개했다. 고해상도의 단백질-화합물 결합 구조에 기반하여 디자인된 이 화합물은 시스테인과 공유 결합을 하는 다른 G12C 돌연변이 저해물질들처럼 K-Ras에 결합하지는 않지만, G12D 돌연변이체의 아스파르트산에 최대한 강하게 결합하는 방식으로 G12D 돌연변이만 특이적으로 저해할 수 있다. 한편 또 다른 바이오텍 회사인 레볼루션 메디신(Revolution Medicines)은 GDP 형태로 비활성화된 K-Ras에 결합하는 저해물질 대신, GTP 형태로 활성화된 K-Ras와 사이클로필린 A(Cyclophilin A)라는 단백질과의 상호작용을 유도하여 K-Ras를 억제하는 화합물을 개발하고 있다. G12C나 G12D 등 어떤 돌연변이든 활성화된 K-Ras라면 모두 결합할 수 있으므로 더욱 다양한 K-Ras 돌연변이에 작용할 수 있을 것으로 기대된다.

이처럼 오랫동안 난공불락으로 여겨지던 K-Ras 저해제 개발의 원동력은 역시 표적 단백질과 화합물 간의 결합 구조였다.

단백질 구조 기반의 신약개발 방법론

지금까지 단백질 구조 정보를 응용하여 개발된 신약 사례를 소개했다. 이들 중 상당수는 시험관 내 활성 검정(In vitro Screening) 내지는 세포 수준의 활성 검정(cell level assay) 등의 실험법에 의해 일단 후보물질을 발굴한 다음, 표적 단백질과의 결합 구조를 규명하여 약물 최적화 단계에서 단백질 구조 정보를 이용한 것이 많다. 즉 초기에 발굴된 히트 또는 선도물질들은 단백질의 구조 정보와 무관하게 얻은 것이 상당수다.

그러나 단백질 구조 해석이 일반화되고 여러 약물 표적 단백질의 구조가 풀린 후에는 히트 발굴 단계에서부터 약물 표적 단백질 구조를 적극적으로 활용하여 개발 기간을 줄이려는 시도가 시작되었다. 단백질과 화합물의 결합 구조는 발굴된 히트를 선도물질화하는 단계와 선도물질을 최적화하는 단계에서도 매우 중요한 역할을 한다. 이어지는 내용에서는 현대의 신약개발 방법론에서 단백질 구조가 어떻게 중요한 역할을 하는지 알아보도록 하자.

프래그먼트 기반의 신약개발

1990년대에 들어 조합 화학(combinational chemistry)과 자동화 기기의 발전으로 제약사들은 수백만 종류의 화합물을 쉽게 만들 수 있었다. 또한 이러한 화합물의 활성을 측정하여 약물 후보물질을 검색하는 고속 대량 스크리닝(HTS)도 일반화되었다. 그럼에도 신약개발은 여전히 어렵고 비용이 많이 드는 일이었다. 즉 수백만 가지 화합물의 활성을 측정해도 유의미한 저해 활성을 가진 화합물을 얻는다는 보장이 없었으며, 어렵게 후보 화합물을 얻는다 해도 독성 문제나 약동학(pharmacokinetics)·약력학(pharmacodynamics) 문제 때문에 약물 개발이 중단되는 경우도 허다했다. 1990년대 이후 가능한 많은 후보 화합물 중에서 원하는 저해물질을 찾는 HTS가 약물 개발의 패러다임으로 대두되었고, 의약화학자들은 인허가를 통과하여 상용화된 약물의 특성에 주목하기 시작했다. 화이자의 의약화학자인 크리스토퍼 리핀스키(Christopher A. Lipinski)는 2001년 발표한 논문에서 경구 투여가 가능한 약물들의 공통적이고 일정한 특성을 정리하여 다음과 같이 제시했다.

(1) 분자량은 500달톤(Da) 이하
(2) logP<5(P는 옥타놀과 물 사이의 분배계수로써 화합물의 지질 친화도를 의미함)
(3) 수소 결합 주개가 5개 이하
(4) 수소 결합 받개가 10개 이하

이러한 특성들은 현재 '리핀스키의 5 규칙'(Lipinski's rule of 5)이라고 통칭한다. 연구 결과 여기서 크게 벗어나는 화합물은 경구 투여가 부적합한 약물로 판단했다. 따라서 이전처럼 수많은 화합물을 무작정 탐색하기보다는 화합물의 물리적 특성을 먼저 확인해야 한다는 의견이 대두되었다. 실제로 약물의 친화도나 선택성을 올리기 위한 최적화 과정에서 필연적으로 약물의 분자량이 커지고 지질 친화도가 높아지는 경우가 많은데, 이때 얻는 최종 산물 중에는 리핀스키의 5 규칙에 벗어나서 경구 투여 약물로 부적합한 것이 많았다. 이러한 문제에 직면하지 않으려면 처음에 얻는 히트의 분자량이 최종 약물로 사용되는 화합물에 비해 훨씬 작아야 유리하다.

프래그먼트 기반의 신약개발(fragment-based drug discovery)은

기존의 HTS에 비해 분자량이 훨씬 작은 (150달톤에서 300달톤 이하) 화합물 프래그먼트 라이브러리로부터 표적 단백질에 결합하는 화합물을 찾는 데서 시작한다. 물론 분자량이 작은 화합물은 일반적인 약물 후보물질에 비해서 크기가 훨씬 작고 단백질과의 결합 부위도 작으므로 약물과 비슷한 크기의 화합물에 비해 결합력이 크게 떨어진다. 그러나 더욱 간단한 화합물을 이용하므로 1,000개 이하의 화합물을 스크리닝해도 화학 다양성이 충분히 넓은 화합물들의 결합 가능성을 테스트할 수 있다.

하지만 프래그먼트 기반의 저해 활성 측정은 결합력이 매우 낮아 HTS에서 사용하는 방법을 그대로 적용할 수는 없다. 따라서 핵자기 공명 분광법, 등온 적정 열량법(isothermal titration calorimetry), 표면 플라스몬 공명법(SPR; Surface Plasmon Resonance), 마이크로스케일 열영동(MST; Microscale Thermophoresis) 등과 같은 생물물리학적 방법으로 표적 단백질과의 결합력을 측정하여 적합한 프래그먼트를 찾는다.

이렇게 특정한 단백질에 결합하는 프래그먼트를 확보한 후에는 이 프래그먼트와 표적 단백질과의 결합 구조를 규명한다. 이렇게 규명된 프래그먼트와 단백질 간의 결합 구조는 이후 선도물질을 개발하는 데 이용된다. 한편 단백질 구조를 고려해 프래그먼트의 단백질 결합 부위를 좀 더 늘려서 상호작용을 더 많이 유도하여 결합력을 높이는 방법도 있다. 만약 여러 개의 프래그먼트가 인접 부위에 결합한다면 이를 서로 연결하여 결합력을 끌어올릴 수도 있다. 즉 새로운 화합물과 단백질의 결합 구조를 다시 결정하고 저해력을 검증하는 과정을 반복하면서 발굴한 프래그먼트에서 점점 최적화된 선

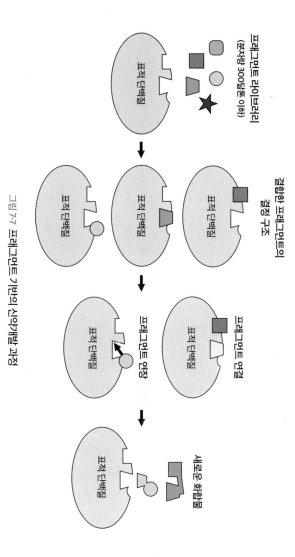

그림 7-7 프래그먼트 기반의 신약개발 과정

프래그먼트의
결합한 프래그먼트의
결정 구조

프래그먼트 라이브러리
(분자량 300달톤 이하)

표적 단백질

표적 단백질

표적 단백질

표적 단백질

표적 단백질

프래그먼트 연결

프래그먼트 연결

표적 단백질

프래그먼트 연결

표적 단백질

새로운 화합물

표적 단백질

분자량 300달톤 이하의 프래그먼트 라이브러리와 표적 단백질의 결정 구조를 구한 후에 2개의 독립된 위치에 결합하는 프래그먼트를 서로 연결하거나 프래그먼트 주변으로 화합물을 연장하여 결합력이 좀 더 높은 화합물을 찾는다. 이 과정을 반복하여 화합물을 계속 개선하는데, 따라서 단백질-화합물 결합 구조 결정은 프래그먼트 기반의 신약개발에 꼭 필요하다.

도물질을 만들어 나간다. 이러한 프래그먼트 기반의 신약개발에는 화합물과 표적 단백질 간의 결합 구조가 필수적이다.

가상 스크리닝의 강점과 한계

HTS나 프래그먼트 기반의 신약개발에서 화합물을 합성하고, 이의 생화학적·생물물리학적 활성을 측정하는 데는 많은 비용과 시간이 든다. 그러나 이미 밝혀진 표적 단백질의 구조를 이용하여 여기에 결합할 수 있는 화합물을 컴퓨터로 탐색한다면 실험에 비해 훨씬 적은 비용으로 다양한 화합물을 테스트할 수 있다. 이러한 방법 중 하나가 가상 화합물이 특정한 단백질에 결합하는 방식을 알아보는 도킹(docking)이다. 도킹을 통해 연구자들은 수백만에서 수천만 가지의 가상 화합물 중에서 단백질의 활성 자리에 결합할 만한 화합물을 추려 낸다.

조합 화학의 발전으로 현재 수억 가지 화합물을 상업적 벤더(판매업자)로부터 쉽게 입수할 수 있다. 도킹을 통해 얻을 수 있는 정보는 특정한 단백질에 결합하리라 예상되는 화합물, 가상 화합물이 단백질에 결합한 방식(포즈), 가상 화합물과 단백질 간 결합력 예측 등이다. 특히 가상 화합물이 단백질에 결합할 때의 단백질-소분자 상호작용이 단백질과 결합하는 것으로 알려진 기존 물질과 유사하다면, 이렇게 예측된 결합 방식의 신빙성이 높아진다.

도킹 과정의 핵심은 화합물이 단백질에 결합된 형태를 평가하여 점수화하는 스코어링 평션(scoring function)이다. 즉 어떤 화합물의 단백질 결합 정도에 수치를 매겨 정확히 정량화하면 선별 작업이 더욱 용이해진다. 스코어링 평션은 화합물과 단백질 간의 결합력을 원자 간 상호작용의 물리적 성질에 기반하여 표현하는 역장 기반(force field-based scoring function), 실험으로 측정한 결합력과 화합물-단백질 간 복합체 데이터의 통계적 분석에 따라 표현하는 경험 기반(empirical scoring function) 등으로 구분된다.

  그렇다면 화합물의 단백질 결합을 예측하는 과정은 어떻게 진행될까? 일단 단백질 구조를 참조하여 화합물이 결합할 만한 포켓을 중심으로 결합 탐색 영역을 정한다. 물론 약물 결합 부위를 모르는 상태에서 단백질의 전 영역을 탐색할 수는 있지만, 그러면 탐색 시간이 길어지고 정확성도 떨어진다. 그 다음 정해 놓은 탐색 영역을 격자(grid) 형태로 나누고 그 안에서 화합물의 결합 방식을 찾는다. 이를 위해 화합물이 취할 수 있는 다양한 3차 구조를 형성하고 격자 내에 배열한다. 이후 이렇게 배열된 화합물과 단백질의 복합체에 대해 스코어링 평션을 이용해 도킹 스코어를 계산하고 점수가 가장 높은 화합물의 포즈를 선택한다.

  이러한 단백질 도킹은 단백질에 결합하는 미지의 화합물을 찾아내는 방법으로 널리 이용되고 있다. 하지만 도킹 점수가 가장 높은 화합물이라도 실험을 통해 측정한 결합력이 가장 높다고 볼 수는 없다. 즉 현재 개발된 도킹 소프트웨어와 스코어링 평션은 수많은 화합물 중에서 단백질 결합 가능성이 전혀 없는 화합물은 잘 추려 내지만 화합물의 결합력을 정확히 예측하는 방법은 아니다. 화합물의 결합력을 정확하게 추정하려면 분자동역학(molecular dynamics) 기반의 다른 방법을 사용해야 한다.

분자동역학 기반의 화합물 검증 방법

도킹이 화합물과 단백질의 결합력을 정확히 예측하지 못하는 이유는 무엇일까? 여기에는 여러 가지 이유가 있겠지만, 우선 도킹이 근본적으로 단백질을 고정된 수용체로 보고 여기에 다양한 형태를 가질 수 있는 화합물을 결합시키는 방법이기 때문이다.

실제로 단백질과 화합물은 수용액 속에서 미세하게 계속 움직이고, 단백질과 화합물 간 결합 형태도 계속 달라질 수 있다. 이같이 단백질-화합물 결합 상태에서의 동적인 면을 고려하려면 분자동역학 기반의 계산법이 필요하다. 분자동역학은 단백질과 물 분자, 그리고 단백질에 결합된 화합물 등 시스템을 구성하는 원자의 상호작용을 고전역학적 방법으로 계산하여 단백질의 동적인 움직임을 알아보는 방법이다. 단백질-화합물 복합체를 분자동역학으로 시뮬레이션하면 단백질-화합물 복합체의 시간별 움직임과 상호작용의 변화를 파악할 수 있다. 또한 화합물과 단백질의 결합 안정성, 그리고 화합물에서 안정적으로 결합한 부분과 그렇지 않은 부분의 위치를 정확히 알 수 있으므로 도킹 같은 방법에서 얻은 후보 화합물들의 특성을 좀 더 자세히 조사할 수 있다.

이러한 분자동역학 방법을 기반으로 화합물과 단백질의 결합 자유 에너지를 비교적 정확히 예측하는 방법도 개발되었다. 자유 에너지 교란법(FEP; Free Energy Perturbation)이라고 불리는 방법으로, 비교적 유사한 두 화합물의 결합 자유 에너지를 분자동역학 시뮬레이션을 통해 계산한다. 화합물과 단백질에 따라 차이는 있지만 실험에 근거한 화합물의 결합 자유 에너지를 기준으로 약 0.5~1kcal/

mol의 예측 오차에서 비교적 정확히 예측할 수 있다. 자유 에너지 교란법은 현재 제약사 등에서 화합물의 활성을 최적화하는 단계 중 다양한 화합물의 유도체를 만들고 원래 화합물에 비해 결합력이 어떻게 달라졌는지 예측할 때 널리 사용된다. 이렇게 컴퓨터 분석(*in silico*)으로 화합물의 결합력을 예측하고 결합력이 상승한 것만 합성하면 실제 실험에 드는 비용을 절약할 수 있다.

이러한 분자동역학적 화합물 검증 방법의 단점은 계산에 시간이 많이 걸려서 대량의 화합물을 대상으로 하기 어렵다는 것이다. 최근 들어 컴퓨팅 자원의 발전으로 특히 GPU에 의한 고속 연산이 가능해져서 조금 일반화되긴 했지만, 오늘날의 현대 컴퓨터에서도 단 하나의 단백질-화합물 복합체의 분자동역학 시뮬레이션을 수행할 때 최소 몇 시간에서 수십 시간이 든다. 따라서 분자동역학 기반의 계산법은 가상 스크리닝의 첫 단계부터 사용하기는 힘들고, 도킹 같은 방법으로 후보군을 1차 선별한 후에 진행하는 편이다.

화합물과 단백질 구조를 고해상도로 해석했을 때 간혹 화합물의 결합 부위 옆에 물 분자가 같이 위치할 때가 있다. 결정 속에 물이 늘 존재하지만 결정 구조에서 물 분자가 관찰된다는 것은 결정의 모든 구성물에서 항상 같은 위치에 물이 결합된다는 의미라서 매우 중요하다. 즉 화합물의 결합에 물 분자 역시 중요한 역할을 한다.

이렇게 화합물과 단백질에 안정적으로 결합하는 물 분자는 분자동역학 시뮬레이션을 통해서도 확인 가능하며, 추가적으로 각각의 물 분자가 어떤 에너지 상태에 있는지 알 수 있다. 가령 물 분자 중에서 화합물과 단백질의 결합에 긍정적인 역할을 하는 것도 있지만, 어떤 때는 물 분자가 없는 쪽이 화합물의 결합에 도움이 된다. 단백질 결정학을 통해 파악한 화합물 근처의 물 분자의 에너지 상태를 분자동역학 시뮬레이션으로 확인하고, 그중 불안정한 물 분자의 위치까지 화합물이 차지하도록 새롭게 디자인하면 화합물의 결합 활성이 높아지는 경우가 많이 있다. 이러한 기법은 현재 구조 기반으로 화합물을 최적화할 때 일반적으로 사용된다.

가상 스크리닝 깔때기

이렇듯 여러 가지 구조 기반의 화합물 가상 스크리닝 방법은 현대 신약개발에서 필수적으로 쓰이고 있다. 통상적인 가상 스크리닝은 일단 ZINC[3], PubChem[4] 같은 곳에서 가능한 화합물의 구조 데이터를 획득하는 것으로 시작한다. 이후 분자의 특성을 고려해 약물과 비슷한 성질의 화합물을 선별하고 '범 분석 간섭 화합물'(PAINS; pan-assay interference compounds)과 같은 화합물 어세이(분석의 일종)에서 거짓 양성을 주는 화합물들을 걸러 낸다. 이렇게 선별한 화합물에서 후보물질을 추출하는 방법은 크게 도킹 등의 구조 기반 방법과 화합물 구조에 기반한 방법으로 나뉜다.

도킹 등의 구조 기반 방법에서는 일반적으로 1차 스크리닝으로 수천만 개에서 수억 개의 화합물을 빠르게 검색한다. 이후 상위 1~10% 화합물에 대해 좀 더 정밀한 도킹이 가능한 스코어링 펑션 같은 방법을 이용한다. 만약 해당하는 단백질에 이미 결합하는 화

3 https://zinc20.docking.org
4 https://pubchem.ncbi.nlm.nih.gov

합물 구조가 알려져 있다면 비슷한 방식으로 결합하는 다른 화합물을 선별하기도 한다. 한편 화합물 구조에 기반한 방법은 특정한 단백질에 작용하는 약물작용단(pharmacophore)이 알려져 있을 경우, 데이터베이스에서 이러한 약물작용단을 가진 유사 화합물을 검색하는 것으로 시작된다. 이러한 구조 기반 방법과 화합물 기반의 방법을 병행하거나 순차적으로 적용한다. 마지막으로 실험 검증 전에 선별해 둔 소수의 화합물(수백 개 이내)에 대하여 자유 에너지 교란법과 같이 비교적 많은 계산이 요구되는 계산법을 사용하기도 한다. 이렇게 가상 스크리닝에서 실험적 검증이 가능한 수준까지 여러 단계를 거쳐 후보 화학물을 추려 나가는 과정을 '가상 스크리닝 깔대기'(Virtual Screening Funnel)라고 부른다.

가상 스크리닝 깔대기는 특히 코로나19 팬데믹과 같이 후보물질을 빠르게 도출해야 하는 상황에서 큰 역할을 했다. 대표적인 사례가 2022년 스웨덴의 웁살라대학교 연구팀에서 SARS-CoV-2 바이러스의 주 단백질 분해효소의 저해물질을 스크리닝했던 과정이다. 연구진은 약 2억 3,500만 개의 화합물을 코로나바이러스의 단백질 분해효소에 도킹했고, 여기서 상위 30만 개의 화합물을 유사성에 따라 분류하고 기존에 알려진 저해물질과 결합 방식이 동일한 화합물을 찾아 약 82개의 화합물을 실험 검증 대상으로 선별했다. 여기서 선별된 화합물 중 결합 활성이 가장 좋았던 화합물을 대상으로 여러 단계의 구조 기반 화합물 최적화 작업을 실시하여, 최종적으로 현재 사용되는 단백질 분해효소 저해제와 유사한 수준의 활성을 얻을 수 있었다. 이처럼 오늘날 단백질 구조 기반의 가상 스크리닝은 소분자 약물 후보물질 개발에 중요하게 활용되고 있다.

가능한 화합물의 구조 데이터(ZINC, PubChem 등)

컴퓨터 분석을 통한
1차 스크리닝

후보 화합물:
~10^8개

후보 화합물 구조 데이터 선별
(약물 또는 선도물질과의 유사성, 독성, PAINS, ADME)

후보 화합물:
~10^5개

구조 기반
가상 스크리닝

리간드 기반
가상 스크리닝

후보 화합물:
~10^2개

자유 에너지 교란법을
통한 선별

실험 검증에 들어갈
최종 화합물 확정

그림 7-8 **가상 스크리닝 깔때기**

가상 화합물 정보를 이용하여 표적 단백질에 결합하는 후보 화합물을 선별하는 가상 스크리닝은 오늘날 신약개발에 널리 사용되고 있다. 가상 스크리닝은 여러 단계를 거쳐서 최종적으로 실험 검증에 들어갈 수백 개의 화합물을 선별하며, 이러한 과정을 가상 스크리닝 깔때기라고 한다.

08

막단백질 결정화와
구조 규명

앞서 설명한 대로 1990년대에 이르면서 재조합 단백질 생산 기술, 싱크로트론 유래의 X선과 같이 기술 진보에 따라 많은 질병 관련 단백질의 결정 구조가 속속 규명되었다. 그러나 이 와중에도 결정화가 유독 어려웠던 단백질은 바로 세포와 외부를 구분하는 생체막에 존재하는 막단백질(membrane protein)이다.

막단백질은 여러 부류로 나뉜다. 생체막 표면에 붙어 있는 막단백질, 생체막을 가로지르는 생체막 횡단 나선(transmembrane helix)을 통해 막 외부 도메인과 세포질 내 도메인으로 나뉘는 단백질, 그리고 채널(channel)이나 'G 단백질 연계 수용체'(GPCR; G-Protein Coupled Receptor) 같이 여러 개의 막 횡단 나선으로 구성되어 생체막을 중심으로 구조를 형성하는 단백질 등이다. 생체막 외부와 세포질에 각각의 도메인으로 나뉘는 단백질은 각 부분을 별도의 재조합 단백질로 만들어 결정화할 수 있었지만, GPCR이나 채널처럼 생체 막을 중심으로 3차 구조를 형성한 단백질들은 결정화 자체가 거의 불가능에 가까웠다.

막단백질 결정화가 어려웠던 이유

그렇다면 막단백질은 왜 결정화가 어려웠을까? 이는 막단백질이 세포 내에 존재하는 독특한 환경에 기인한다. 세포막 내에 있는 막단백질을 세포 내에서 분리하여 정제하려면 일단 생체막을 용액에 녹여야 한다. 이를 위해서는 여러 가지 계면활성제(비누와 비슷한 성질의 물질)를 사용해야 하는데, 계면활성제로 단백질을 녹여 내는 조건을 찾기도 쉽지 않았다. 또 단백질을 정제한 후에 결정을 형성하려면 일단 단백질이 근접하여 뭉쳐야 된다. 그러나 막 내부에 존재하는 막단백질은 특성상 물과 친하지 않은 부분이 많이 분포하는 편이라, 이 경우에는 단백질 응집으로 침전이 형성되면서 결정화가 이루어지지 못했다. 그리고 막단백질을 둘러싼 계면활성제는 한쪽에는 강한 극성, 다른 쪽에는 소수성을 띠는데, 강한 극성인 부분은 반발력을 일으켜서 단백질과의 접촉을 방해하기도 했다. 이렇듯 여러 가지 이유로 막단백질 결정화는 단백질 결정학이 완성된 1950년대에서 약 30년 후인 1980년대 중반까지도 불가능한 일로 여겨졌다.

그러나 상당수 막단백질은 구조만 규명된다면 의약품 개발에 매우 중요한 역할을 할 것임이 분명했다. 가령 현재 가장 널리 사용되는 혈압조절제인 암로디핀(Amlodipine, 상품명은 노바스크 Norvasc)은 막단백질인 칼슘 채널을 차단하며, 중추신경계에 작용하는 많은 약물 역시 막단백질을 표적으로 한다. 인간 유전체에 존재하는 약 800개의 GPCR 중 108개의 GPCR이 미국에서 승인된 약물 중 약 34%에 해당하는 475개 의약품의 표적이다.

이렇게 막단백질은 약물 표적으로 매우 중요하지만 당시에는 막단백질의 구조 정보가 거의 없어서 막단백질이 분자 수준에서 어떻게 작동하는지에 대한 정보도 구조가 많이 알려진 세포질 단백질에 비해 매우 적었다. 따라서 7장에서 설명한 구조 기반으로 약물을 발굴할 수 없어 많은 시행착오를 겪어야만 했다. 그러나 해결하지 못할 난제로 여겨지던 막단백질의 구조 결정도 서서히 돌파구가 열리기 시작했다.

최초의 막단백질 결정화

많은 연구자가 관심을 보인 막단백질은 동물 유래의 막단백질이었지만 1980년대만 해도 이를 대량으로 얻는 게 쉽지 않았다. 따라서 연구자들의 주된 연구 대상은 그나마 막단백질을 상대적으로 많이 얻을 수 있는 세균의 막단백질이었다.

최초로 결정화에 성공한 막단백질은 무엇일까? 바로 광합성 세균(*Rhodopseudomonas viridis*)에서 빛 에너지를 받아들이고 이를 전자 형태로 변환하여 궁극적으로 세포질 내에 수소 이온 형태의 화학 에너지로 바꾸는 '광합성 반응 중심'(photosynthetic reaction center)이다. 광합성 반응 중심은 광합성을 하는 식물 및 세균 등 다양한 생물에 존재하지만, 세균에 존재하는 광합성 반응 중심은 4개의 가닥으로 이루어진 가장 간단한 단백질이었다.

1982년 독일 막스 플랑크 연구소의 생화학자 하르트무트 미헬(Hartmut Michel, 1948~)은 이 광합성 세균의 생체막에서 광합성 반응 중심을 정제하고 결정을 만드는 데 성공했다. 이후 단백질 결정학자인 요한 다이젠호퍼(Johann Deisenhofer, 1943~), 로베르트 후버(Robert Huber, 1937~)와 약 3년간의 협력 연구를 통해 광합성 반응 중심의 구조를 알아냈다. 광합성 반응 중심은 크게 4개의 단백질로 구성되어 있었다. 즉 생체막 바깥에 있는 사이토크롬 서브유닛, 생체막을 관통하는 L서브유닛, M서브유닛, 그리고 세포질 내에 있는 H서브유닛이었다. 그중 L서브유닛과 M서브유닛에는 빛과 처음 접촉하여 전자를 방출하고 이를 전달하는 과정에서 화합물들이 관찰되었고, 이 화합물들은 생체막을 통과하는 5개의 알파 나선에 갇혀 있었다. 미헬, 다이젠호퍼, 후버는 1988년 광합성 반응 중심의 구조를 풀어낸 공로로 노벨 화학상을 수상한다.

1994년에는 대장균에서 ATP를 만들어 내는 효소인 'F1 ATP분해효소'(F1 ATPase)의 구조가 규명되었다. 이 효소는 세균의 세포막이나 미토콘드리아의 내막에 존재하며, 크게 세포막의 수소 이온을 통과하는 부분과 그 위에 붙어 있는 ATP를 합성하는 부분으로 구성된다. 이러한 구조를 통해 세포막 안팎의 수소 이온 농도 차이에서 발생하는 전기적 신호를 ATP 형태의 화학 에너지로 바꾸는 것이다. 이 단백질의 구조 규명에 참여한 캠브리지대학교의 존 워커(John E. Walker, 1941~)는 1997년 노벨 화학상을 수상했다.

이처럼 1990년대 중후반에 세균 유래 위주로 막단백질 구조가

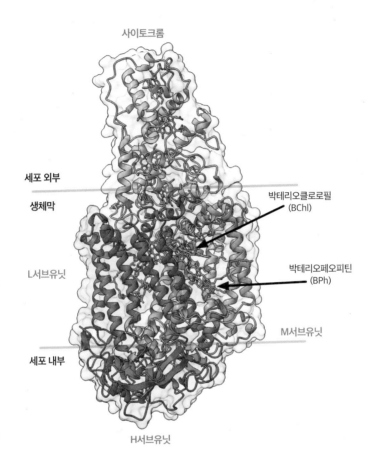

그림 8-1 광합성 세균 유래의 광합성 반응 중심

L서브유닛과 M서브유닛 내부에 존재하는 박테리오클로로필(BChl)이 빛을 받아들인 후 전자를 박테리오페오피틴(BPh)으로 전달하고, 이 전자가 사이토크롬으로 전달되어 결과적으로 양성자 형태의 전기 에너지로 바뀐다.

조금씩 풀리기 시작했다. 그러나 신경 전달과 세포의 신호 전달에 핵심 역할을 하고, 수많은 의약품의 표적이 되는 이온 채널(ion channel)과 GPCR의 구조는 여전히 불가사의였다(이온 채널은 이어서 자세히 설명하겠다). 연륜 있는 구조생물학자들이 '불가능한 프로젝트'라고 하며 도전할 엄두를 내지 못하던 이들 구조 규명에서 돌파구를 찾은 사람들은 아이러니하게도 이전에 단백질 구조를 연구한 적 없던 연구자들이었다.

로더릭 매키넌과 이온 채널 구조 규명

세포막은 기름에 친한 부분과 물과 친한 부분을 동시에 가지고 있는 지질 이중막 구조다. 또한 정상적인 상태에서는 이온과 같이 전하를 띤 물질은 기름과 친한 막으로 구성된 세포막을 뚫고 들어갈 수 없다. 그러나 세포는 경우에 따라 이온을 세포 내로 들여보내야 하며, 이를 위해 세포막에 이온 통과를 위한 '구멍'을 뚫는다. 이때 세포막에서 구멍 역할을 하는 단백질이 이온 채널이다.

신경계의 신호 전달을 예로 들자면, 신경계에서 전달되는 전기적 신호는 세포막에서 소듐(Na^+)을 투과시키는 소듐 채널(sodium channel)이 열려 세포 내로 소듐 이온이 빠르게 유입될 때 세포 내 양이온 농도가 세포 밖보다 높아지며 생기는 전위차에 의해 형성된다. 이 전위차는 포타슘(K^+) 채널이 열려서 세포 내의 포타슘이 세포 밖으로 방출되면 사라진다. 이러한 기전이 일어나려면 생체막에서 원하는 이온만 선택적으로 투과되어야 한다.

대부분의 이온 채널은 이온에 대한 선택성이 있다. 가령 소듐 이온과 포타슘 이온은 전하가 1+로 같지만, 소듐 채널은 소듐만 통과시키고 포타슘은 통과시키지 않으며, 포타슘 채널 역시 소듐은 통과시키지 못하고 포타슘만 통과시킨다. 소듐 이온이 포타슘 이온보다 크기가 작으므로, 소듐 채널의 구멍이 포타슘이 통과하지 못할 정도로 작다면 소듐 채널의 선택성은 납득할 수 있다. 그러나 소듐보다 큰 포타슘이 통과할 수 있는 포타슘 채널에서 왜 소듐은 통과하지 못할까? 이러한 현상을 발견한 미국의 생리학자 클레이 암스트롱(Clay Armstrong)은 1970년대에 채널에 이온이 통과할 수 있는 '선택성 필터'가 있다는 가설을 세웠다. 그러나 이온 채널의 단백질 구조는 물론이고 서열조차 모르던 1980년대 이전에는 선택성 필터가 어떻게 구성되어 있는지 의문을 해결할 수 없었다.

이 의문을 해결한 사람은 미국의 신경생물학자인 로더릭 매키넌(Roderick MacKinnon, 1956~)이다. 브랜다이스대학교 학부를 다니며 세포막 내로 칼슘을 통과시키는 칼슘 채널을 연구했던 매키넌은 이후 의대에 진학하여 내과의사가 되었다. 그러나 임상의사 생활에 싫증을 느끼고 수련의 도중에 자신이 학부 때 연구하던 연구실로 돌아와 포타슘 채널 연구를 다시 시작했다. 그는 1989년 하버드대학교 의대에 조교수로 임용된 후에도 채널 유전자 연구를 진행하여 채널을 구성하는 어떤 아미노산이 선택성 필터를 구성하는지 알아냈다. 그러나 단백질 구조가 없는 상태에서 어떻게 이 아미노산들이 선택성 필터로 작용하여 포타슘 이온만 선택적으로 통과시키는지 알 수 없었다. 결국 이 문제를 해결하기 위해서는 포타슘 채널 구조를 규명해야 했다.

그러나 매키넌과 이 문제를 상의한 대부분의 X선 결정학자는 막 단백질 결정화, 특히 채널 결정화는 불가능하다고 생각하여 공동 연구를 거절했다. 결국 그는 X선 결정학을 전혀 연구해 보지 않았지만 1994년 록펠러대학교로 자리를 옮기면서 X선 결정학으로 포타슘 채널 구조를 스스로 풀겠다는 무모한 계획을 세웠다. 대부분의 연구실 구성원은 매키넌의 무모한 도전에 동참하지 않았고, 새로운 연구실에서 매키넌과 함께 결정학 연구를 시작한 사람은 연구실 테크니션으로 같이 일하던 그의 부인과 포스트닥 1명뿐이었다.

매키넌은 동물 유래의 포타슘 채널 구조를 당시에는 풀 수 없다고 보고, 그때까지 밝혀진 대부분의 동물 유래 막단백질보다 훨씬 간단한 세균 유래의 포타슘 채널 구조를 모델 시스템으로 풀려고 했다. 세균의 포타슘 채널은 2개의 막 통과 알파 나선을 가지고 있어서 막 통과 알파 나선이 6~8개인 동물의 포타슘 채널보다 구조가 훨씬 간단했다. 그러면서도 선택성 필터로 추정되는 부분에는 동물과 거의 일치하는 아미노산 서열을 가지고 있었다. 따라서 매키넌은 세균 유래의 포타슘 채널 구조를 알게 되면 이로써 동물 유래의 포타슘 채널 정보를 얻을 수 있을 거라 생각했다.

이후 매키넌은 스트렙토마이세스 리비단스(Streptomyces lividans)라는 세균에서 포타슘 채널인 KcsA의 결정화에 성공하며 1998년 최초의 포타슘 채널 결정 구조를 얻었다. 이 세균 유래의 포타슘 채널은 네 가닥의 단백질이 모여 있고 가운데에 이온이 통과할 수 있는 구멍이 형성되어 있었다. 동물에서 세균까지 보존되어 있는 선택성 필터는 생체막 밖에서 안으로 들어오는 입구 쪽에 존재했다. 선택성 필터를 구성하는 아미노산 잔기들의 카르복실기 또한 이온이

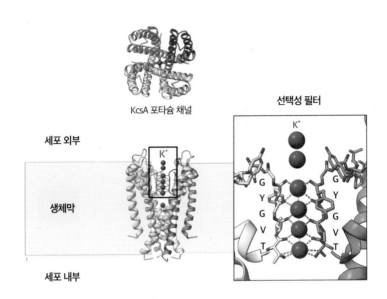

세포 외부

생체막

세포 내부

KcsA 포타슘 채널

선택성 필터

그림 8-2 **세균 유래의 포타슘 채널(KcsA) 구조**

최초로 구조가 밝혀진 이온 채널의 단백질인 포타슘 채널은 4개의 서브유닛으로 이루어져 있으며, 포타슘 이온은 가운데에 있는 구멍으로 통과한다. 채널의 선택성을 결정하는 선택성 필터에는 세균에서 진핵생물까지 보존되어 있는 'TVGYG' 아미노산 서열이 있으며, 이들 아미노산의 카르복실기는 이온 채널을 통과하는 포타슘 이온과 정확히 배위 결합 (한쪽 원자에서 제공된 전자쌍을 두 원자가 공유하면서 생기는 화학 결합)하며 포타슘 이온만 선택적으로 통과시킨다.

들어오는 구멍 쪽으로 배열되어 있고, 물 분자가 제거된 포타슘 이온이 4개의 카르복실기의 산소와 같은 간격으로 상호작용할 수 있는 거리였다. 즉 포타슘 이온보다 작은 소듐 이온은 4개의 카르복실기 중에서 2개에만 상호작용할 수 있으므로 채널을 통과할 수 없다.

이후 매키넌 연구팀은 2002년 염소 채널의 구조를 결정했다. 동일한 단백질 4개가 대칭으로 배열되어 이온이 통과하는 구멍을 형성하는 포타슘 채널과는 달리, 염소 채널은 2개의 단량체가 생체막 방향으로 서로 반대쪽에 분포하고, 각각의 단량체 내에 염소 이온이 통과하는 구멍이 존재했다. 이렇듯 이온 채널의 구조를 처음 규명하여 채널의 선택성에 대한 이해를 넓혀 준 공로로 매키넌은 2003년 노벨 화학상을 수상했다. 그러나 당시 상당수의 채널 및 막단백질의 구조는 아직 규명되지 않은 상태였다.

GPCR의 구조 규명

GPCR, 즉 G 단백질 연계 수용체는 수많은 약물과 신경전달물질의 수용체로 세포 밖에서 안으로 신호를 전달하는 역할을 하기 때문에 이전부터 많은 생화학자 및 약리학자의 관심을 끌었다. 그러나 다른 막단백질과 마찬가지로 1990년대 중반까지 구조를 전혀 알 수 없었다.

최초로 결정화되어 구조가 풀린 GPCR은 망막의 간상세포에 존재하며 빛이 들어오면 이를 감지하여 신경계로 신호를 전하는 단백질인 로돕신(rhodopsin)이다. 2000년 미국 워싱턴대학교와 일본 이

화학연구소(RIKEN)의 협동 연구팀은 아직 빛을 받기 전인 비활성화 상태의 로돕신 구조를 밝혀낸다. 알파 나선에 7개의 생체막이 통과하며, 7개의 생체막 안에 빛을 받으면 구조를 변형하는 색소 물질인 레티날(retinal)이 결합되어 있는 형태였다. 로돕신은 빛을 받으면 구조가 변형되어 G 단백질이 활성화된다. 그러면 간상세포 내로 소듐 이온이 유입되어 신경세포 신호가 활성화되고 이후 신경계를 거쳐 뇌로 신호가 전달된다. 이러한 과정을 모두 이해하려면 활성화된 GPCR의 구조나 G 단백질 복합체 등 단백질의 다양한 상태에 대한 구조 정보가 필요했다.

로돕신이 구조가 처음 풀린 GPCR이 된 데는 망막의 간상세포에 많이 분포하여 도축장 등에서 입수한 소의 안구 조직을 통해 대량 얻을 수 있고, 또 계면활성제를 이용해 효율적으로 정제하는 방법을 찾았기 때문이다. 이에 비해 다른 GPCR은 얻기가 꽤 어려웠고 정제한 후에는 금방 비활성화되었다. 이를 해결하려면 먼저 결정화할 수 있는 시료를 대량으로 확보해야 했다.

여러 가지 어려움으로 지지부진하던 GPCR 구조 규명은 스탠퍼드대학교의 브라이언 코빌카(Brian K. Kobilka, 1955~)의 공로에 의해 비약적인 발전을 이룬다. 내과의사였던 코빌카는 펠로우 시절 아드레날린의 약리 효과에 관심이 생겼고, 아드레날린의 수용체인 '베타-2 아드레날린 수용체'(B2AR) 연구를 시작했다. 처음에 분자생물학적 방법으로 연구하던 코빌카는 한계를 느끼고 생물물리학적으로 B2AR의 성질을 분석하려고 했다. 이를 위해서는 정제된 단백질이 많이 필요했으나, 로돕신과 달리 B2AR은 조직에 그리 많이 분포하지 않았다. 코빌카는 이를 극복하기 위해 곤충 세포에서 B2AR을 대량으로 배양하고 정제할 수 있는 방법을 개발했다.

이후 생물물리학적 연구가 가능한 만큼 단백질을 많이 확보하자 코빌카는 GPCR 형광물질을 통해 GPCR에 어떤 물질이 결합하는지에 따라 단백질의 구조가 변한다는 것을 알게 되었다. 그렇다면 이러한 구조적 변화는 어떻게 이루어질까? 이를 알려면 결국 단백질의 고해상도 구조가 필요했다. 그러나 연구를 시작하던 1990년대 후반에 GPCR 구조 규명은 성공 가능성이 희박하고 실패 시 위험 부담이 많은 연구라 이를 수행하려는 포스트닥이나 박사과정 학생은 없었다. 결국 연구책임자였던 코빌카가 결정화 실험을 직접 수행하여 약 6년 만인 2004년에 작은 결정을 얻었다. 그러나 이 결정은 X선을 잘 회절하지 않았고 구조 해석에 필요한 고해상도의 정보도 얻을 수 없었다. 그럼에도 결정 획득 성공은 결정화가 아예 불가능하다고 여겨지던 B2AR의 결정화 가능성을 암시했으며 이후 GPCR 구조 연구에 동참하는 포스트닥이 생겨났다.

왜 GPCR은 결정화가 어렵고, 결정화된다 해도 X선 회절이 잘 안될까? 연구를 통해 GPCR에서 세포막 밖으로 돌출되는 부분이 매우 동적으로 움직이며 결정화를 방해한다는 것을 알게 되었다. 연구진은 문제 해결을 위해 몇 가지 방법을 동원했다. 한 가지는 세포막 밖으로 돌출되는 부분에 결합하는 항체를 만들어 동적으로 움직이는 단백질에 '자물쇠'를 채우는 것이었고, 또 다른 방법은 움직이는 부분을 제거한 후에 그 자리에 결정화가 잘 되는 단백질인 T4 라이소자임을 대신 붙여 놓는 것이었다. 이후 실제 세포 내 환경과 지질 요건을 비슷하게 만든 LCP(Lipid Cubic Phase)에서 막단백질의 결정화를 수행함으로써 GPCR의 결정화 성공률이 더욱 높아졌다. 이에 따라 2007년 B2AR의 결정 구조가 최초로 규명되었으며, 비슷한 방법론에 의해 다른 종류의 GPCR도 결정화에 성공하며 구조가 속속 밝혀졌다.

그러나 이렇게 얻은 구조들은 대개 GPCR이 비활성화 상태에 있을 때였다. GPCR에 리간드(배위 결합을 형성하는 원자나 원자단)가 결합하여 구조가 바뀌며 G 단백질이 활성화되는 과정을 파악하려면 활성화 상태의 GPCR 구조가 필요했다. 그러나 GPCR은 리간드가 결합되어 있을 때는 제대로 결정화되지 않았는데, 활성화된 GPCR에서는 움직임이 더욱 커졌기 때문이다. 결국 이를 해결하려면 새로운 기법이 필요했고, 그중 하나가 통상적인 동물 유래 항체보다 더 작은 라마 유래의 항체인 나노바디(nanobody)를 이용해 활성화된 GPCR을 고정하는 것이었다. 또 하나는 G 단백질과 결합된 GPCR 복합체의 전체 구조를 파악하는 방법이었다.

2011년 G 단백질과 결합된 활성화 상태의 GPCR 수용체 복합체 구조가 밝혀졌다. 연구 결과 GPCR을 활성화하는 리간드가 결합한 상태에서는 세포 내에서 G 단백질과 결합하는 부위가 크게 변화했고, 이렇게 바뀐 GPCR 수용체는 결합된 G 단백질의 구조 변화를 유발하여 G 단백질의 GDP를 GTP로 바꿔서 활성화했다. 이렇게 여러 기술의 발전과 다년간의 노력 덕분에 GPCR이 외부의 신호전달물질에 결합하여 세포 내로 신호를 전달하는 과정에 대한 분자 수준의 메커니즘이 밝혀졌다. 또한 이를 통해 GPCR의 작동 원리를 더욱 자세히 이해하게 되었다. 브라이언 코빌카는 2012년 베타-2 아드레날린 수용체를 비롯해 여러 GPCR 구조에 대한 선도적인 연구로 노벨 화학상을 수상했다.

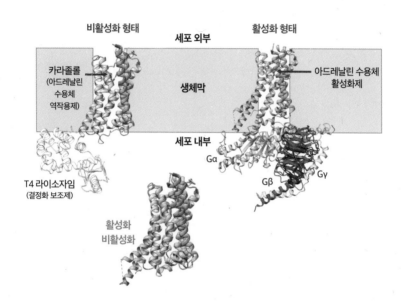

그림 8-3 대표적인 GPCR인 베타-2 아드레날린 수용체(B2AR)의 구조

아드레날린 수용체 역작용제인 카라졸롤(Carazolol)에 결합되어 비활성화된 B2AR과 달리, 활성화된 B2AR의 GPCR 구조에는 미묘한 변화가 생긴다. 이 때문에 G 단백질과 결합하고, GTP로 치환된 G 단백질의 GDP가 반응기로 작용하며 세포 신호를 전달한다.

09

초저온 전자현미경과
단백질 구조 연구의 혁신

앞서 살펴본 대로 막단백질의 결정화는 기술의 발전으로 서서히 이루어졌고, 여기서 도출된 정보는 이온 채널이나 GPCR과 같이 중요한 막단백질의 기전을 이해하는 데 꼭 필요한 정보를 제공했다. 그러나 기술이 발전했음에도 여전히 막단백질 같은 단백질의 결정화는 시간과 노력이 매우 많이 들고 실패율도 높았다. 또한 막단백질 이외에도 세포 내에는 여러 가지 단백질이 결합되어 생물학적 기능을 수행하는 다양한 단백질 복합체들이 존재하는데, 이들 중 상당수는 결정화되지 않아서 구조 분석이 불가능한 상태였다.

그러다 2010년대에 들어 극적인 진전이 일어났다. 즉 단백질 결정화 이외에도 단백질의 고해상도 구조를 풀 수 있는 또 다른 방법이 대두되었는데, 전자현미경을 이용한 방법이었다. 이번 장에서는 2010년 이후 구조생물학의 주류 방법론이 된 '초저온 전자현미경'(Cryo-EM; Cryo-electron microscopy)이 어떤 과정을 거쳐 단백질 구조 규명에 쓰이게 되었는지 살펴보겠다.

전자현미경의 개발

일단 전자현미경이 개발된 과정부터 알아보자. 17세기부터 쓰이던 광학현미경은 각 물체를 구분하는 분해능에 한계가 있었다. 광학현미경은 가시광선을 이용하는데, 1873년 독일의 광학자인 에른스트 아베(Ernst Abbe, 1840~1905)는 실제 광학현미경에서 식별할 수 있는 물체의 한계선은 가시광선 파장 길이의 절반임을 발견한다. 한 예로 파장이 400nm인 가시광선이라면 식별 가능한 가장 작은 물체는 200nm, 즉 0.2μm가 된다. 이 정도의 해상도는 5~10nm 지름의 단백질을 관찰하기에는 턱없이 부족하고 지름이 100nm 정도인 바이러스도 관찰하기 힘들었다.

이러한 한계를 극복하려면 가시광선보다 파장이 훨씬 짧은 파동을 이용한 현미경을 만들어야 했다. 가시광선보다 파장이 훨씬 짧은 파동은 전자파다. 오늘날의 전자현미경, 좀 더 정확히 말하면 '투과 전자현미경'(TEM; Transmission Electron Microscope)은 독일의 전기공학자 에른스트 루스카(Ernst Ruska)와 그의 지도교수인 막스 크놀(Max Knoll)이 개발했다. 투과 전자현미경은 빛 대신 높은 전압에서 나오는 전자를 이용한다는 것을 제외하고는 광학현미경과 원리가 비슷하다. 시료를 통과한 빛이 유리로 된 광학렌즈를 통과해 굴절하면서 상을 확대하듯이, 전자원에서 나온 전자가 전자석 코일을 통과하면서 굴절되어 상을 확대하고, 확대된 시료의 정보를 담고 있는 전자는 형광 스크린이나 필름 또는 이미지 센서로 감지되어 확대된 상을 표시한다. 루스카는 1933년 1만 2,000배의 확대능을 가진 전자 현미경을 제작했다. TEM의 해상도는 점점 개선되었으며 21세기에 들어서는 최대 50pm(페타미터), 즉 0.5옹스트롬의 거리도 식별 가능할 정도의 높은 분해능을 얻을 수 있게 되었다.

그러나 전자현미경으로 단백질 같은 생체 고분자의 구조를 얻는 데는 여러 가지 문제가 있었다. 일단 높은 에너지의 전자선을 맞으면 시료가 손상되었다. 그리고 TEM으로 시료를 촬영하려면 진공 상태여야 하는데, 단백질 같은 생물 시료는 진공 상태로 마르면 구조를 잃고 말았다. 또한 생물 시료는 탄소, 질소, 수소로 주로 구성되어 있는데 이들 원소는 전자를 산란하는 정도가 낮기 때문에 영상 데이터를 얻는다 해도 명암 대비가 낮고 분해능도 높지 않았다. 이러한 문제 때문에 전자현미경은 주로 세포 내부의 구조를 알아내는 데 사용되었으며, 단백질 구조를 파악하는 데는 잘 응용되지 못했다. 그러다 여러 가지 기법이 개발되면서 단백질 구조 연구에도 서서히 전자현미경이 사용되기 시작했다.

전자현미경과 네거티브 염색법

일단 단백질 분자가 전자를 잘 산란하지 않아 선명한 영상을 얻을 수 없다는 문제를 극복하기 위해 네거티브 염색법(negative staining)이 개발되었다. 이 방법은 단백질 등의 시료를 탄소로 코팅된 표면에 붙이고, 여기에 아세트산우라늄(uranium acetate)과 같이 전자를 잘 산란하는 물질을 가한다. 우라늄 이온이 단백질이 붙은 표면에 잘 붙는다는 성질을 이용하여 단백질 시료 바깥 부분을 검게 염색하여 단백질의 윤곽을 관찰하는 방법이다.

비록 네거티브 염색법을 통해 최대 해상도 20옹스트롬 정도로 단백질 윤곽까지만 식별할 수 있었지만, 이러한 저해상도의 데이터로도 생체 고분자의 전체 모양에 대한 많은 정보를 얻을 수 있었다. 예를 들어 리보솜의 대략적인 윤곽과 리보솜이 크기가 다른 두 서브유닛으로 구성되었다는 점, 액틴이나 미세소관(microtubule) 같은 세포 골격 단백질의 대략적인 구조, 프로테오솜의 구조 등이었다. 이렇듯 우리가 현재 알고 있는 생체 고분자 구조에 대한 대략적인 정보는 1970~1980년대에 네거티브 염색법을 통한 전자현미경 관찰로 얻었다. 초저온 전자현미경이 일반화된 지금도 네거티브 염색법으로 단백질을 관찰하고 있다. 특히 시료를 빠르게 관찰할 수 있다는 용이성 때문에 네거티브 염색법은 초저온 전자현미경을 수행하기 전에 시료 상태를 확인하는 목적으로 많이 이용된다.

물론 네거티브 염색법에도 단점은 있다. 염색 과정에서 단백질 구조에 영향을 주고, 물이 없는 진공 상태에서 이루어지므로 생체 고분자의 구조를 변형하기 때문이다. 따라서 더욱 정밀한 구조를 얻으려면 다른 방식의 시료 처리 방법을 개발해야 했다.

박테리오로돕신과 2차원 결정 구조 해석

X선 회절이 아닌 전자현미경을 이용해도 원자 수준의 고해상도 단백질 구조 정보를 얻을 수 있다는 것이 처음 알려진 계기는 박테리오로돕신(bacteriorhodopsin)이라는 빛 에너지를 이용하여 ATP를 생산하는 고세균 유래의 단백질 구조 연구였다.

막단백질인 박테리오로돕신은 고세균의 세포막에 결정 형태로 배열되어 있다. 일반적으로 X선 회절에 이용되는 결정은 단백질이 입체 격자를 이루며 배열되는 3차원 결정이다. 하지만 박테리오로돕신의 세포막 결정은 평면으로만 배열되고 두께로는 생체막에 결합된 단 하나의 단백질만 배열되는 2차원 결정이었다. 이 연구를 수행하던 리처드 헨더슨(Richard Henderson, 1945~)은 처음에 박테리오로돕신의 평면 결정을 분리하여 계면활성제로 녹이는 방법으로 3차원 결정을 만들려고 했다가 실패한다. 그 대신 전자현미경의 전자파를 2차원 결정에 쐬면 3차원 결정과 마찬가지로 회절한다는 사실을 발견하여 X선이 아닌 전자선의 회절 데이터를 이용해 단백질 구조를 풀 수 있다는 것을 증명했다. 1975년 해상도 7옹스트롬 수준의 구조를 2차원 결정의 회절 데이터를 이용해 처음 얻었지만 이때의 데이터는 해상도가 낮아 단백질의 아미노산 배열을 구분할 수 없었다. 이후 약 10년간의 노력 끝에 1990년 3옹스트롬 수준의 해상도 높은 전자 밀도를 얻었고, 이를 해석하여 박테리오로돕신의 구조를 풀었다. 이는 X선이 아닌 전자선을 이용해 3옹스트롬 수준의 고해상도 구조를 얻을 수 있음을 증명한 첫 사례다.

그러나 헨더슨이 사용한 방법은 여전히 2차원 결정을 통해 전자선 회절 데이터를 얻는 원리라서 폭넓게 적용되기 어려웠다. 앞서 살펴본 대로 대부분의 단백질은 결정화가 어려웠기 때문이다. 결국 전자현미경을 이용하여 결정화되지 않은 단일 단백질 입자의 상을 얻고, 이로부터 고해상도 구조를 얻는 방법이 필요했다.

급속 동결을 통한
네거티브 염색법 한계 극복

1980년대 유럽분자생물학연구소(EMBL)의 연구진의 고민거리는 전자현미경 관찰의 근원적인 문제인 '물'의 처리 방식이었다. 앞서 언급한 대로 전자현미경 관찰은 진공 상태에서 이루어지지만 단백질 같은 생물 시료를 그대로 건조시키면 시료가 변형된다. 그렇다고 해서 수분이 있는 상태로 시료를 동결하면 전자선이 잘 투과하지 못하는 얼음 결정이 생기므로 단백질 입자를 관찰하기 어려웠다.

스위스의 생물물리학자 자크 뒤보셰(Jacques Dubochet, 1942~)는 1982년 이러한 문제의 해결법을 개발한다. 그는 단백질 시료를 미세한 망에 올려놓고, 그대로 저온의 에테인(에탄)에 담구어 물을 얇은 필름으로 만들었다. 그리고 이를 -196℃의 액체질소로 급속 냉각하여 시료 주변의 물이 결정 형태가 아닌 유리화(vitrification) 상태를 이루게 했다. 이러한 처리법으로 단백질 같은 생체 고분자가 주변의 물과 함께 동결된 상태를 유지했으며, 동시에 전자선의 투과를 방해하는 얼음의 생성을 막을 수 있었다.

뒤보셰의 연구 덕분에 네거티브 염색법을 거치지 않아 변형되지

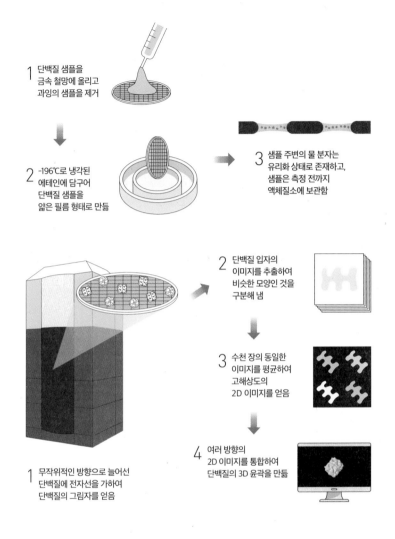

그림 9-1 초저온 전자현미경을 이용한 단백질 구조 결정의 2가지 핵심 기술

1 단백질 샘플을 금속 철망에 올리고 과잉의 샘플을 제거

2 -196℃로 냉각된 에테인에 담구어 단백질 샘플을 얇은 필름 형태로 만듦

3 샘플 주변의 물 분자는 유리화 상태로 존재하고, 샘플은 측정 전까지 액체질소에 보관함

1 무작위적인 방향으로 늘어선 단백질에 전자선을 가하여 단백질의 그림자를 얻음

2 단백질 입자의 이미지를 추출하여 비슷한 모양인 것을 구분해 냄

3 수천 장의 동일한 이미지를 평균하여 고해상도의 2D 이미지를 얻음

4 여러 방향의 2D 이미지를 통합하여 단백질의 3D 윤곽을 만듦

자크 뒤보셰는 얇은 망에 올려놓은 단백질 시료를 저온 에테인에 담가서 단백질 시료를 얇은 필름 상태로 급속 동결하는 방법을 개발했다. 이렇게 하면 얼음 결정이 생기지 않아 단백질을 현미경으로 관찰할 수 있다. 요아힘 프랑크는 전자현미경의 단백질 이미지를 분석하여 비슷한 방향끼리 모으고 평균을 내어 노이즈를 줄인 고해상도 이미지로 만들고, 이를 이용해 단백질의 3D 윤곽을 재구성하는 기술을 개발했다.

않은 단백질을 전자현미경으로 관찰할 수 있게 되었다. 그러나 여전히 염색 없이 탄소, 수소, 질소로 이루어진 단백질은 전자선을 강하게 산란하지 않았고, 전자현미경으로 관찰되는 단백질 입자의 명암 대비도 그리 좋지 않았다. 이를 극복하기 위해서는 또 다른 방법이 필요했다.

2차원 이미지를 이용한 3차원 입자 재구성

미국의 생물물리학자 요아힘 프랑크(Joachim Frank, 1940~)는 1970년대부터 전자현미경으로 얻은 단백질 분자 영상을 향상하는 연구를 수행하고 있었다. 전자현미경으로 관찰한 단백질 분자는 마치 해변에 있는 사람을 항공 촬영한 것처럼 다양한 방향으로 나열되어 있다. 만약 동일한 방향으로 위치한 분자들이 있고, 이 분자들의 이미지를 여러 장 모아서 평균을 낸다면 노이즈가 보정되어 좀 더 선명한 이미지가 나올 것이다. 프랑크는 1980년대 초반 네거티브 염색으로 관찰한 여러 종류의 단백질을 통해 이것이 가능하다는 것을 입증했다.

전자현미경으로 얻은 단백질 분자 이미지는 분자들이 여러 방향으로 분포된 2차원의 평면도다. 하지만 이 분자들을 방향별로 나열하여 투사하면 3차원 이미지를 만들 수 있다. 이러한 기법은 처음에는 네거티브 염색으로 얻은 현미경 이미지에 적용되었지만 곧 초저온 전자현미경으로 얻은 이미지에도 적용되었다. 1990년대 초에 초저온 전자현미경으로 관찰한 리보솜, 헤모시아닌, 칼슘 방출 채널 등의 다양한 단백질 윤곽을 3차원으로 재구성한 결과가 처음 제시되었다.

그러나 당시에 재구성한 '단백질 윤곽'은 X선 결정학 등으로 얻은 원자 수준의 모델을 구축할 정도로 고해상도가 아니라, 단백질의 대략적인 모양을 식별할 정도인 약 9~10옹스트롬의 저해상도 정보였다. 일부 구조생물학자들은 초저온 전자현미경에서 나온 단백질 윤곽을 세부 구조를 식별하기 어려운 '덩어리'(blob)라고 비하하며 이 단백질 윤곽으로 구조를 규명하려는 시도 또한 '블라볼로지'(Blobology)라고 멸칭하기도 했다. 실제로 2010년대 초반만 하더라도 초저온 전자현미경에 의한 단백질 구조는 결정 구조를 얻을 수 없을 때 단백질 윤곽만이라도 알아보기 위한 차선책 정도로 여겨졌다.

하지만 이러한 인식은 기술 발전으로 점점 달라졌다. 한편 뒤보셰와 프랑크, 그리고 전자현미경으로 고해상도 단백질 구조를 규명할 수 있음을 처음 증명한 리처드 헨더슨은 2017년 초저온 전자현미경 기술 개발의 공로로 노벨 화학상을 수상한다.

기술 발전이 가져온 해상도 혁명

2010년대 이후 기술이 발전하면서 저해상도 구조 정보밖에 얻지 못했던 초저온 전자현미경으로 점차 X선 결정학에 비견될 수준의 고해상도 구조를 얻을 수 있었다. 그렇다면 어떤 발전된 기술이 이를 가능케 했을까?

첫 번째는 전자선을 검출하는 검출기(detector)다. 초창기 전자현미경은 필름을 이용해 신호를 감광했으나 점차 CCD 검출기와 같은 디지털 이미지 형식으로 전자 신호를 얻을 수 있게 되었다. CCD 검출기는 전자를 받아 이를 빛 신호로 변환하여 검출하는 방식이다. 그러다 2010년경 등장한 전자 직접 검출기(direct electron detector)로 기존의 CCD 검출기보다 훨씬 더 감도 높은 데이터를 추출하여 정보량이 더 많은 데이터를 얻을 수 있었다. 검출 속도 또한 훨씬 빨라져서 1초에 수십 장의 사진을 찍을 수 있었다. 또 전자선 노출에 따른 시료의 움직임을 보정할 수 있어서 노이즈가 훨씬 적은 선명한 영상을 얻을 수 있었다.

두 번째는 이미지 검출 및 데이터 프로세싱 기술이다. 컴퓨터와 영상 처리 기술이 발전하면서 전자현미경 사진에서 생체 고분자 입자를 찾고 분류하는 작업을 자동으로 수행할 수 있게 되었다. 따라서 이전보다 많은 양의 입자를 분석해 분류하고 평균화하는 작업이 가능해졌다. 그리고 형성된 3차원 윤곽을 서로 다른 형태의 입자로 재분류하는 과정을 통해 분해능 높은 3차원 윤곽을 재구성할 수 있었다.

이렇듯 여러 기술의 발전으로 초저온 전자현미경으로 얻은 구조의 분해능이 급격히 올라갔으며, 앞서 설명한 대로 2010년 중반 이후에는 X선 결정학에서나 가능하던 3옹스트롬 이하의 고해상도 구조 정보를 초저온 전자현미경으로도 얻을 수 있었다. 초저온 전자현미경 분석에 적절한 특성이 있어서 벤치마킹에 사용되는 아포페리틴(apoferritin)이라는 단백질을 이용하면 1.2옹스트롬 수준의 초고해상도 정보도 획득 가능하다. 이러한 고해상도 구조 정보는 특히 구조 기반 신약개발에서 매우 중요한데, 약물과 단백질 간의 결합 방식을 정확히 아는 것이 약물 최적화에 필수이기 때문이다.

이렇게 초저온 전자현미경으로 원자 수준의 단백질 구조를 결정할 수 있게 되자, 그간 결정화되지 못했던 수많은 단백질의 구조가 알려졌다. 그중 주목해야 할 단백질은 여러 개의 단백질로 구성된 단백질 복합체 및 막단백질이다.

거대 복합체와 막단백질의 구조

생체 단백질 중에는 단독으로 존재하며 기능을 수행하는 것도 있지만, 여러 개의 단백질이 거대 복합체를 형성하여 기능을 수행하는 것이 더 많다. 가령 자동차 엔진 부품이 조립되어 하나의 엔진을 이루듯이 우리 몸속에서 작동하는 많은 생체 반응은 단백질들이 결합되어 작용한다.

그러나 기존의 단백질 결정학 기반의 구조생물학 연구에서는 이러한 거대 복합체의 결정을 형성하기 어려웠다. 따라서 극소수의 복합체들만 구조가 결정되어 있는 상태였다. 그러나 초저온 전자현미경의 발전으로 제한적이었던 구조생물학 연구에서도 단백질 복합체들의 고해상도 구조를 얻을 수 있었다.

대표적인 예가 진핵생물의 mRNA 생성에서 필수 과정인 스플라이싱(splicing)을 담당하는 스플라이소좀(spliceosome)이다. 1970년대 중반부터 스플라이싱이 U1, U2, U3, U4, U5, U6으로 약칭되는 RNA-단백질 복합체 snRNP에 의해서 진행된다는 것이 밝혀졌다.

그러나 이들 구조에 대한 정보가 미흡해서 정확한 작동 기전은 알려지지 않은 상태였다. 2000년대 초반에 스플라이소좀의 여러 상태에 대한 초저온 전자현미경 분석이 최초로 시도되었으나, 이들은 10옹스트롬 이하의 저해상도 구조여서 작동 기전에 대한 정확한 정보는 주지 못했다. 그러다 2015년 중국 칭화대학교의 이공 시(Yigong Shi) 연구팀이 4개의 RNA와 37개의 단백질로 구성되어 있으며 분자량이 1.2메가달톤에 달하는 효모의 스플라이소좀 구조를 3.8옹스트롬 해상도로 처음 규명했다. 최초의 스플라이소좀 구조는 비활성화 상태였지만 이후 여러 단계의 스플라이소좀 구조가 밝혀졌다. 2017년에는 인간의 스플라이소좀 구조 역시 밝혀진다.

초저온 전자현미경으로 구조가 처음 밝혀진 거대 단백질 복합체 중 하나인 미토콘드리아의 '호흡 복합체 I'(respiratory complex I)으로 설명을 이어 가겠다. 세포 내 미토콘드리아에서 물질을 분해하여 에너지를 형성하려면 물질 분해로 생겨난 전자를 미토콘드리아 내막의 수소 이온 형태의 전기 에너지로 변환해야 한다. 이러한 과정을 수행하는 40개 이상의 단백질로 구성된 거대 복합체가 호흡 복합체 I이다. 세균 유래의 호흡 복합체 I의 구조는 2000년대 중반 X선 결정학으로 밝혀졌지만, 진핵생물의 미토콘드리아에 있는 호흡 복합체 I의 구조는 알려지지 않았다. 이후 2014년 소 미토콘드리아의 호흡 복합체 구조가 약 5옹스트롬의 해상도로 처음 규명되었고, 이어서 2020년에는 2.5옹스트롬 수준의 고해상도 구조가 밝혀졌다. 이를 통해 전자가 전달되어 수소 이온이 생체막을 가로지를 때의 단백질 구조 변화를 아미노산 수준에서 파악할 수 있게 되었다.

초저온 전자현미경의 발전은 단백질 결정학의 주요 난제였던 막

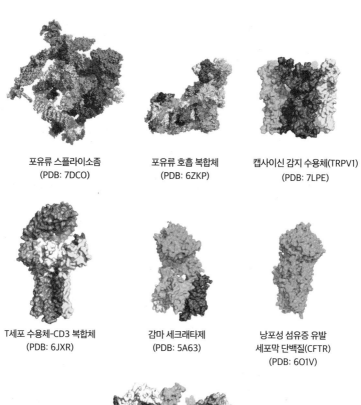

포유류 스플라이소좀
(PDB: 7DCO)

포유류 호흡 복합체
(PDB: 6ZKP)

캡사이신 감지 수용체(TRPV1)
(PDB: 7LPE)

T세포 수용체-CD3 복합체
(PDB: 6JXR)

감마 세크래타제
(PDB: 5A63)

낭포성 섬유증 유발
세포막 단백질(CFTR)
(PDB: 6O1V)

SARS-CoV-2 항체에 결합된 스파이크 단백질
(PDB: 7CAI)

그림 9-2 초저온 전자현미경으로 규명된 단백질 복합체와 막단백질의 일부

기존의 단백질 결정학으로는 불가능했던 거대 복합체와 막단백질의 구조가 초저온 전자
현미경으로 속속 밝혀지고 있다.

단백질 구조 규명의 전환점이 되었다. 8장에서 설명했듯 X선 결정학으로 몇 가지 막단백질 구조가 알려지긴 했지만, 아직 밝혀지지 않은 막단백질이 훨씬 많은 상황에서 초저온 전자현미경은 막단백질의 구조를 푸는 주된 기법이 되었다. 초저온 전자현미경으로 구조가 규명된 막단백질 중에 생물학적으로 중요한 것들을 꼽자면 감마세크래타제(gamma secretase, 2015년), 낭포성 섬유증 유발 세포막단백질(CFTR; cystic fibrosis transmembrane conductance regulator, 2017년), 캡사이신 감지 수용체(TRPV1, 2013년), T세포 수용체-CD3 복합체(2019년) 등이 있다.

초저온 전자현미경과 의약품 개발

그동안 결정화가 안 되어 고해상도 구조 정보를 얻지 못하던 약물 표적 단백질들의 구조가 초저온 전자현미경의 발전으로 알려지기 시작하자, 이를 이용한 신약개발이 시작되었다. 특히 초저온 전자현미경 기반의 약물 개발에서는 각종 GPCR이 우선적인 약물 표적이 되었다. 현재까지 FDA에서 승인한 약물 중 약 35%가 GPCR을 표적으로 하고 있으며, 약 128종의 GPCR이 약물 표적으로 알려져 있기 때문이다.

GPCR 기반의 소분자 약물 개발에서 극복해야 할 점 중 하나는 초저온 전자현미경을 통한 구조 결정으로는 주요 약물 표적에 대해 고해상도의 구조 정보를 얻기가 쉽지 않다는 것이다. (통상적으로 구조 기반 약물을 개발할 때는 X선 결정학으로 얻는 1옹스트롬 수준의 고해상도 구조가 최선이다.) 물론 이를 극복하기 위한 노력이 꾸준히 이어지고 있으며, 최근 연구 결과에 따르면 약물과 단백질 간 상호작용을 파악하기에 충분한 2.5옹스트롬 수준의 구조를 얻는 데 성공했다고 한다. 따라서 GPCR을 비롯한 여러 막단백질 표적을 대상으로 한 구조 기반 약물 개발도 본격적으로 진행될 것으로 보인다.

항체 신약 분야에서도 초저온 전자현미경은 중요한 도구로 사용되고 있다. 항체와 항원 복합체는 결정화되어 고해상도 구조를 얻은 적이 있지만, 다른 단백질과 마찬가지로 모든 항체-항원 복합체를 결정화하여 구조를 얻는다는 것은 불가능에 가깝다. 이러한 상황에서 결정화 없이 구조를 얻을 수 있는 초저온 전자현미경은 매우 중요한 역할을 한다. 대표적인 사례로 항원 항체의 에피토프(epitope, 항체와 결합하는 항원의 부분)와 파라토프(paratope, 항원과 결합하는 항체의 부분)가 아직 알려지지 않았을 때 초저온 전자현미경을 이용해 규명한 항원-항체 복합체 구조로 에피토프와 파라토프에 관한 정보를 알 수 있었다.

최근 코로나19 팬데믹에서도 초저온 전자현미경에 의한 구조 규명은 그 위력을 발휘했다. 코로나19의 원인 바이러스인 SARS-CoV-2의 표면에 존재하는 스파이크 단백질은 바이러스의 세포 침투에 필수적인 역할을 한다. 코로나19 팬데믹이 시작된 지 불과 1개월 만에 초저온 전자현미경으로 SARS-CoV-2 스파이크 단백질의 구조와 변화 과정이 밝혀졌다. 스파이크 단백질과 세포의 SARS-CoV-2 수용체인 ACE2와의 결합 방식, 스파이크 단백질과 결합하여 바이러스의 감염을 막는 중화항체들의 결합 방식 역시 초저온 전자현미경을 통한 구조 분석으로 신속하게 알려졌다. 이러한 초저온 전자현미경에 의한 구조 결정 기술은 항체 신약개발에도 점점 널리 활용될 것으로 보인다.

지금까지 알아본 것처럼 초저온 전자현미경은 이제 실험구조생물학의 필수 기술로 자리 잡았으며, 그동안 X선 결정학으로 규명하기 힘들었던 거대 복합체나 막단백질 등의 구조를 알아내는 데 활발하게 사용되고 있다. 어떻게 보면 1950년대 이후 구조생물학의 중심이었던 X선 결정학의 뒤를 이은 주류 실험 방법이 되었다고 볼 수 있다. 물론 초저온 전자현미경으로 구조를 얻는 작업 역시 그리 수월하지는 않다. 특히 거대 복합체나 막단백질은 구조를 얻기에 알맞은 단백질을 구하고 초저온 전자현미경 분석에 적절한 조건을 찾는 과정에서 많은 시행착오와 노력이 필요하다. 어쨌든 이전에는 결정화되지 않아 구조 정보를 아예 알 수 없을 것으로 여겨졌던 수많은 단백질과 단백질 복합체의 구조를 얻게 되었다는 점에서 의의가 크다.

3

단백질 서열부터
구조 예측까지

단백질 2차 구조 예측은 그저 시작에 불과했다.
즉 단백질을 구성하는 아미노산의 2차 구조를 예측한다고 해도
단백질 구조의 극히 일부만 알 수 있었다.
2차 구조를 형성한 단백질이 실제로 어떤 입체 모양으로
접혀 있는지 예측하는 건 훨씬 더 어려운 문제였다.

10

세기의 난제,
단백질 구조 예측

앞서 알아봤듯이 단백질의 3차 구조 규명은 1958년과 1960년 미오 글로빈과 헤모글로빈으로부터 시작되었다. 그러나 단백질의 3차 구조가 규명되는 속도는 단백질의 아미노산 서열이나 DNA 서열이 규명되는 속도에 비해 매우 느렸다. 5장에서 소개한 대로 1971년 단백질 구조 데이터베이스인 PDB가 설립되었지만, 설립 5년 차인 1975년에 PDB에 등록된 단백질 구조는 13개에 불과했다. 이후 1985년 185개, 1995년 3,812개, 2000년 1만 3,588개로 늘어났다. 반면 DNA 서열은 1977년 생어의 DNA 염기 서열 결정법이 나온 후에 1985년 4,954개, 1995년 55만 5,694개, 2000년 569만 개로 기하급수적으로 늘어났다. 21세기에 들어 게놈 프로젝트와 차세대 염기 서열 결정법이 등장하자 격차는 더욱 벌어졌다. 결국 대부분 생물 속 단백질의 아미노산 서열은 알려졌지만, 이에 해당하는 단백질의 3차 구조는 정보가 거의 없는 상황에 이르렀다.

단백질의 기능은 근본적으로 단백질의 입체 모양에 따라 결정된다. 그렇다면 어떤 요인들이 이 3차 구조를 결정할까? 또 단백질의 3차 구조는 아미노산 서열로만 결정될까? 아니면 아미노산 서열이 같더라도 단백질 구조가 각각 달라질 수 있을까? 생어가 최초로 단백질 아미노산 서열을 결정하고 퍼루츠가 단백질 3차 구조를 풀려고 노력하던 1950년대에 이미 이러한 의문을 품고 실험을 진행한 사람이 있었다. 바로 미국의 생화학자 크리스천 안핀슨(Christian B. Anfinsen, 1916~1995)이다.

안핀슨의 실험

안핀슨은 1950년대에 RNA 분해효소(RNAse)의 아미노산 서열을 결정하는 연구를 수행했다. RNA 분해효소의 아미노산 안에는 총 8개의 시스테인이 있고, 이 시스테인은 2개씩 한 쌍을 이루어 4개의 이황화 결합을 형성한다.

우선 안핀슨은 RNA 분해효소 A(RNase A)에 고농도의 8M 요소(urea) 용액과 이황화 결합을 끊는 화합물인 베타-메르캅토에탄올(beta-mercaptoethanol)을 첨가하면 효소의 활성이 완전히 사라진다는 것을 발견했다. 요소는 단백질의 3차 구조 유지에 필요한 수소 결합을 방해하며, 시스테인에 의한 이황화 결합이 끊어지면 단백질은 3차 구조를 유지할 수 없다. 즉 단백질의 3차 구조가 없어지면 RNA 분해효소의 RNA 분해 기능이 사라진다는 것은 단백질의 3차 구조에 의해 단백질의 기능이 결정된다는 결정적인 증거였다.

그런데 3차 구조가 망가져서 기능을 잃은 단백질 용액에서 3차 구조를 망가뜨린 '원인'을 제거한다면 어떻게 될까? 안핀슨은 RNA 분해효소에서 요소를 제거하고 단백질을 서서히 산화하여 이황화 결합을 재형성할 수 있게 한 다음 효소 활성을 다시 측정했다. 그러자 놀랍게도 RNA 분해 능력을 되찾으며 원래의 3차 구조로 되돌아갔다. 외부 조건으로 3차 구조를 잃은 단백질 가닥이 원래의 3차 구조로 되돌아갈 수 있다는 것은 단백질에 3차 구조에 대한 정보가 내재되었다는 뜻이다. 이러한 정보는 단백질의 아미노산 서열 외에 달리 저장될 곳이 없다. 즉 단백질의 3차 구조 정보는 단백질의 아미노산 서열에 의해 결정된다.

안핀슨은 RNA 분해효소에 있는 8개의 시스테인이 2개씩 짝을 지을 때 나올 수 있는 조합이 105개라는 점에 주목했다. 요소만 제거하고 8개의 시스테인이 무작위로 반응하여 이황화 결합을 형성하는 조건에서는 효소의 활성이 원래 효소의 1% 정도로 매우 낮았다. 즉 105개의 이황화 결합 조건에서 올바른 조합 하나만이 효소의 3차 구조를 제대로 형성했다. 그러나 미량의 베타-메르캅토에탄올 용액을 첨가하여 이황화 결합이 분해되고 다시 형성되는 것이 반복되는 조건에서는 효소의 활성이 천천히 회복되어 궁극적으로 원래 비활성화 전의 단백질로 돌아왔다. 결국 단백질의 3차 구조를 망가뜨린다고 해도 단백질은 자신이 기억하고 있는 3차 구조에 따라서 올바른 구조를 만들 수 있는 이황화 결합을 형성한다. 이렇게 완전히 회복된 단백질의 이황화 결합 패턴은 비활성화 전의 단백질 속 이황화 결합의 패턴과 같았다.

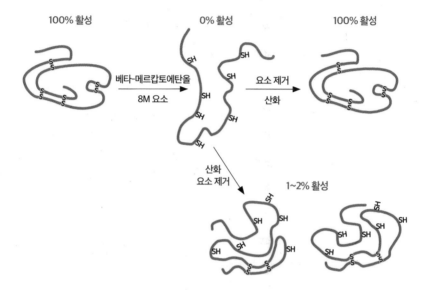

그림 10-1 **안핀슨의 단백질 3차 구조 실험**

안핀슨은 단백질 구조를 결정하는 정보가 단백질 서열 내에 위치한다는 것을 실험을 통해 증명했다. RNA 분해효소 A 내에 8M 요소와 베타-메르캅토에탄올을 첨가하면 RNA 분해효소는 완전히 활성을 잃는다. 그러나 요소를 제거하고 단백질을 천천히 산화하면 RNA 분해효소는 원래의 활성을 되찾았다.

이러한 결과에 대해 안핀슨은 "단백질 가닥은 다양한 3차 구조를 형성할 수 있지만 실제로 생체 내에서 활성화 상태로 존재하려면 가장 안정된 형태, 즉 자유 에너지 상태가 가장 낮은 3차 구조를 형성해야 한다"라고 설명했다. 또한 단백질이 형성하는 3차 구조는 그 단백질을 구성하는 아미노산의 서열로 결정된다고 주장했다. 따라서 단백질의 3차 구조는 해당 단백질이 열역학적으로 가장 안정된 상태일 때 존재하며, 결과적으로 자연계 단백질들은 가장 안정된 에너지 상태에서 존재하는 셈이다. 안핀슨은 1972년 노벨 화학상을 수상했으며 그의 이론은 이후 널리 받아들여졌다.

안핀슨의 주장은 단백질의 아미노산 서열이 단백질 구조를 결정하는 기본 원리라는 점에서 매우 중요하나, 오늘날의 단백질 관련 지식을 고려하면 다소 단순화된 면이 없지 않다. 안핀슨이 사용한 단백질인 RNA 분해효소 A는 약 124개의 아미노산으로 구성된 매우 간단한 단백질로, 3차 구조가 완전히 흐트러져도 적절한 조건만 주면 원상회복된다. 그러나 모든 단백질이 그렇지는 않다. 가령 여러 개의 폴리펩타이드 사슬로 결합된 단백질이거나 3차 구조를 형성하는 데 단백질 외에 다른 물질과의 결합이 필요한 단백질이라면 안핀슨의 실험에서처럼 3차 구조가 간단히 회복되지 않는다. 한마디로 안핀슨은 자신의 주장을 뒷받침하기에 가장 적절한 단백질을 고른 셈이다. 실제로 세포 내의 많은 단백질 중에 다른 단백질의 도움이 있어야만 생물학적으로 의미 있는 구조를 형성하는 경우가 많다. 한 예로 세포 내에는 샤페론(chaperone)이라는 단백질이 있는데, 이 단백질은 세포 내에서 다른 단백질들이 3차 구조를 제대로 형성할 수 있게 돕는 '틀' 같은 역할을 한다. 즉 샤페론이 없을 때는 단백질의 3차 구조가 제대로 형성되지 않는 경우가 많다.

'단백질의 3차 구조는 단백질이 가질 수 있는 수많은 구조 중에서 열역학적으로 가장 안정된 상태'라는 안핀슨의 또 다른 주장에 대해서도 살펴보자. 실제로 3차 구조가 있는 단백질들은 3차 구조를 형성하지 못하고 생물학적 활성이 없는 단백질에 비해 열역학적으로 안정되어 있는 편이다. 그렇다고 해서 단백질의 자연적인 상태에서의 3차 구조가 언제나 그 단백질이 가질 수 있는 열역학적으로 가장 안정된 상태인 것은 아니다. 때로는 정상적인 단백질보다 열역학적으로 훨씬 안정되어 있지만 비정상적인 상태일 때도 있다. 대표적인 예가 광우병의 원인이 되는 프라이온(prion)이다. 광우병에 걸린 사람 및 포유동물에서는 비정상적인 프라이온 단백질(PrPSc)이 발견되는데, 질병에 걸리지 않은 사람에게서도 프라이온 단백질과 아미노산 서열은 같지만 성질이 다른 단백질(PrPC)이 발견된다. 광우병 환자에게서 발견되는 PrPSc와 정상인에게서 발견되는 PrPC의 차이는 단백질의 3차 구조다. PrPSc는 PrPC보다 열역학적으로 훨씬 안정된 구조를 가지고 있다. 즉 비정상 단백질은 정상 단백질보다 훨씬 안정된 구조를 통해 단백질이 제 기능을 하지 못하게 막고 응집을 일으킨다. 이처럼 세포 내 단백질의 3차 구조는 꼭 열역학적으로 가장 안정된 상태를 의미하지 않는다.

그럼에도 안핀슨의 연구는 단백질의 3차 구조를 결정하는 요인 중 가장 중요한 것이 단백질의 아미노산 서열이며, 아미노산 서열에 내재된 '규칙'을 찾음으로써 단백질 구조를 유추할 수 있다는 최초의 단서를 제공해 주었다. 그렇다면 어떻게 단백질의 구조를 아미노산 서열로부터 유추할 수 있을까? 최초의 성공적인 단백질 구조 예측은 3차 구조가 아닌 2차 구조였다.

아미노산 서열을 이용한
단백질 2차 구조 예측

초창기에 밝혀진 단백질들의 3차 구조를 분석하던 연구자들은 단백질의 2차 구조에 따라 알파 나선과 베타 시트, 그리고 루프로 되어 있는 부분의 아미노산 빈도가 다르다는 것을 발견했다. 예를 들어 글리신이나 프롤린은 알파 나선이나 베타 시트의 내부에는 거의 없고, 주로 알파 나선이나 베타 시트의 끝부분에 존재했다. 그리고 알라닌·글루탐산·메티오닌 등은 알파 나선에, 발린(valine)·이소류신·타이로신 등은 베타 시트에 상대적으로 많이 존재한다는 것을 알게 되었다.

이러한 사실이 알려지자 아미노산 서열로부터 2차 구조를 예측하려는 시도가 나타났다. 1974년 피터 추(Peter Y. Chou)와 제럴드 파스만(Gerald Fasman)은 그때까지 알려진 몇 가지 단백질 구조를 분석하여 알파 나선과 베타 시트, 그리고 루프에서 나타나는 아미노산들의 선호도를 계산하고 서열에 따라 각각의 수치를 나열했다. 그리고 2차 구조 선호도가 높은 아미노산이 몰려 있는 부분을 찾았다. 만약 이웃한 아미노산 6개 중에서 4개의 알파 나선에 대한 선호도 값이 1.03보다 높으면 이를 알파 나선이라고 간주했다. 또한 이웃 아미노산에 대해서도 검사를 계속 수행하여 알파 나선의 조건을 만족하면 이를 알파 나선이라고 보았다. 만약 전체적으로 알파 나선에 많

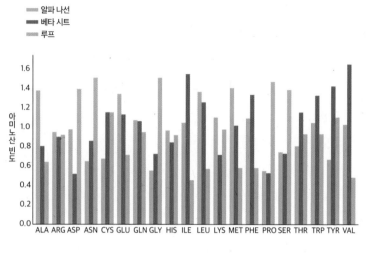

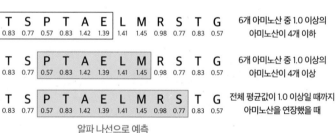

T	S	P	T	A	E	L	M	R	S	T	G
0.83	0.77	0.57	0.83	1.42	1.39	1.41	1.45	0.98	0.77	0.83	0.57

6개 아미노산 중 1.0 이상의 아미노산이 4개 이하

T	S	P	T	A	E	L	M	R	S	T	G
0.83	0.77	0.57	0.83	1.42	1.39	1.41	1.45	0.98	0.77	0.83	0.57

6개 아미노산 중 1.0 이상의 아미노산이 4개 이상

T	S	P	T	A	E	L	M	R	S	T	G
0.83	0.77	0.57	0.83	1.42	1.39	1.41	1.45	0.98	0.77	0.83	0.57

전체 평균값이 1.0 이상일 때까지 아미노산을 연장했을 때

알파 나선으로 예측

그림 10-2 단백질 2차 구조에 따른 아미노산의 빈도

알라닌, 글루탐산, 류신 등은 알파 나선에 많이 분포하는 반면, 이소류신, 발린 등은 베타 시트에 많이 분포한다. 이렇게 단백질 2차 구조에 따라서 달라지는 아미노산의 분포에 기반하여 1974년 추와 파스만은 단백질의 아미노산 서열로 단백질 2차 구조를 예측하는 방법을 개발했다.

이 분포되지 않는 아미노산이 등장하기 시작하면 거기서 알파 나선은 끝난다고 판단했다. 반면 베타 시트는 연속된 아미노산 5개 중에서 3개의 베타 시트에 대한 선호도 값이 1.0보다 높으면 이를 베타 시트로 간주했다.

이러한 예측 방법은 2차 구조를 이용한 최초의 예측법이며 이후 '추-파스만법'(Chou-Fasman method)으로 불리게 된다. 이 방법을 이용한 2차 구조의 예측 정확도는 50~60%였다. 이것은 단백질의 아미노산 서열을 알파 나선, 베타 시트, 루프로 예측했을 때 임의의 아미노산에서 그 예측이 맞을 확률이 50~60%라는 것이다. 현대의 단백질 2차 구조 예측법에 비해 현저히 낮은 정확도였다. 그러나 아미노산 서열만으로 단백질의 2차 구조를 어느 정도 예측한 최초의 사례라는 점에서 의의가 있다.

1978년, 2차 구조에 따른 아미노산 빈도를 이용한 또 다른 예측법이 등장했다. 해당 방법을 제안한 세 연구자의 이름 앞자(가르니에 Garnier, 오스구토프 Osguthorpe, 롭슨 Robson)를 따서 'GOR 방법'이라고 불리게 된 이 방법에서는 어떤 아미노산 주변의 다른 아미노산이 특정한 2차 구조를 가질 확률까지 고려하여 예측을 수행했다. 주변 아미노산 정보까지 고려하여 단백질 2차 구조를 예측하자 정확도는 67% 정도로 높아졌다.

그러나 추-파스만법과 GOR 방법은 애초에 한계가 있었다. 그때까지 알려진 몇 안 되는 단백질 구조로 2차 구조에 따른 아미노산 빈도를 구했는데 이에 속하는 단백질 수가 워낙 적다 보니 정확성에 한계가 있었으며, 따라서 구조 예측의 정확도도 상대적으로 떨어지는 편이었다. 결국 2차 구조에 따른 아미노산 조성의 차이만으로는 단백질 2차 구조를 완벽히 예측하기는 어려웠다.

이러한 초기 예측의 한계는 1977년 생어 염기 서열 분석 덕분에 1980년대에 들어 다른 방향으로 돌파구가 생긴다. DNA의 염기 서열을 신속하게 결정할 수 있는 방법이 개발되자 이를 통해 DNA 서열을 일단 결정하고 나서 이로부터 단백질의 아미노산 서열을 유추하는 방식으로 발전된 것이다 이러한 방법으로 수많은 단백질의 아미노산 서열 정보를 얻을 수 있었다. 그리고 같은 종류이지만 서로 다른 생물에서 유래된 단백질들은 아미노산 서열이 조금씩 다른데, 이에 대한 서열 정보 역시 많이 획득하게 되었다. 염기 서열 결정법의 등장으로 특정한 생물의 단백질이 어떠한 진화 과정을 거치고 변화를 겪었는지 '진화에 대한 정보'를 많이 얻게 된 것이다. 이는 곧 단백질의 2차 구조 예측 방법에도 큰 영향을 미쳤다. 그렇다면 여러 생물 종의 단백질 서열을 분석하여 얻은 새로운 정보들은 단백질 구조 예측에 어떤 영향을 미쳤을까?

단백질의 진화 과정에 내포된
단백질 2차 구조 정보

단백질은 진화 과정에서 아미노산이 변하지만, 본질적인 기능에 영향이 없다면 구조는 크게 변하지 않는다. 특히 단백질의 구조 유지와 기능에 큰 영향을 미치는 부분일수록 아미노산이 적게 변화하며, 기능에 별로 영향을 주지 않는 부분에서의 변화는 상대적으로 크다. 따라서 유사성을 가진 다양한 생물 유래 단백질의 아미노산 서열 정보를 많이 수집할 수 있다면, 한 종류의 단백질에서 얻은 아미노산 서열 정보보다 구조에 관한 더 많은 사실을 유추할 수 있다.

그렇다면 유사성이 있는 아미노산 서열을 어떻게 동시에 비교할까? 일단 유사성을 가진 단백질들의 아미노산 서열을 수집하고 동일하거나 유사한 아미노산끼리 정렬한다. 이때 중간에 삽입되거나 삭제된 아미노산 서열이 있다면 순서를 맞출 수 있게 서열을 추가한다. 이렇게 만들어진 아미노산 서열 집합을 '다중서열정렬'(MSA; Multiple Sequence Alignment)이라고 부른다. 1990년대 중반에 단백질 2차 구조 예측을 수행하던 연구자들은 하나의 아미노산 서열을 이용하는 것보다 일단 예측하려는 단백질의 유사 서열을 모두 모아서 만든 다중서열정렬을 이용하는 것이 2차 구조를 더욱 효과적으로 예측할 수 있는 방법임을 알게 되었다. 아미노산 서열 데이터베이스에서 유사 서열을 찾고 다중서열정렬을 만들어서 아미노산이 어떻게 변화하는지 비교하는 것이다.

예를 들어 예측하려는 단백질의 100번째 아미노산이 이소류신이고 101번째 아미노산은 발린이라고 해보자. 이때 아미노산 서열을 단 하나만 가지고 있다면 단백질의 이 위치에 이소류신이나 발린처럼 물을 싫어하는 아미노산이 꼭 들어가는지 확신할 수 없을 것이다. 그러나 서열이 비슷한 100개의 단백질을 다중서열정렬로 정리하고 그 위치에 해당하는 아미노산을 찾아보았더니 100개의 서열 모두 이소류신, 발린, 타이로신 등으로 되어 있다면 어떨까? 이는 단백질의 진화 과정에서 그 위치에 항상 물을 싫어하는 아미노산이 존재하게 되었으며, 이것이 단백질 구조에서 중요한 역할을 하고 있다는 이야기일 것이다. 만약 이 부분의 베타 시트에 많이 존재하는 아미노산이 다른 단백질에도 공통적으로 존재한다면 이를 베타 시트로 예측하는 근거는 더욱 확고해질 것이다.

그러나 100개의 서열에 이소류신, 발린, 타이로신뿐만 아니라 글리신, 프롤린, 글루탐산 등 여러 가지 아미노산이 존재한다면 어떻게 될까? 베타 시트나 알파 나선 이외에도 이의 형성을 방해하는 아미노산들이 다양하게 분포하고 있으므로, 이 부분은 알파 나선이나 베타 시트가 아닌 루프로 존재할 가능성이 높다.

1990년대 후반부터 등장한 단백질 2차 구조 예측 방법들은 대개 이런 식의 과정을 거친다.

1. 원하는 단백질을 단백질 아미노산 서열 데이터베이스에서 검색하여 서열이 비슷한 단백질들을 골라낸다.

2. 검색된 유사 서열을 이용하여 다중서열정렬을 만든다.

3. 다중서열정렬을 기반으로 수치화한 서열 프로파일(sequence profile)을 만든다. 프로파일은 특정한 위치의 아미노산이 어느 빈도로 존재하는지 표시하는 행렬 형식의 데이터다.

4. 이 프로파일을 이용하여 서열을 다시 검색한다. 하나의 서열만으로 데이터베이스를 검색할 때보다 다중서열정렬에 기반한 프로파일을 이용해 서열을 검색하면 원래 서열과 유사성이 약해서 잘 검색되지 않았을 서열도 쉽게 찾아낼 수 있다. 이렇게 구축된 더 많은 서열을 이용하여 다중서열정렬을 만들고 프로파일로 변환한다.

5. '서열 길이×20개 아미노산'으로 구성된 프로파일을 15개 아미노산 단위로 인공 신경망(Artificial Neural Network)에 넣어 해당

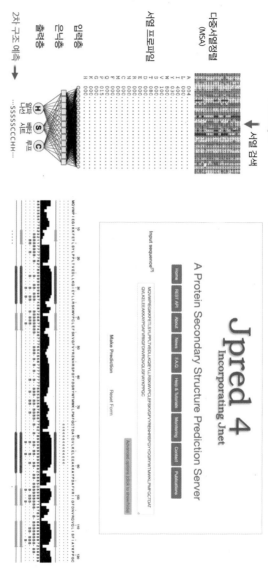

예측 대상 단백질의 아미노산 서열
YVYKLHQLTY....

← 서열 검색

다중서열정렬
(MSA)

서열 프로파일

입력층

은닉층

출력층

H
O
O
O

(알파)
나선

(베타)
루프

(알파)
시트

2차 구조 예측 →

...SSSSSCCCHH...

그림 10-3 다중서열정렬과 이중 신경망을 이용한 단백질 2차 구조 예측

다중서열정렬을 만들고 이를 서열 프로파일로 변환한 다음 2차 구조를 예측함 아미노산 서열마다 유사한 단백질 사이에서 변화 없이 비슷하게 유지되었는지 확인한다. 이렇게 구성된 서열 프로파일을 15~20개 아미노산 단위로 나누고 이중 신경망을 이용하여 특정한 위치에서의 아미노산 2차 구조를 계산한다. Jpred(https://www.compbio.dundee.ac.uk/jpred/) 같은 웹사이트에서 제공하는 단백질 2차 구조 예측 서버를 이용하면 단백질의 2차 구조를 간편히 예측할 수 있다.

위치의 단백질 2차 구조를 예측한다. 인공 신경망의 파라미터(매개변수)는 이미 알려진 단백질 아미노산 서열과 이의 2차 구조를 통해 학습된다.

인공 신경망을 이용한 2차 구조 예측법은 기존 방법에 비해 정확도가 훨씬 높았다. 기존 2차 구조 예측법이 50~60%의 정확도를 보였다면, 다중서열정렬과 인공 신경망을 이용한 단백질 2차 구조 예측에서는 정확도가 70% 중반에서 80% 정도에 달했다. 한마디로

인공 신경망이란?

뇌 속에서 일어나는 정보 처리의 기본은 복수의 뉴런으로부터 신호를 받아 이를 통합한 다음 또 다른 복수의 뉴런으로 신호를 보내는 것이다. 인공 신경망은 이러한 뉴런의 연결 구조를 모방한 계산 기법으로써, 여러 개의 신호를 받아들이는 입력층(input layer)과 입력층으로 입력된 결과를 계산하는 은닉층(hidden layer), 그리고 최종 출력 신호를 내보내는 출력층(output layer)으로 나뉜다. 가령 아미노산 서열로 단백질 2차 구조를 예측하려고 한다면 단백질 서열로 만든 다중서열정렬에서 각각의 아미노산에 해당하는 프로파일이 입력층으로 들어간다. 그리고 출력층에서는 각각의 아미노산에 해당하는 2차 구조(알파 나선, 베타 시트, 루프)의 결과가 출력된다. 입력층으로 받아들인 결과를 계산하는 은닉층은 복수의 층이 존재할 수 있으며, 이러한 은닉층의 개수가 늘어난 인공 신경망을 요즘은 '딥러닝 네트워크'(Deep Learning Network)라고 부른다. 이러한 인공 신경망은 입력값(여기서는 단백질 아미노산 서열)과 결괏값(단백질 2차 구조)을 이용하여 네트워크를 '훈련'시키며, 이렇게 훈련된 네트워크를 이용하여 입력값을 넣으면 결괏값을 예측한다.

100개의 아미노산으로 구성된 단백질에서 약 80개의 아미노산에 대해서는 알파 나선, 베타 시트, 루프로 어떻게 존재하는지 예측할 수 있었다. 2000년대 중반에 이르러 PSIPRED, Jpred 같은 2차 구조 예측을 위한 소프트웨어들이 등장했고, 아미노산 서열로부터 누구나 손쉽게 단백질의 2차 구조를 예측할 수 있게 되었다.

그러나 단백질 2차 구조 예측은 그저 시작에 불과했다. 즉 단백질을 구성하는 아미노산의 2차 구조를 예측한다고 해도 단백질 구조의 극히 일부만 알 수 있었다. 2차 구조를 형성한 단백질이 실제로 어떤 입체 모양으로 접혀 있는지 예측하는 건 훨씬 더 어려운 문제였다. 이어지는 내용에서는 단백질의 3차 구조를 예측하려는 시도가 2010년대 전까지 어떻게 진행되었는지 알아보도록 하자.

단백질 3차 구조 예측의 어려움

아미노산 서열로 단백질 3차 구조를 변환하여 예측하는 것이 어려운 이유는 다음과 같다. 가령 '류신-알라닌-글루탐산-페닐알라닌-글루탐산' 같이 4개의 아미노산으로 구성된 아주 작은 단백질은 어떤 형태를 이룰까? 단백질의 원자를 잇는 화학 결합 중에는 자유롭게 회전할 수 있는 것도 있고 그렇지 않은 것도 있다(보통 알파 카본 C alpha을 잇는 두 결합은 자유롭게 회전한다). 즉 아미노산에는 회전이 가능한 결합과 회전이 불가능한 결합이 있는데, 이어진 부분에서만 회전할 수 있는 평면의 조합처럼 구성되어 있다. 회전 가능한 부분에서 1° 간격으로 회전한다고 가정하면, 2개의 아미노산으로 이어진 디펩티드는 총 360종의 다른 모양을 가질 것이다. 3개의 아미노산으로 이루어진 '트리펩티드'(tripeptide)라면 '360×360=129,600종'이 나온다. 또한 4개의 아미노산이면 '360×360×360=46,656,000종'이 된다. 즉 100개의 아미노산이 이어진 단백질들은 비교적 작은 크기라 하더라도 가질 수 있는 3차 구조의 조합 수가 360^{100}개나 되는 것이다. 일반적인 단백질은 수백 개의 아미노산으로 구성되어 있으므로, 이들이 가질 수 있는 모든 모양의 가짓수를 고려하는 것은 아예 불가능하다.

아미노산 서열이 단백질의 3차 구조를 어떻게 형성하는지 이야기를 풀어낼 때면 이제는 고인이 되신 나의 석박사 지도교수님이 떠오른다. 지도교수님은 학부 생화학 수업에서 단백질 입체 구조를 설명할 때 자신의 일화를 이렇게 회상하곤 했다.

"내가 1960년대에 미국에서 생화학 박사학위를 하고 있을 때 같이 입학한 동기 중에 엄청 똑똑한 친구가 있었지요. 수학과 물리에 매우 뛰어났는데, 아주 중요한 문제를 풀겠다는 의욕도 엄청났죠. 이 친구가 고른 박사 논문 주제가 뭔지 아나요? 그 당시에 안핀슨이 단백질의 3차 구조가 아미노산 서열에 의해 결정된다고 발표했어요. 이 친구는 자기가 수학과 물리를 잘하니, 아미노산 서열을 단백질 구조로 변환하는 법칙을 만들 수 있다고 생각했어요. 그래서 그걸 박사학위 주제로 정했죠. 그런데 그리 쉽게 되지 않더군요. 박사연구를 시작한 지 몇 년이 지나고도 그 친구는 이렇다 할 결과를 얻지 못했고 결국 박사학위를 받지 못하고 학교를 그만뒀습니다. 지금 생각해 보면 너무 어려운 주제를 선택한 거죠. 대신 수학과 물리에 자신이 없던 나와 동료들은 열심히 실험해서 학위를 받았습니다. 그

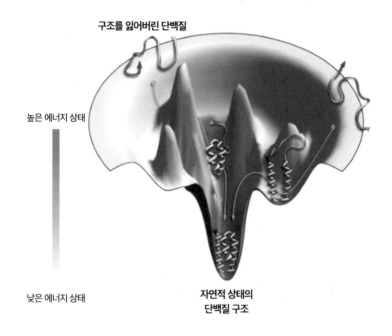

구조를 잃어버린 단백질

높은 에너지 상태

낮은 에너지 상태

자연적 상태의
단백질 구조

그림 10-4 **단백질 접힘 깔때기**

자연적 상태의 단백질 구조는 열역학적으로 가장 안정된 (낮은) 에너지 상태를 유지하지만
구조를 잃은 단백질은 높은 에너지 상태를 유지한다. 그러나 단백질은 매우 다양한 구조를
가질 수 있어서, 이렇듯 다양한 에너지 경관(energy landscape)에서 에너지 상태가 가장 낮
은 구조를 찾기란 쉽지 않다.

친구는 지금 뭐 하는지 잘 모르겠네요."

이처럼 지나치게 어려운 박사 연구 주제를 선택한 지도교수님의 동기생뿐만 아니라 1960년대부터 1980년대까지 수많은 사람이 단백질 구조를 계산만으로 예측해 보려고 시도했다. 그러나 엄청나게 많은 계산이 요구되어 현실적으로 쉽게 풀기 어려운 문제임을 깨닫게 되었다.

생물물리학자 켄 딜(Ken A. Dill)은 1980년대 이후 단백질의 3차 구조 형성 과정 및 에너지 관계를 일종의 깔때기(funnel)에 비유한 '단백질 접힘 깔때기'(Protein Folding Funnel)라는 개념을 제시했다. 그의 이론에 따르면 단백질이 3차 구조를 제대로 형성하지 못할 때는(접히지 못한 상태) 에너지 상태가 높고, 반대로 생체 내에서 3차 구조를 형성하고 있는 단백질은 에너지 상태가 가장 낮다. 그러나 단백질의 에너지 상태는 높고 낮음 둘만 있는 게 아니라 그 사이에 수많은 중간 상태가 존재한다. 즉 3차 구조를 제대로 갖춘 단백질 중 일부는 에너지가 중간쯤에 있고, 때로는 이러한 중간 상태를 벗어나지 못하기도 한다. 에너지가 높은 상태, 즉 제대로 접히지 못한 상태의 경우의 수는 많지만 에너지가 낮아지면서 단백질이 자연적인 3차 구조에 가까워질수록 경우의 수는 적어진다.

또한 생체 내에서 단백질이 접힐 때 경사면이 생기지만, 때로는 표면이 매우 울퉁불퉁한 깔때기 같은 모양으로 높은 에너지 상태에서 낮은 에너지 상태까지 다양하게 이루어져 있다. 딜은 이러한 복잡한 에너지 경관 내에서 맨 아래쪽에 있는 안정된 3차 구조를 어떻게든 효율적으로 찾아가면 단백질 3차 구조를 규명할 수 있다고 믿었다. 그렇다면 이러한 물리적인 원리에 기반하여 단백질의 3차 구조를 찾으려는 시도는 어떻게 이루어졌을까?

로제타와 최적의 단백질 구조 계산

이후 컴퓨터의 발전으로 연산력이 늘었음에도 연구자들은 단백질이 접히는 경우의 수를 모두 계산하는 것이 비현실적임을 깨달았다. 결국 단백질 구조를 예측하려면 계산량을 줄여야만 했다. 보물찾기를 할 때 지도의 모든 곳을 파보지 않고 보물이 묻혀 있을 만한 곳만 탐색하듯 좀 더 현명한 방법이 필요했던 것이다. 실제로 자연계의 단백질도 생성 직후 3차 구조를 형성할 때 모든 가능성을 다 탐색하지 않고 최적의 경로를 찾아서 단시간 내에 3차 구조를 형성한다. 따라서 단백질의 3차 구조를 찾으려면 단백질이 접혀 3차 구조로 바뀌는 지름길을 찾아야 했다.

그렇다면 어떻게 계산량을 줄였을까? 앞서 설명한 대로 대부분의 단백질은 무작위한 형태가 아닌 2차 구조의 조합으로 이루어져 있다. 이 점을 고려하면 가능한 단백질 형태의 가짓수는 훨씬 줄어든다. 가령 기존에 구조가 알려진 단백질 중에 알파 나선과 서열이 유사하다면 이 부분은 알파 나선일 가능성이 높다. 반대로 베타 시트와 서열이 유사하다면 베타 시트일 가능성이 높을 것이다. 이러한 아미노산들은 자유롭게 회전하지 못하므로 복잡성이 훨씬 줄어든다.

그러나 모든 단백질이 시종일관 알파 나선 또는 베타 시트로만 이어지지 못하며, 일부분에서만 아미노산이 자연스럽게 회전할 수 있는 루프를 형성하고 있을 수도 있다. 이렇게 단백질의 '2차 구조'라는 부분적인 구조를 고려하면 단백질이 가질 수 있는 3차 구조의 가 짓수는 무작위적인 회전을 생각할 때보다 훨씬 줄어든다. 그럼에도 여전히 단백질이 접히는 경우의 수는 천문학적이었다.

1990년대 초, 미국의 생화학자 데이비드 베이커(David Baker)는 이 점을 고려하여 단백질이 접히는 경우의 수를 많이 줄여서 단백질 구조를 예측하는 방법을 만들었다. 예측하려는 단백질을 약 9개의 아미노산 조각으로 자르고 나서 이미 실험을 통해 밝혀진 단백질 구조와 서열을 비교하여 가능해 보이는 '단백질 조각 구조'를 얻는 방법이다. 이후 단백질 조각들을 연결하기 위해 이리저리 회전하며 다양한 구조를 얻고, 이들의 에너지 상태를 계산하여 가장 낮은 에너지 상태의 구조를 고른다. 그 다음 구조를 안정화하여 에너지가 가장 낮은 모델을 찾게 된다.

단백질의 아미노산 서열로부터 3차 구조를 푸는 '로제타석'이라는 의미로 '로제타'(Rosetta)라고 명명된 이 방법은 100개 이하의 아미노산으로 구성된 작은 단백질의 모양을 실험 검증 결과와 유사하게 예측할 수 있다. 하지만 정확도가 매우 떨어졌고, 생물학적으로 중요한 단백질(대개 아미노산 100개 이상으로 구성된 단백질)의 구조 예측은 무리였다. 정확한 단백질 구조 예측을 4,000만 화소로 찍은 인물사진으로 비유한다면, 이때의 예측은 초등학생이 얼굴 특징만 살려서 그린 수준이었다.

또한 아무리 계산을 단순화하여 계산에 걸리는 시간을 줄였다 하더라도 여전히 엄청난 컴퓨팅 자원이 필요했다. 이를 조달하기 위해 개인 PC의 남는 시간을 얻어서 클라우드처럼 사용하는 폴딩앳홈 (Folding@Home)[5]이라는 프로젝트가 시도되기도 했다.

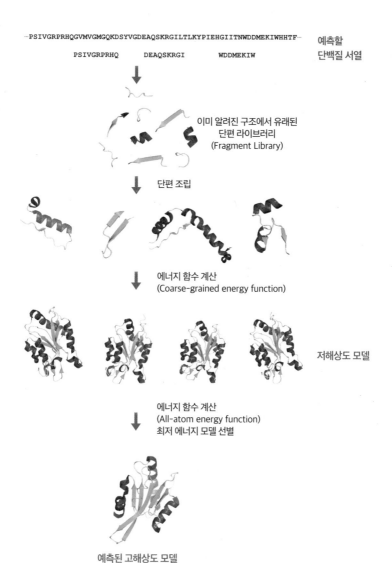

···PSIVGRPRHQGVMVGMGQKDSYVGDEAQSKRGILTLKYPIEHGIITNWDDMEKIWHHTF··· 예측할
단백질 서열

PSIVGRPRHQ   DEAQSKRGI   WDDMEKIW

이미 알려진 구조에서 유래된
단편 라이브러리
(Fragment Library)

단편 조립

에너지 함수 계산
(Coarse-grained energy function)

저해상도 모델

에너지 함수 계산
(All-atom energy function)
최저 에너지 모델 선별

예측된 고해상도 모델

그림 10-5 **로제타에 의한 단백질 구조 예측**

알려진 구조에 기반하여
단백질 구조를 유추하는 상동 모델링

로제타와 같은 예측법은 단백질 구조를 얻을 때 실험으로 알려진 단백질 구조를 참고하지 않지만, 이후 구조생물학자들이 실험적인 방법으로 규명한 단백질 구조를 참고해 아직 밝혀지지 않은 단백질 구조를 예측하는 방법도 등장했다. 단백질의 아미노산 서열이 많이 알려지면서 아미노산 서열로 볼 때 유사한 단백질들이 여럿 밝혀진 덕분이다. 이러한 '친척' 단백질에는 다른 생물에서 동일한 역할을 하는 단백질도 있고, 한 생물 내에서 비슷한 기능을 하는 복수의 단백질도 있다. 결국 지구에 존재하는 생물은 진화 과정 중에서 언젠가는 같은 조상을 공유하는 친척인 셈이므로, 생물 유래 단백질 중에는 조상이 같은 단백질이 당연히 존재한다. 그리고 단백질 구조는 아미노산으로 결정되므로 아미노산 서열이 비슷한 단백질들은 대개 구조가 유사했다. 따라서 아미노산 서열이 비슷하다면 단백질 구조가 동일할 것이라고 가정할 수 있었다.

이렇게 아미노산 서열이 비슷한 단백질 중에서 구조가 이미 밝혀진 것을 '커닝 페이퍼'처럼 사용하여 구조가 알려지지 않은 단백질의 아미노산 서열을 그에 끼워 맞추어 모델을 만드는 방법이 개발되었다. 이러한 구조 예측 방법을 '상동 모델링'(homology modeling)이라고 한다.

상동 모델링은 로제타와 같이 실험으로 얻은 구조를 전혀 참조하

5   https://foldingathome.org

지 않는 방법에 비해 비교적 정확한 예측이 가능했고, 아미노산이 100개 이상인 긴 단백질 구조도 예측할 수 있었지만 뚜렷한 한계가 있었다. 가장 큰 한계는 아미노산 서열이 비슷한 단백질 중에 아무것도 구조가 밝혀지지 않았다면 모델링을 할 수 없다는 것이다. 커닝을 하고 싶어도 주변에 정답을 쓴 사람이 하나도 없다면 할 수 없는 것이나 마찬가지였다. 그리고 아미노산 서열이 전체적으로 비슷한 단백질이더라도 어떤 부위에서는 아미노산 서열이 크게 달라질 수 있는데 이러한 부분은 예측하지 못했다.

마지막으로 아미노산 서열의 비슷한 정도가 낮을수록 예측 결과가 불확실했다. 그렇다면 상동 모델링을 위해서는 어느 정도 유사한 단백질이 필요할까? 단백질 크기에 따라 다소 다르지만 단백질을 구성하는 아미노산 중에서 최소 30~40%가 동일한 단백질이면서 구조가 밝혀졌다면 비교적 정확하게 예측할 수 있었다. 그런 단백질이 없다면 상동 모델링은 거의 쓸모가 없었다.

세기의 난제로 남아 있던 단백질 구조 예측

이처럼 단백질의 아미노산 서열만으로 3차 구조를 예측하기 어렵다는 것은 오랫동안 현대 과학의 큰 난제였다. 이를 다 같이 힘을 모아 해결하기 위해 연구자들은 단백질 구조 예측에 관한 학술대회를 2년 주기로 개최했다. 이 학술대회에서는 실험적으로 구조가 풀렸지만 아직 공개되지 않은 단백질의 아미노산 서열을 참가자들에게 공개하고 참가자들의 개별 방법에 의해 예측된 모델과 실험 구조들을 공개하며 무엇이 더 정확한지 비교한다. 1994년에 처음 개최된 이 학술대회의 이름은 CASP(Critical Assessment of techniques for protein Structure Prediction, 단백질 구조 예측 방법의 비판적 평가)다.

시간이 지나며 단백질 구조 예측의 정확도는 점점 올라갔지만 주로 유사한 단백질이 존재하는 단백질의 모델링(CASP에서는 템플릿 기반 모델링 template-based modeling 또는 비교 모델링 comparative modeling이라고 부름) 쪽이었으며, 유사 단백질이 없는 단백질을 모델링하는 분야는 좀처럼 큰 진전이 없었다. 비교적 크기가 작은 단백질은 대략적인 모양을 유사하게 예측하기도 했지만 실제 실험으로 밝혀진 구조와는 차이가 매우 컸고, 하물며 이를 신약개발 등으로 응용하는 것도 기대하기 힘들었다.

이 때문에 2010년대 전까지는 단백질의 아미노산 서열로부터 단백질 구조를 실험 검증 수준으로 정확히 예측하기는 어렵다는 것이 일반적인 생각이었다. 물론 이를 해결하기 위해 수많은 아이디어가 시도되었고, 그중에는 과학자가 아닌 일반 대중의 '직관'을 이용하려는 것도 있었다. 즉 단백질 구조를 푸는 과정을 일종의 퍼즐 게임처럼 만들어서 열역학적으로 가장 안정된 단백질 구조를 만든 사람이 최고 득점을 올리는 식이다. '폴드-잇'(Fold it)이라고 불리는 이 게임을 통해 실제로 오랫동안 풀리지 않던 단백질 구조가 풀리기도 했다. 그러나 이 역시 대중의 관심을 잠시 끌 정도의 뉴스였을 뿐, 단백질 구조를 푸는 일반적인 방법이 되지는 못했다.

단백질 3차 구조 예측이 오랫동안 난제로 남아 있자 과연 아미노산 서열 정보만으로 실험으로 밝혀진 3차 구조를 알아낼 수 있을지에 대한 회의론도 높아졌다. 이러한 상황에서도 CASP는 꾸준히 개최되었지만 단백질 구조 예측에서 별다른 진보가 없는데 대회를 계속 열 필요가 있을까 의구심을 갖는 연구자도 늘어났다. 그러나 이러한 상황은 2010년대 초부터 서서히 바뀌기 시작했다. 과연 어떤 계기로 단백질 구조 예측 분야에 돌파구가 열렸을까?

11

진화 정보와 인공지능,
그리고 알파폴드 혁명

한동안 풀리지 않던 단백질 구조 예측의 실마리는 2010년경에 해결되기 시작한다. 얼핏 보기에는 단백질 구조와는 별 상관없어 보이는 인접 학문 분야가 발전하면서부터다. 실제로 과학 기술 역사를 살펴보면 어떤 분야의 발전으로 영향을 받아 직접적인 관련이 없는 다른 분야의 발전이 촉진되기도 한다. 예를 들어 1990년대 후반에 3D 게임이 등장하자 3D 그래픽을 처리하기 위해 GPU가 만들어졌고, GPU가 3D 그래픽 처리 외에도 행렬연산 등을 CPU보다 훨씬 빠르게 처리하자 과학 기술 분야에서 계산이 필요할 때도 쓰이기 시작했다. 결과적으로 이는 2010년대 이후 '딥러닝'(Deep Learning)으로 대표되는 인공지능의 비약적인 발전의 물적 기반이 되었다. 아미노산 서열로부터 단백질 구조를 예측하는 기술 역시 직접적으로는 관련 없어 보이는 DNA 시퀀싱 기술의 발전으로 크게 성장했다.

DNA 시퀀싱 기술 발전에 따른
단백질 서열 정보량 증가

DNA 시퀀싱 기술, 즉 DNA에 기록된 정보를 읽어 내는 기술은 21 세기 초에 급속하게 발전했다. 인간 게놈 프로젝트를 완수하려면 20 억 자에 달하는 인간 DNA 정보를 정확하게 읽어 내는 기술이 필요했기 때문이다. 2003년 인간 게놈 프로젝트가 완료되어 인간의 표준 유전체 지도가 완성된 후에는 인간 유전체 정보의 차이가 질병과 삶에 미치는 영향을 탐구하기 위해 개인의 유전체 정보를 빠르게 결정하는 기술들이 개발되었다.

이렇게 인간 DNA 정보 탐색을 주목적으로 개발된 DNA 시퀀싱 기술은 점차 인간 외에 다양한 생물 종의 유전체 정보를 결정하는 데도 사용되었다. 사람, 생쥐, 초파리, 애기장대, 효모 등과 같이 연구에 많이 사용되는 소위 '모델 생물' 이외에도 개·소·말 등의 가축, 쌀·보리·옥수수와 같은 작물, 그리고 눈에 보이지 않는 수많은 미생물에 이르기까지 갖가지 생물의 유전체 정보가 축적되었다. 유전체 정보가 쌓이자 자연스럽게 단백질의 아미노산 서열 정보량 역시 흘러넘쳤다.

앞서 간단히 이야기했지만 현존하는 모든 생물은 수십억 년 전의 원시 생물과 '친척관계'에 있고, 생물체 내의 거의 모든 단백질에는 아미노산 서열이 유사한 '친척 단백질'이 존재한다. DNA 시퀀싱 기술이 발전하기 전에는 고작 몇 개의 친척 단백질만 알려졌지만 2000 년대에 들어 DNA 정보가 폭발하자 수백 개의 친척 단백질이 알려졌다. 어느 단백질과 유사한 온갖 생물의 단백질이 많이 알려지면서 이를 통해 기존에는 관찰되지 않던 새로운 특징들이 발견되기 시작했다.

진화 정보에 숨겨진 단백질 구조의 실마리

앞에서 이야기한 대로 단백질의 기능은 구조에 따라 결정되며, 단백질 구조는 아미노산 서열에 따라 결정된다. 만약 진화를 거치며 여러 생물에서 동일한 기능을 수행하게 된 단백질이라면 비록 아미노산 서열이 바뀌더라도 그 기능은 변하지 않아야 하며 단백질 구조 역시 큰 변화가 없어야 한다. 실제로 다른 생물에서 유래된 생물학적 기능이 같은 단백질들은 아미노산 서열에 큰 차이가 있어도 단백질 구조는 극히 유사한 경우가 많았다. 즉 단백질 구조는 단백질의 진화 과정에서 일종의 제약 요소로 작용한다.

DNA 시퀀싱 기술의 발전으로 수백 개의 친척 단백질을 모아서 분석하던 연구자들은 단백질의 아미노산 내 진화 과정에서 연관성을 띠며 진화하는 아미노산 쌍이 존재한다는 것을 알아챘다. 즉 어떤 단백질과 아미노산 서열이 비슷한 단백질들의 서열을 모아 만든 다중서열정렬을 살펴보니 진화 과정에 따라 특정한 패턴으로 변화하는 위치가 있었던 것이다.

가령 어떤 생물 종의 단백질에서는 '아스파르트산'으로 되어 있는 아미노산이 다른 생물 종의 같은 위치에서는 아스파르트산보다 좀더 큰 '글루탐산'이 되어 있었다. 그런데 같은 단백질에서 다른 위치의 아미노산이 변화하면 그 변화 패턴과 일치하며 변하는 아미노산

대장균의 티오레독신
(PDB: 2TRX)

인간의 단백질 이황화 결합
이성화효소
(PDB: 3UEM)

RMSD=2.54Å

```
 23 ILVDFWAEWCGPCKMIAPILDEIADEYQG--KLTVAKLNIDQNPGTAPKY    70
    :.|:|:|.|||.||.:|||.|::.:.|:.  .:.:||:...|...|.|
270 VFVEFYAPWCGHCKQLAPIWDKLGETYKDHENIVIAKMDSTANEVEAVK-   318

 71 GIRGIPTLLLFK----------NGEVAATKVGALSKGQLKEFLDA      105
    :...|||..|.          |||  .|..|    .|:||::
319 -VHSFPTLKFFPASADRTVIDYNGE--RTLDG------FKKFLES      354
```

그림 11-1 **진화 과정에서의 단백질 구조 변화 예시**

진화 과정에서 단백질 구조는 아미노산 서열보다 오래 보존된다. 대장균의 티오레독신 (thioredoxin)과 인간의 단백질 이황화 결합 이성화효소(protein disulfide isomerase)는 아미노산 서열 기준으로는 약 30%만 일치하지만 이의 구조를 비교해 보면 RMSD(평균 제곱근 편차) 2.5옹스트롬 수준으로 구조는 크게 변하지 않았다. 서열은 변하지만 단백질 구조는 쉽게 변하지 않는 성질은 단백질의 진화 정보로부터 구조에 대한 힌트를 찾아내는 실마리가 되었다.

들도 있었다. 여기서 언급한 단백질을 예를 들자면 59번 아미노산 위치에 아스파르트산이 존재하고 210번 위치에 아르기닌이 존재할 때 59번 위치에서 변화가 일어나면 210번 위치에서도 변화가 일어난다. 즉 59번 위치가 아스파르트산에서 글루탐산으로 바뀌면 210번 위치에서도 아르기닌이 라이신으로 변화하는 것이다. 이를 통해 단백질의 아미노산 중에 한쪽이 변하면 다른 쪽도 같이 변하는 일종의 '쌍'이 발견되었다. 이렇게 같은 단백질 내에서 같이 변하는 아미노산들은 '공변화'(covariation) 관계에 있다고 한다.

단백질 구조 관점에서는 이러한 현상을 어떻게 해석해야 할까? 59번 아미노산과 210번 아미노산이 단백질의 아미노산 순서에서는 멀리 떨어져 있는 것처럼 보이지만, 단백질의 3차 구조 내에서는 서로 인접하거나 접촉하고 있다고 가정해 보자. 59번 아스파르트산은 음성 전하를 띤 아미노산이므로 양성 전하를 띤 210번 아르기닌과 이온 결합을 하고 있을 것이다. 그런데 아스파르트산이 이보다 탄소가 하나 더 있는 글루탐산으로 변하면 어떻게 될까? 단백질 구조가 바뀌지 않은 상태에서 아스파르트산이 탄소가 하나 더 있는 글루탐산으로 길어지게 되면 이와 상호작용하는 아르기닌도 변화해야 한다. 즉 아르기닌보다 길이가 짧은 라이신으로 변해야 단백질 구조에 영향을 주지 않으면서 결합을 유지할 수 있다.

이러한 경우는 이온 결합을 하는 아미노산뿐만 아니라 물을 싫어하는 아미노산인 발린, 류신 등에도 적용된다. 발린과 류신은 물을 싫어하므로 단백질 표면에 나와 있지 않고 내부에 주로 위치하고 있다. 그리고 '소수성 상호작용'에 의해 서로 붙어 있다. 이런 상황에서 한쪽의 발린이 덩치가 더 큰 류신으로 바뀌면 어떻게 될까? 이 2개

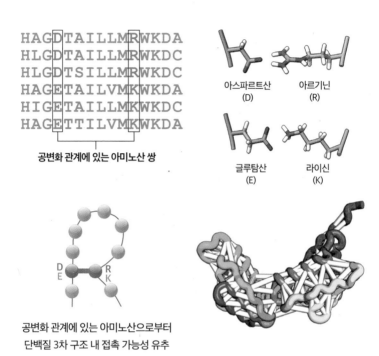

HAG**D**TAILLM**R**WKDA
HLG**D**TAILLM**R**WKDC
HLG**D**TSILLM**R**WKDC
HAG**E**TAILVM**K**WKDA
HIG**E**TAILLM**K**WKDC
HAG**E**TTILVM**K**WKDA

공변화 관계에 있는 아미노산 쌍

아스파르트산
(D)

아르기닌
(R)

글루탐산
(E)

라이신
(K)

공변화 관계에 있는 아미노산으로부터
단백질 3차 구조 내 접촉 가능성 유추

그림 11-2 공변화 정보를 이용한 단백질 3차 구조 유추

진화 과정에서 동일한 패턴으로 진화하는 2개의 아미노산 쌍은 단백질의 3차 구조에서 서로 인접할 가능성이 높다. 이를 이용해 구조를 아직 모르는 단백질의 다중서열정렬을 만들고, 여기서 서로 공변화하는 아미노산 쌍을 찾아서 구조를 예측하는 방법이 등장했다. 이는 단백질 구조 예측에 큰 혁신을 가져왔다.

의 아미노산은 단백질 내부라는 매우 좁은 공간에서 서로 인접하고 있으므로 전체 구조를 유지하려면 다른 쪽의 류신이 발린으로 바뀌는 것 말고는 방법이 없다.

즉 진화 과정 중에 단백질 구조를 그대로 유지하려면 서로 결합하고 있는 두 아미노산은 변화가 연계되어서 일어나야 한다. 만약 단백질 구조 정보가 없는 단백질의 다중서열정렬에서 공변화 관계에 있는 아미노산 쌍을 찾았다면 어떨까? 이들이 실제로 단백질의 3차 구조 내에서 서로 인접한다면 이는 단백질 구조에 대한 큰 힌트가 될 것이다.

단백질 진화 정보를 이용한
단백질 3차 구조 예측

2011년 하버드대학교의 생물정보학자인 데버라 마크스(Debora S. Marks)는 다중서열정렬을 이용하여 공변화를 일으키는 아미노산 쌍을 찾고, 이들이 단백질 구조 내에서 인접하고 있다는 가정 하에 구조 예측을 시도했다. 그리고 이렇게 찾은 아미노산 간의 연결을 제약 조건으로 놓고 분자동역학 시뮬레이션을 구동했다. 이 방법은 핵자기공명법(NMR) 등의 실험적 방법으로 구조를 결정하는 것과 유사한데, 다만 핵자기공명법은 상호작용하는 아미노산들의 정보를 핵자기공명 실험을 통해 스펙트럼을 분석하여 얻는다. 그림 11-2에서 볼 수 있듯 인접해 있다고 알려진 아미노산들을 서로 '붙이면' 단백질은 서서히 3차 구조를 갖추게 된다.

연구자들은 구조가 이미 밝혀진 단백질을 대상으로 이 방법을 적용해 보았다. 실험 결과 이미 밝혀진 것(실험 구조)과 상당히 유사한 구조를 얻을 수 있었다. 보통 단백질 구조 예측의 정확도 값은 실험으로 결정된 구조와 예측한 구조가 얼마나 가까운지를 수치로 환산하여 구하는데 이때 사용되는 수치가 RMSD, 즉 두 단백질 속 아미노산 간격의 평균 제곱근 오차값이다. RMSD가 2~4옹스트롬이라면 어느 정도 유사성이 있는 구조, 1~2옹스트롬이라면 매우 유사한 구조, 그리고 1옹스트롬 이하면 거의 같은 구조라고 본다. 마크스의 방법으로 예측한 구조는 실제 실험 구조와 2~4옹스트롬 수준인 어느정도 비슷한 구조였다. 이러한 예측 정확도는 당시 대부분의 단백질 구조 예측 방법의 정확도보다 훨씬 좋은 결과였다.

단백질의 진화 정보로부터 단백질 3차 구조에 대한 정보를 도출할 수 있다는 이러한 결과는 이후 단백질 구조 예측에 큰 영향을 주었지만 처음에는 미지근한 반응이었다. 실제로 이 연구 결과는《플로스 원(Plos One)》이라는 저널에 실렸는데, 보통 많은 사람이 관심을 보이는 연구 결과가《사이언스》나《네이처》같은 유명 학술지에 실리는 것과는 대조적이었다. 그러나 2012년 마크스 연구팀은 동일한 방법으로 그 당시까지 실험으로 구조를 거의 밝히지 못했던 막단백질의 구조 예측이 가능하다는 것을 입증했다. 이 연구 결과는 생명과학계에서 가장 유명한 학술지인《셀(Cell)》에 소개되었다. 곧이어 다른 연구자들도 이와 비슷한 방식으로 단백질의 진화 정보로부터 구조 정보를 유추하는 방법을 자신의 단백질 구조 방법론에 도입하기 시작했다.

연구자들이 공변화를 이용한 단백질 구조 예측 방법을 본격적으로 도입하기 시작한 것은 2014년 CASP11부터였다(CASP 개최 회차에 따라 뒤에 숫자가 붙는다). 2016년에 개최된 CASP12의 템플릿 없는 모델링(template-free modeling) 부문에 참가한 거의 모든 그룹이 공변화 정보를 분석하는 방법론을 채택했다. 그리고 1996년 이후 그다지 큰 발전이 없던 템플릿 없는 모델링의 예측 성능이 올라가기 시작했다.

기존의 템플릿 없는 모델링 분야에서는 아미노산이 100개 이상인 큰 단백질은 구조를 예측하기 어려웠다. 하지만 여기에 단백질 진화 정보를 추가하면 이보다 큰 단백질의 구조도 예측할 수 있었다. 그리고 단백질 가닥 하나의 구조뿐만 아니라 여러 개의 단백질이 만나서 형성된 단백질 복합체의 구조 예측도 가능하다는 것을 알게 되었다.

앞서 언급했지만 단백질 구조 예측을 위해서는 일단 구조를 예측할 단백질과 유사한 단백질을 찾고 이들을 나열하여 다중서열정렬을 만들어야 한다. 이 과정에서 공변화 정보를 어떻게 효율적으로 뽑아내느냐에 따라 구조 예측의 정확도가 달라졌다. 그렇다면 어떻게 이러한 정보를 추출해 냈을까? 처음에는 간단한 통계학적 방법으로 분석을 시도했으나 이후 진보된 분석 방법이 도입되었다. 이윽고 여러 가지 기계학습(machine learning) 방법, 특히 2010년대 중반부터 급격히 발전한 딥러닝 기반의 방법이 적용되기 시작했다. 이 와중에 딥러닝에 특화된 한 기업이 단백질 구조 예측 분야에 뛰어들었다. 바로 구글 산하의 회사 딥마인드였다.

알파폴드의 등장과
딥마인드의 첫 번째 시도

딥마인드는 체스 챔피언이자 게임 프로그래머, 그리고 인지신경 과학 박사 등 다양한 이력을 가진 데미스 허사비스가 2010년 설립한 회사다. 현실 세계의 문제들을 해결하는 범용 인공지능 개발을 목표로 설립된 딥마인드는 2014년 구글의 모회사인 알파벳(Alphabet)에 인수되어 구글의 자회사가 되었다.

딥마인드는 자사의 인공지능을 적용할 첫 시험 무대로 게임을 선택했다. 오래된 비디오게임인 '아타리'(Atari)를 플레이하는 인공지능부터 시작하여 이후 복잡도가 매우 높아 감히 인간의 실력을 따라잡을 수 없다고 여겨지던 바둑에 도전했다. 인간과의 바둑 대국에서 천재 바둑 기사를 꺾을 수 있는 실력의 알파고를 공개하며 대중에게 이름이 널리 알려지기도 했다. 이후에는 '스타크래프트 2'(Starcraft 2) 프로 게이머와 충분히 싸울 수 있는 수준의 인공지능을 소개했다.

그러나 딥마인드의 설립 목적이 사회에 중요한 영향을 주는 어려운 과학 문제를 인공지능으로 해결하는 것인 만큼 게임은 그저 인공 기능 기술을 갈고닦기 위한 연습 무대였다. 게임으로 충분히 연습했다고 판단한 딥마인드는 이후 본격적으로 그동안 풀리지 않던 과학 문제에 인공지능 기술로 도전했다. 그중 하나가 단백질 3차 구조 예측이었다. 이때부터 딥마인드의 새로운 단백질 구조 예측 인공지능인 알파폴드가 등장했다.

알파폴드는 2018년 CASP13부터 CASP에 참가했으며, CASP13에서 참가한 분야는 구조 정보가 없는 상태에서 단백질 구조를 푸는 템플릿 없는 모델링 분야였다. 이들은 예측을 시도한 104개 단백질 도메인의 예측 결과를 더한 전체 점수(Sum Z-Score)로 120.43점을 얻으면서 1위를 차지했다. (2위는 기존의 단백질 구조 예측 전문가 그룹인 미시간대학교의 장 양Zhang Yang 그룹으로 107.59점을 얻었다.)

분명 알파폴드의 결과는 단백질 구조 예측 연구에 뛰어든 지 얼마 안 된 연구 그룹의 성적으로는 주목받을 만했지만, 그 당시에 단백질 구조 예측에 사용되던 일반적인 방법론에 기존에 개발된 딥러닝 기술을 추가하여 적용한 정도였다. 즉 기존의 방법론과 크게 다를 바 없이 구조를 예측하려는 단백질과 유사한 단백질 서열을 추출하여 다중서열정렬을 만들고, 이를 이용하여 단백질 간 상호작용하는 아미노산 쌍을 찾아냈다.

다만 딥마인드는 기존에 영상 처리 등을 위해 개발한 딥러닝 기술인 합성곱 신경망(CNN; Convolutional Neural Network)을 이용해 이미 알려진 단백질 구조와 다중서열정렬로 훈련 모델을 학습시켰다. 이를 통해 다중서열정렬로부터 단백질 내에서 상호작용하는 아미노산 쌍과 그 거리, 그리고 아미노산 쌍 사이의 각도를 예측할 수 있었다. (그전까지 공변화를 이용한 단백질 구조 예측에서는 서로 접촉하는 아미노산 쌍에 대한 정보만 얻어서 구조를 예측했다.) 즉 서로 접촉하는 아미노산의 거리와 각도에 대한 정보를 제약 조건으로 하여 가장 낮은 에너지의 구조를 경사하강법(오차함수를 조금씩 줄여 가며 최적의 가중치를 찾아가는 방식)에 의하여 찾는 방식이었다.

CASP13 버전의 알파폴드는 비록 다른 학계 연구 그룹에 비해 구조 예측 정확도가 조금 높았지만 제대로 예측하지 못한 구조도 있었다. 예측된 구조 역시 기존의 예측에 비해서는 낮긴 했지만 실험적으로 규명한 구조에 근접하는 정확도는 보여 주지 못했다. 또한 일부 표적에 대해서는 다른 연구 그룹에 비해서 정확도가 떨어졌다. 즉 딥마인드의 첫 번째 단백질 구조 예측 시도는 해당 분야에 처음 진입한 팀으로서 놀라운 성과였으나 실험적인 방법에 의한 구조 예측과는 격차가 컸으며 학계의 다른 연구자들도 이 정도면 충분히 경쟁해 볼 만하다고 평가했다.

실제로 CASP13이 끝난 이후에 많은 단백질 구조 예측 연구자가 앞다투어 딥러닝 기술을 적용했고, 이들이 발표한 예측 방법론 중에는 CASP13의 알파폴드보다 예측 정확도가 높은 것도 있었다. 그러나 많은 사람이 이때까지 알지 못했던 것은 2018년의 알파폴드는 일종의 시험 버전이었고 딥마인드는 '한 방'을 준비하고 있었다는 것이다. 이 한 방은 2020년 12월의 CASP14에서 드러났다.

알파폴드 혁명

2018년 CASP13에 딥마인드라는 가장 활발한 인공지능 연구팀이 단백질 구조 예측에 뛰어들며 큰 화제를 모으자 많은 학계 연구팀도 인공지능 방법론을 단백질 구조 예측에 적용했다. 2020년에 열린 CASP14에서는 참가팀 대부분이 나름대로 인공지능 방법론을 들고 나와서 단백질 구조 예측에 임했다.

그러나 그해 12월 CASP14의 결과가 공개되자 많은 관계자와 참가자가 경악했다. 한 참가팀이 다른 참가팀들과는 비교되지 않을 수준의 높은 정확도로 구조를 예측했기 때문이다. 다른 참가팀들 역시

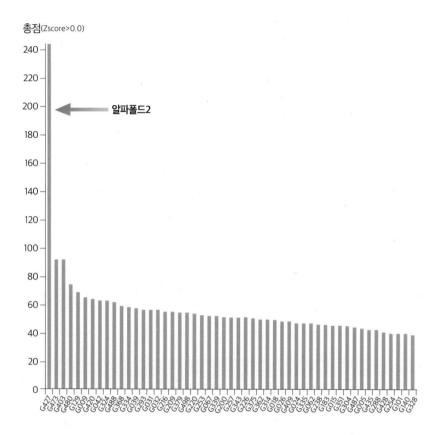

총점(Zscore>0.0)

알파폴드2

그림 11-3 **2020년 CASP14의 단백질 예측 정확도 총점**

딥마인드의 알파폴드2는 146종의 예측 프로그램이 참가한 경쟁에서 총점 244점을 기록하며 1위를 차지했다. 2, 3위를 차지한 데이비드 베이커 연구팀의 두 예측 프로그램은 각각 90점과 88점을 기록했다. 즉 알파폴드2는 다른 경쟁 그룹과 2배 이상의 '초격차'를 보이며 압도적인 정확도로 단백질 구조를 예측했다.

이전 대회에 비해서는 한층 진보된 예측 방법론을 들고 나왔지만, 그 의문의 참가팀의 예측 정확도는 남달랐다. 이 참가팀은 예상대로 딥마인드의 알파폴드였다(2020년에 나온 딥마인드의 새로운 단백질 구조 예측 시스템 역시 이름은 알파폴드였지만 여기서는 쉽게 구분할 수 있도록 2018년의 알파폴드는 '알파폴드1', 2020년의 알파폴드는 '알파폴드2'라고 부르겠다). 2020년의 알파폴드2는 다른 경쟁 그룹은 물론이고 자신의 2018년 버전과는 경쟁할 수 없을 정도의 높은 정확도로 단백질 구조를 예측해 냈다.

알파폴드2의 예측 정확도를 실험을 통해 밝혀낸 단백질 구조와 비교해 보면 더욱 놀랍다. 알파폴드2의 예측 구조와 실험 구조의 단백질 골격 간격의 오차(RMSD)는 0.96옹스트롬(신뢰 구간 0.85~1.16옹스트롬) 정도였다. 이는 그 다음으로 정확한 예측의 오차가 2.8옹스트롬(신뢰 구간 2.7~4.0옹스트롬)임을 감안하면 매우 뛰어난 수준이라고 할 수 있다. 조금 더 쉽게 설명하자면, 다른 그룹들은 단백질 구조의 생김새를 대략 닮게 예측했지만 세부적으로 들어가면 오차가 상당했다. 반면 알파폴드2 예측의 정밀도는 실험으로 예측한 구조와 거의 차이 나지 않았다. 특히 단백질의 전체 구조뿐만 아니라 개별 아미노산의 곁사슬까지 실험 구조와 별다른 차이가 없을 정도로 정확했다. 그전까지만 하더라도 단백질의 전반적인 구조만 제대로 예측해도 매우 훌륭하다는 평가를 받았고 개별 아미노산의 곁사슬까지 예측하는 것은 기대하지 않았다. 그러니 단백질의 곁사슬까지 원자 수준의 정확도로 예측해 낸 것은 유례없는 일이었다.

한마디로 알파폴드2의 구조 예측은 동일한 단백질의 구조를 서로 다른 연구자가 실험을 통해 풀어낼 때와 비슷한 오차가 나오는 매우

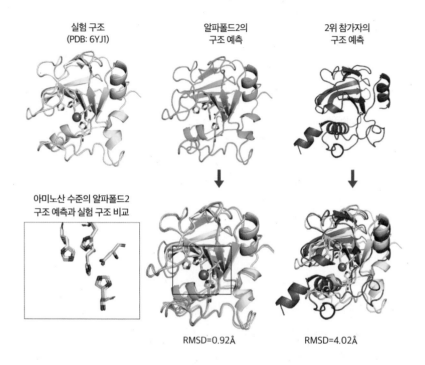

실험 구조
(PDB: 6YJ1)

알파폴드2의
구조 예측

2위 참가자의
구조 예측

아미노산 수준의 알파폴드2
구조 예측과 실험 구조 비교

RMSD=0.92Å

RMSD=4.02Å

그림 11-4 **실험 구조와 알파폴드2,
다른 경쟁 그룹의 단백질 구조 예측 결과 비교**

알파폴드2의 구조 예측 결과(초록색)는 X선 실험으로 밝혀낸 단백질 구조(노란색)와 거의
일치하지만, 다른 경쟁 그룹의 예측 결과(분홍색)는 실험 구조와 큰 차이를 보인다. 특히 알
파폴드2의 구조 예측은 단백질을 구성하는 아미노산의 원자 수준에서 실험 구조와 거의
일치했다.

정확한 방법이었다. 아미노산 서열로부터 단백질 구조 예측을 시도한 이래로 약 50년간 이 정도의 정확도로 단백질 구조를 예측한 적은 없었다. 일부에서는 오랫동안 세기의 난제로 알려졌던 단백질 구조 예측 문제가 마침내 해결되었다는 언급도 나왔다(물론 알파폴드2의 구조 예측에도 몇 가지 한계가 있으며 이에 대해서는 후술하도록 하겠다). 그렇다면 알파폴드2는 어떻게 다른 단백질 구조 예측 방법(2018년 알파폴드1의 예측 방법 포함)을 훨씬 뛰어넘는 엄청난 정확도로 단백질 구조를 예측할 수 있었을까?

알파폴드2의 구조

2020년 12월 CASP14의 결과가 공개될 때만 해도 알파폴드2의 구조는 대략적인 개요 수준으로만 알려졌다. 그러다 2021년 7월 《네이처》에 알파폴드2의 구조가 자세히 기술된 논문이 발표되고, 또 알파폴드2의 소스 코드가 완전히 공개되면서 전모가 밝혀진다.

한마디로 알파폴드2는 2018년 알파폴드1의 개선판이 아닌 완전히 새로운 구조였다. 알파폴드1은 입력된 다중서열정렬을 이용해 합성곱 신경망으로 단백질 내에서 상호작용하는 아미노산의 거리 및 회전각을 예측함으로써 가장 낮은 에너지의 구조를 찾는 방식이었다. 그러나 딥마인드는 알파폴드1을 개발할 때 사용한 합성곱 신경망이 단백질 구조 예측에 그리 최적이 아니었다고 판단했다. 즉 합성곱 신경망이 인접한 정보들의 관계를 찾아 이미지를 인식하는 문제에는 유리했지만 단백질 구조 예측에서 아미노산 서열 내 멀리 떨어져 있는 아미노산 간 상호작용을 예측하는 데는 최적화된 구조가 아니라고 본 것이다.

이러한 한계를 극복하고 구조 예측의 정밀도를 혁신적으로 높이기 위하여 딥마인드는 기계 번역, 언어 모델 등에 사용되어 탁월한 성능을 보인 트랜스포머(transformer) 기반의 방법을 도입했다. 트랜스포머는 서로 인접하지 않은 정보들의 관계를 다룰 때 탁월한 성능을 보이는 네트워크였고, 이러한 구조는 아미노산 서열 상에서 서로 인접하지 않은 아미노산들의 거리를 파악하는 데 최적이었기 때문이다. 한편 2018년의 알파폴드1을 비롯해 기존 구조 예측 방법들은 대부분 단백질 구조를 인공지능 네트워크에서 바로 예측하기보다 구조와 관련 있는 정보(서로 인접하고 있는 아미노산들의 거리 등)를 예측하고 이를 물리적 시뮬레이션 기반의 예측 프로그램에 입력하는 방식이었다. 그러나 알파폴드2는 다중서열정렬 형태로 단백질의 진화 정보를 입력받아 인공지능 네트워크 내에서 단백질의 3차원 좌표까지 바로 예측하여 출력하는 '엔드-투-엔드'(End-to-End) 구조 예측 시스템이다.

알파폴드2는 크게 3단계로 구성되어 있다. 첫 단계는 알파폴드1 및 다른 단백질 구조 예측 프로그램과 마찬가지로 단백질 데이터베이스에서 유사 서열을 검색하여 다중서열정렬을 만드는 것이다. 알파폴드2 역시 단백질 구조 정보가 단백질의 진화 과정에서 보존되어 있으며 다중서열정렬을 분석하면 그에 대한 정보를 얻을 수 있다는 전제에서 시작한다. 다만 알파폴드2는 다중서열정렬을 만든 후 이를 딥러닝에 적합한 형식으로 변환하는 임베딩(embedding)을 거친 다음 더욱 정교한 딥러닝 기술로 다중서열정렬을 분석하여 단백질 구조 정보를 최대한 끌어낸다. 이후에 본격적인 구조 예측을 위한 네트워크가 시작되는데 이는 크게 둘로 구성된다.

첫 번째 과정은 에보포머(Evoformer)라는 네트워크로써, 다중서열정렬로 얻은 정보를 토대로 단백질 내 입체 공간에서의 아미노산 간 상호작용 정보를 뽑아내 분석한다. 에보포머는 어텐션(Attention)이라는 메커니즘을 이용하여 인접하지 않은 아미노산들의 관계를 더욱 효율적으로 찾아낸다. 또한 다중서열정렬을 구성하는 서열 관계를 분석하여, 아미노산 관계를 가장 효율적으로 보여 주는 서열과 그렇지 않은 서열 역시 검출해 낸다.

이렇게 찾아낸 아미노산들의 관계는 '아미노산-아미노산 에지'(Amino-Amino Edge) 형태로 저장된다. 그리고 추출한 아미노산 관계에 대해 추가 분석을 거치는데, 이때 단백질 구조가 입체 정보라는 사실이 응용된다. 예를 들어 A, B, C라는 3개의 아미노산이 존재하고 아미노산 A와 B 및 아미노산 A와 C의 관계를 알고 있다면 이를 이용하여 아미노산 B와 C의 관계에 대해 추측할 수 있다.

또한 에보포머에서 다중서열정렬로부터 얻은 아미노산 간 공간적 관계에 대한 정보는 다중서열정렬을 다시 최적화하는 데 이용한다. 즉 기존 단백질 구조 예측 방법이 네트워크의 출력 정보를 그대로 구조 예측에 사용했다면 알파폴드2는 다중서열정렬에 들어 있는 단백질 진화 정보와 아미노산 간의 공간적 관계 정보를 48번 반복해 업데이트하며 단백질 구조 정보를 점점 더 정밀하게 개선한다. 이처럼 단백질 구조를 개선해 나감으로써 예측 정확도를 높일 수 있었던 것이다.

단백질 구조 정보를 어느 정도 추출했다면 이에 기반하여 단백질의 3차 구조를 예측하게 된다. 알파폴드1에서는 단백질 구조를 만들 때 기존의 단백질 구조 예측 방법과 비슷하게 가장 낮은 에너지의 단백질을 물리적 시뮬레이션을 통해 계산했다. 반면 알파폴드2에서는 '구조 모듈'(structure module)이라는 네트워크를 통해 단백질의 구조를 직접 유추한다. 에보포머를 거쳐서 추출한 아미노산 관계 정보와 예측하려는 서열 정보가 구조 모듈에 전달되고, 이 정보에 근거하여 원자의 3차원 좌표를 추정하는 것이다.

알파폴드2의 구조 모듈에서는 단백질 구조를 삼각형의 집합으로 표현한다. 즉 폴리펩타이드 사슬의 기본 골격인 알파 탄소, 질소, 카르복실기의 탄소 세 원자는 항상 평면에 위치하므로 이를 하나의 삼각형으로 표현하고 그 위치로 단백질 구조를 묘사하는 것이다. '삼각형 집합'은 구조 모듈을 시작할 때는 모두 동일한 원점에 있지만, 에보포머로부터 생성된 정보에 의해 점차 삼각형들의 위치와 회전각이 변경되며 단백질 3차 구조를 묘사한다. 기존의 딥러닝이 3차원 좌표를 효율적으로 묘사하기 힘들었던 데 반해, 단백질의 3차 구조를 네트워크에 직접 반영했다는 점은 알파폴드2가 이룩한 또 하나의 혁신으로 평가된다.

이렇게 구조 모듈로부터 단백질의 3차원 좌표가 나오면 다시 에보포머 단계로 돌아가서 총 3번에 달하는 '에보포머-구조 모듈' 수행을 반복하며 구조 예측을 재차 정밀화한다. 즉 도출된 단백질 구조와 다중서열정렬 정보가 다시 에보포머에 입력값으로 주어져 전체 과정이 3회 반복되는 것이다. 한마디로 단백질의 진화 정보로 단백질 구조를 유추하고 이 구조에 따라 아미노산 간 상호작용 정보와 단백질 진화 정보의 업데이트를 반복하며 최적화하는 과정을 통해

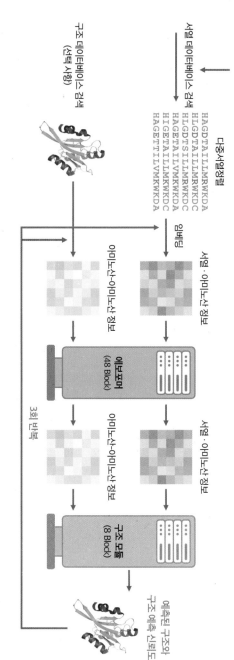

구조를 예측할
단백질 서열
…HAGDTAILLMRWKDA…

서열 데이터베이스 검색

구조 데이터베이스 검색
(선택 사항)

다중서열정렬

HAGDTAILLMRWKDA
HLGDTAILLMRWKDC
HLGDTSILLMRWKDC
HAGETAILLVMKWKDA
HIGETAILLMKWKDC
HAGETTILVMKWKDA

임베딩

서열·아미노산 정보

아미노산-아미노산 정보

서열·아미노산 정보

아미노산-아미노산 정보

에보포머
(48 Block)

구조 모듈
(8 Block)

3회 반복

예측된 구조의
구조 예측 신뢰도

그림 11-5 **알파폴드2의 구조**

알파폴드2는 2018년의 알파폴드1과는 달리 다중서열정렬 입력값을 받아 구조 예측까지
트랜스포머 기반의 딥러닝 네트워크에 의해서 이루어지는 구조다.

단백질 구조를 점점 더 정확히 예측한다.

2021년 발표된 논문을 통해 딥마인드의 이러한 반복 구조가 구조 예측에 어떤 영향을 주는지 파악할 수 있다. 유사 단백질이 많아 진화 정보가 충분할 때는 반복 단계 초반에 전체 구조가 이미 예측되지만, 유사 단백질이 그다지 없을 때는(예를 들어 T1044, T1064) 예측 과정을 충분히 반복해야 최종 예측 구조와 흡사한 구조가 형성된다. 알파폴드가 다른 구조 예측 시스템에 비해 훨씬 정확하게 구조를 예측할 수 있는 원동력은 단백질의 진화 정보로부터 유추된 구조를 이용해 진화 정보를 재구성하고, 이렇게 업데이트된 진화 정보로부터 구조를 다시 예측하는 반복적인 과정이다.

알파폴드2는 최종적으로 파라미터를 출력해 아미노산 서열을 구성하는 단백질 원자들의 3차원 좌표 및 각 위치에서의 예측 신뢰도를 알려 준다. 기존의 단백질 구조 예측 시스템은 예측 결과를 내놓아도 그것이 얼마나 신빙성 있는지 확신하지 못했으나 알파폴드2는 단백질을 구성하는 아미노산마다 단백질 구조 예측 신뢰도를 일일이 수치로 알려 주기 때문에, 신뢰할 만한 부분과 그렇지 못하는 부분을 쉽게 알 수 있다. 알파폴드2에서 제공하는 예측 수치에는 두 종류가 있다. 하나는 pLDDT(predicted Local-Distance Difference Test)라는 수치로 해당 단백질 부분의 구조 예측 신뢰도를 나타낸다. 다른 하나는 PAE(Predicted Aligned Error)라는 수치로 단백질의 아미노산 간 거리 예측이 얼마나 신빙성 있는지를 의미한다.

대략적으로 pLDDT 수치가 70 이상이면 구조 예측이 신빙성 있다고 보며, 당연히 그 이하의 수치를 기록한 부분은 신빙성이 떨어진다고 할 수 있다. 여기서 주의해야 할 것은 알파폴드2로 구조를 예측한 인간 단백질의 상당 부분이 pLDDT 수치가 70 이하로 나온다는 것이다. 이는 알파폴드2의 구조 예측의 한계를 의미하는 것이 아니라 해당하는 단백질 부분이 고정된 구조를 가지고 있지 않다는 것에 가깝다. 최근 연구에 따르면 인간 같은 고등생물의 단백질 중 상당 부분이 고정된 구조 없이 무정형으로 흐느적거리는 성질을 가지고 있다(이러한 단백질 또는 단백질 부분을 무정형 단백질 intrinsically disordered protein이라고 한다). 실제로 알파폴드2의 구조 예측에서 pLDDT 수치가 낮게 나오는 상당 부분이 무정형 단백질과 일치한다고 밝혀지고 있고, 무정형 단백질을 예측하는 기존의 방법론보다 알파폴드2가 더욱 정확하게 무정형 단백질을 예측한다고 한다. 즉 알파폴드2가 신빙성 있게 구조 예측을 하지 못할 때는 단백질의 성질이 특정한 구조를 형성하지 못할 때라고 보면 된다.

어쨌든 알파폴드2는 이전의 알파폴드1과는 비교하기 힘들 정도로 새롭고 다양한 시도들이 접목된 매우 정교한 예측 시스템이다. 딥마인드의 CEO이자 창업자인 데미스 허사비스는 알파폴드2는 딥마인드가 여태까지 구축한 인공지능 시스템 중에 구조가 가장 복잡하며, 6~7개 일류 학술 논문 수준의 새로운 아이디어를 총합하여 얻은 시스템이라 평가했다. 그렇다면 딥마인드는 이러한 정교한 시스템을 어떻게 구축할 수 있었을까?

알파폴드2를 가능케 한 탄생 배경

CASP14의 압도적인 결과가 공개된 이후, 많은 사람이 단백질 구

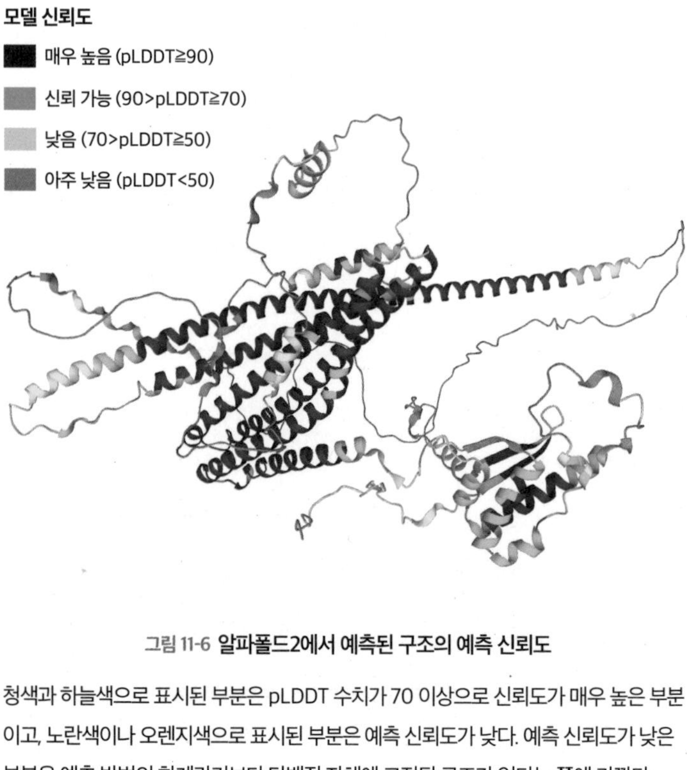

모델 신뢰도

■ 매우 높음 (pLDDT≥90)

■ 신뢰 가능 (90>pLDDT≥70)

■ 낮음 (70>pLDDT≥50)

■ 아주 낮음 (pLDDT<50)

그림 11-6 알파폴드2에서 예측된 구조의 예측 신뢰도

청색과 하늘색으로 표시된 부분은 pLDDT 수치가 70 이상으로 신뢰도가 매우 높은 부분이고, 노란색이나 오렌지색으로 표시된 부분은 예측 신뢰도가 낮다. 예측 신뢰도가 낮은 부분은 예측 방법의 한계라기보다 단백질 자체에 고정된 구조가 없다는 쪽에 가깝다.

조 예측 연구를 시작한 지 몇 년 안 된 딥마인드가 어떻게 세기의 난제로 일컬어지던 문제를 거의 해결했는지 궁금해했다. 일부에서는 이를 딥러닝 같은 인공지능의 위력으로 단순화했다. 하지만 CASP14에 참가한 대부분의 상위권 그룹들이 딥러닝 등의 기계학습 기법을 적극적으로 활용했음을 고려해 보면 단순히 딥러닝 기법을 사용했느냐보다는 알파폴드2의 개발 과정과 그것을 가능케 한 배경을 폭넓게 살펴볼 필요가 있다.

일단 대부분의 인공지능·기계학습 방법론을 통해 성공적으로 해결한 다른 문제들과 마찬가지로 단백질 구조 예측 또한 학습에 필요한 양질의 데이터가 충분히 쌓여 있었다는 것에 주목해야 한다. 단백질의 아미노산 서열 정보나 단백질의 입체 구조 정보는 다른 생물학적 데이터와는 달리 실험 조건에 따라서 크게 바뀌거나 오차가 크지 않다. 또한 아미노산 서열은 약 4억 개, 실험으로 규명된 단백질 구조 역시 10만 개 이상 축적되어 있었으며 공개 데이터베이스로 밝혀져 있었다. 성공적인 인공지능·기계학습의 필수 요건이 학습 모델 구축에 필요한 양적·질적 데이터임을 고려하면, 알파폴드의 직접적인 토대는 수십 년 동안 연구자들의 노력과 연구비를 들여서 축적한 단백질 구조 및 서열 정보 같은 데이터라고 할 수 있다.

그렇다면 딥마인드가 꾸준히 단백질 구조 예측 연구를 하던 학계 연구팀에 비해 압도적인 결과를 낼 수 있었던 비결은 무엇일까? 이는 앞서 이야기했지만 알파폴드2가 매우 다양한 시도가 포함된 단백질 구조 예측을 위한 새로운 딥러닝 시스템이라는 점에 있다. 데미스 허사비스의 말에 따르면 알파폴드2는 생물정보학, 생물물리학 등 '도메인 지식'을 총합하여 개발한 단백질 구조 예측에 특화된 인공지능 시스템이다. 또한 일반적인 문제를 해결하는 인공지능은 범용성을 목적으로 개발되지만, 단백질 구조 예측과 같이 어려운 문제를 해결하는 인공지능은 도메인 지식을 비롯한 모든 지식을 총동원해 특정 문제를 푸는 데 특화되어야 한다고 강조했다. 알파폴드2의 개발에는 약 18명의 연구진이 참여했으며 이들의 연구 배경은 생물물리학, 인공지능 등 매우 다양하다. 프로젝트의 리더 역할을 한 연구자인 존 점퍼(John M. Jumper)는 단백질 동역학 및 접힘 연구에 기계학습을 적용한 적이 있던 연구자였다.

그전까지 단백질 구조 예측 연구를 수행하던 학계의 연구팀은 포스트닥 또는 대학원생 등 아직 훈련 단계에 있으며 상대적으로 경험이 적은 소수의 연구자로 구성되었다. 반면 딥마인드는 오랫동안 딥러닝 및 단백질 구조 연구를 수행해 온 경험 많은 연구자로 대규모 연구팀을 꾸렸다. 그리고 논문 발표와 연구비 지원, 강의나 행정 업

학제적 인재의 중요성

존 점퍼가 2017년 딥마인드에 입사하여 알파폴드 관련 연구를 시작할 당시에는 20여 명의 연구팀 구성원 중 단백질 관련 연구를 해본 사람이 존 점퍼를 비롯해 2명밖에 없었고 대부분은 물리학 또는 전산학 분야의 전문가였다. 언론 인터뷰를 통해 존 점퍼는 이후 몇 년 동안 단백질 구조 예측에 천착하며 다양한 시도를 해본 결과 구성원들이 1~2년 내에 전문가 수준의 구조생물학 지식을 갖추게 되었다고 밝혔다. 이처럼 인공지능을 통해 기존 분야에서 쉽게 풀리지 않던 중요한 과학적 문제를 풀기 위해서는 여러 분야의 전문가들을 모으는 것을 떠나서, 그 연구팀의 구성원들이 궁극적으로 필요한 다양한 분야에서 전문가 수준의 지식을 갖추는 '학제적 인재'가 되어야 할 수도 있다.

무 등 연구에 온전히 전념하기 어려운 학계 연구자들에 비해 딥마인드의 연구자들은 그런 것에 신경 쓰지 않고 하나의 프로젝트에 집중할 수 있었다. 여기에 구글의 방대한 컴퓨팅 자원을 자유롭게 사용할 수 있다는 것도 큰 격차를 불러왔을 것이다. 결국 딥마인드가 학계의 경쟁 그룹을 제치고 단기간에 성과를 거둔 근본적인 이유는 어떤 연구 방법론을 선택했느냐보다는 딥마인드와 학계 연구팀의 환경 차이에 기인한다고 볼 수 있다.

12

알파폴드가 불러온
구조생물학과 생명과학의 변화

알파폴드2의 놀라운 단백질 구조 예측 성능은 구조생물학뿐만 아니라 생명과학계에도 큰 충격을 가져왔다. 그러나 알파폴드2가 과학계에 미친 진정한 영향은 2021년 7월 이후에 나타나기 시작했다. 딥마인드가 알파폴드에 대한 논문을 발표하고 알파폴드의 소스 코드를 오픈 소스로 공개하여 누구나 실행할 수 있도록 한 시점이다. 소스 코드 공개 직후 전 세계의 구조생물학자와 계산생물학자들은 단백질 구조 예측을 직접 수행하고 알파폴드를 세부적인 부분까지 뜯어 보면서 성능을 확인했다.

그 결과 알파폴드는 딥마인드가 이미 공개한 것처럼 높은 정확도로 구조를 예측할 수 있었다. 또한 처음 우려했던 것과 달리 구조 예측에 엄청난 컴퓨팅 자원이 필요하지도 않았다. 즉 수백만 원 정도면 구입할 수 있는 GPU가 딸린 고사양 게이밍 PC나 엔트리급 워크스테이션 정도의 컴퓨터에서도 무리 없이 예측이 가능했다. 한마디로 사양 좋은 PC를 들여놨다고 선전하는 PC방의 하이엔드 게이밍 PC 수준이라면 문제없이 알파폴드를 돌릴 수 있었다.

얼마 지나지 않아 구글의 클라우드 환경에서 단백질 구조를 직접 예측해 볼 수 있는 플랫폼인 '코랩폴드'(ColabFold)[6] 배포판이 등장했다. 덕분에 누구나 웹 환경에서 단백질 구조를 예측할 수 있게 되었다. 오늘날 단백질 구조 예측은 스마트폰에서 웹사이트에 접속하여 아미노산 서열을 입력하면 몇 분 만에 매우 정확히 해낼 수 있다. 이렇게 알파폴드를 누구든 사용할 수 있게 되자 알파폴드를 활용한 다양한 사례가 속속 등장하기 시작했다.

실험구조생물학의 필수 도구가 된 알파폴드

가장 먼저 알파폴드의 유용성을 실감한 연구자들은 X선 결정학이나 초저온 전자현미경 등의 실험 기술을 이용하여 단백질 구조를 풀던 구조생물학자였다. 구조생물학자가 아닌 사람들은 '알파폴드2로 단백질 구조를 정확히 예측하면 실험을 통해 구조를 풀던 사람들의 할 일이 없어지지 않을까? 그런데 실험구조생물학자들도 알파폴드를 왜 긴요하게 사용할까?'라고 의아해할지도 모르겠다. 그러나 알파폴드2의 시대에도 여전히 실험을 통한 구조 검증은 필요하다. 이

6 https://colab.research.google.com/github/sokrypton/ColabFold/blob/main/
   AlphaFold2.ipynb

에 대해서는 차차 설명하겠다.

X선 결정학으로 단백질 구조를 풀 때 가장 어려운 문제는 위상 문제라고 알려진 것이다. 즉 단백질을 결정화하고 X선에 쪼여서 회절하여 얻은 신호에는 보통 파장의 진폭(amplitude) 정보는 있지만 위상에 대한 정보는 없다. 그런데 단백질 구조를 포함한 전자 밀도를 구축하려면 진폭과 위상에 대한 정보가 다 있어야 한다. 4장에서 알아본 것처럼 X선 결정학의 창시자인 막스 페르디난트 퍼루츠가 단백질 구조를 푸는 데 수십 년이 걸린 큰 이유는 당시에는 위상 정보를 얻는 방법이 없었기 때문이다. 퍼루츠는 끝내 단백질 결정에 여러 가지 중금속을 넣으면 회절 신호가 약간씩 달라지는 것을 발견하고 이를 통해 위상을 구하는 방법을 개발하여 노벨화학상을 받았다. 그 후에 여러 개선된 방법이 나왔지만 단백질 결정학에서 위상을 구하는 작업은 가장 어려운 축에 속했다. 회절 데이터는 얻었지만 위상을 구하는 데 실패하여 구조를 풀지 못하는 경우도 종종 있었다.

만약 구조를 풀려는 단백질과 구조가 유사한 단백질이 있다면 이를 이용하여 비교적 간단하게 위상을 구할 수 있다(이러한 방법을 분자 치환법molecular replacement이라고 한다). 기존의 단백질 구조 예측 프로그램은 정확도가 높지 않아서 위상 결정에는 거의 사용할 수 없었지만 알파폴드로 예측된 모델은 정확도가 충분히 높아 위상 결정에 바로 성공하곤 했다. 단백질 결정을 만들어 회절 데이터까지 얻었지만 위상 결정에 실패하여 구조를 풀지 못한 채 데이터를 몇 년째 묵히던 사람들이 알파폴드로 만든 모델로 위상을 결정하여 구조를 바로 풀었다는 사례도 보고되었다. 알파폴드가 X선 결정학에서 가장 어려운 부분이었던 위상 문제를 아주 손쉽게 극복하는 수단이 된 것이다.

최근 구조생물학의 대세가 된 초저온 전자현미경으로 단백질 복합체의 구조를 푸는 연구자들도 얼마 안 돼 알파폴드로 예측한 구조가 매우 유용하다는 점을 알게 되었다. 초저온 전자현미경으로 구조를 풀 때는 전자현미경으로 관찰된 단백질 입자 이미지로부터 단백질 윤곽을 구축하고 거기에 원자 모델을 끼워 맞춘다. 만약 단백질 입자의 윤곽이 고해상도로 나오면 정확한 모델을 그리 어렵지 않게 구축할 수 있지만, 그렇지 않으면 정확한 모델을 만드는 데 매우 많은 시간과 노력이 필요하다. 하지만 알파폴드로 단백질 복합체를 구성하는 개별 단백질의 모델을 예측하고 이를 전자현미경으로 얻은 윤곽에 끼워 맞추면 구조를 좀 더 빠르게 규명할 수 있다. 알파폴드가 공개된 지 불과 며칠 만에 몇 년 동안 풀지 못했던 X선 결정 구조를 풀었다는 단백질 결정학자, 그리고 알파폴드로 예측한 개별 단백질을 이용해 단백질 구조 모델을 빠르게 완성했다는 구조생물학자 등의 증언들이 계속 들려오면서 실험구조생물학자에게 알파폴드는 필수 도구가 되었다.

아직 실험으로 검증되지 않은 단백질 구조를 풀어내려는 사람에게도 알파폴드는 좋은 도구가 된다. 만약 알파폴드로 예측한 구조가 연구 목적에 필요한 정보를 충분히 제공한다면, 그대로 알파폴드 모델을 이용해 후속 실험(생화학, 세포생물학 등)을 진행하면 된다. 실험으로 구조를 풀려고 준비하는 경우에도 알파폴드2는 좋은 도구가 된다. 앞서 말했듯이 알파폴드에서 제공하는 예측 신뢰도는 주로 단백질이 고정된 구조나 무정형 구조를 얼마나 가지고 있는지 알려 주는 매우 좋은 지표가 된다. 단백질 결정학 실험을 위한 단백질을 제조할 때는 어차피 구조를 보기 힘들고 결정 형성을 방해하는 무정형 부분을 잘라 내곤 하는데 알파폴드로 대략적인 구조를 예측하면 어느 범위를 잘라야 할지 정확히 알 수 있다.

기존에는 엄두도 내지 못했던 세포 내 거대 복합체의 구조를 여러 가지 실험 방법을 총동원하여 밝힌 사례들도 있다. 대표적인 사례가 세포 내에서 가장 큰 단백질 복합체인 핵공 복합체(nuclear pore complex)다. 핵공 복합체는 세포 내에서 핵과 세포질 간 물질을 교환하는 톨게이트 같은 역할을 하는 구조물이다. 세포 내에 있는 단백질 구조물 중에서 가장 크며, 약 30종의 단백질 약 1,000개로 구성되어 있다. 또한 분자량은 무려 1억 2,000만에 달한다(포도당의 분자량은 180, 일반적인 단백질의 분자량은 1만~10만 정도다).

이전까지 구축된 핵공 복합체 모델은 핵공 복합체를 구성하는 30종의 단백질 중에서 구조가 정확히 알려지지 않았던 단백질을 제외한 16종으로만 이루어진 불완전한 상태였다. 막스 플랑크 생물물리학 연구소의 연구진은 세포 내 핵공 복합체의 전체적인 윤곽을 극저온 전자 단층촬영법(Cryo-ET; Cryo-electron tomography)이라는 실험 기술로 파악한 다음, 30종의 핵공 복합체 구성 단백질을 알파폴드로 예측했다. 그리고 극저온 전자 단층촬영법으로 알아낸 윤곽에 끼워 맞추어 핵공 복합체 모델을 구성했다. 거대한 퍼즐의 윤곽에 알파폴드로 예측한 부품들을 끼워 넣는 것과 비슷하다고 볼 수 있다. 이렇게 구축된 핵공 복합체의 모델은 현재까지 구축된 핵공 복합체의 모델 중 가장 정교했으며 2016년에 절반 정도의 단백질 부품만으로 조립한 모델에 비해 거의 완전한 형태였다. 알파폴드가 구축에 핵심적인 역할을 한 이 핵공 복합체 모델은 2022년 6월 《사이언스》표지에 실리기도 했다. 이렇게 알파폴드는 등장한 지 얼마 안 돼서 단백질 구조를 푸는 기본 구성 요소가 되었다.

알파폴드 단백질 구조 데이터베이스

인간 게놈 프로젝트가 완료된 지 20년이 지나고, 또 인간의 모든 단백질의 아미노산 서열이 전부 밝혀진 지도 비슷한 시간이 흘렀다. 인간이 가장 관심 있어 하는 생물은 당연히 인간이고, 따라서 그동안 인간의 단백질, 특히 질병과 의약품 개발에 관련된 단백질 구조에 대한 연구가 집중적으로 진행되었다. 그럼에도 인간 단백질 중 구조 정보가 어느 정도 알려진 것은 35% 정도에 불과했다. 가장 활발하게 연구된 인간 단백질에 대한 구조 정보가 이 정도로 불충분하다면 다른 모델 생물이나 작물, 가축, 병원균 등은 말할 것도 없을 것이다. 즉 DNA 정보로부터 바로 얻을 수 있었던 단백질 서열 정보에 비해 단백질 구조 정보가 턱없이 부족한 '생명 정보의 비대칭 현상'은 어쩔 수 없는 한계였다.

CASP14에서 알파폴드가 매우 높은 정밀도로 단백질 구조를 예측할 수 있음을 검증받은 다음, 딥마인드는 단백질 서열 정보에 비해서 구조 정보가 부족한 현상을 해결하기 위한 첫 단계를 시작했다. 바로 인간 전체 단백질체(proteome)를 대상으로 알파폴드2를 돌려 구조 예측을 시작한 것이다.

2021년 7월, 알파폴드의 논문 발표 및 소스 코드 공개와 함께 딥마인드와 유럽 생물정보학 연구소(European Bioinformatics Institute)

는 인간 및 여러 모델 생물의 모든 단백질 정보를 등록하는 알파폴드 단백질 구조 데이터베이스(Alphafold Protein Structure Database)[7]를 공개했다. 인간 단백질 중 98.5%에 대한 구조 예측이 시작되었고 그 단백질의 아미노산 중 58%에 대한 신빙성 있는 구조 예측이 이어졌다. 이 중 36%는 신뢰도가 매우 높았다. 그렇다면 나머지 42%는 어떤 경우일까? 앞서 언급했다시피 알파폴드에서 예측 신뢰도가 낮은 부분은 대체로 뚜렷한 구조가 존재하지 않는 무정형 부분이었다. 즉 인간의 전체 단백질을 대상으로 알파폴드를 돌려 본 결과, 인간 단백질의 상당 부분은 뚜렷한 구조가 없을 가능성이 높음을 다시 한번 확인하게 되었다.

이후 인간 단백질체에 그치지 않고 현재까지 많이 연구된 약 20종 생물의 모든 단백질체에 대한 구조 예측이 이루어졌다. 여러 가지 생물 유래의 중요한 단백질을 큐레이션해 둔 데이터베이스인 스위스프롯(Swissprot)에 수록된 50만 종 이상의 단백질 구조도 예측한 후 공개했다. 알파폴드에 의해 예측된 단백질 숫자는 계속 증가하여 2022년 7월에 딥마인드는 알파폴드 단백질 구조 데이터베이스에 등록된 예측 구조가 2억 개를 돌파했다고 발표했다. 이 숫자는 단백질 데이터베이스인 유니프롯(Uniprot)에 등록된 2억 3,000만 종 단백질의 86%에 해당한다.

앞서 이야기했지만 21세기 초 생물의 전체 DNA 정보가 파악되고 생물 내 단백질의 아미노산 서열이 전부 알려진 이후, 아미노산 서열의 비교를 통해 단백질의 수많은 정보를 알 수 있었다. 가령 기능

---

7 https://alphafold.ebi.ac.uk

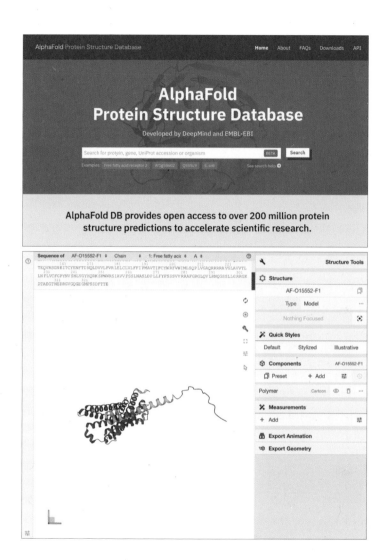

그림 12-1 **알파폴드 단백질 구조 데이터베이스**

인간을 포함한 생명체 내의 단백질 구조를 알파폴드로 예측한 데이터베이스다. 2021년
인간 및 수십 종의 모델 생물로 시작하여 2023년 기준으로 알려진 거의 모든 생물의
단백질에 해당하는 2억 개 이상의 단백질 구조가 등록되어 있다.

이 이미 알려진 단백질과 아미노산 서열을 비교하여 기능을 모르던 단백질의 역할을 유추하거나, 진화적으로 보존된 아미노산을 통해 단백질 내 핵심 역할을 하는 부분을 찾았다. 즉 현재까지 알려진 단백질 정보 상당수는 아미노산 서열 간 비교 덕분이었다(결국 알파폴드의 단백질 구조 예측도 아미노산 서열들을 비교함으로써 가능했다).

알파폴드 단백질 구조 데이터베이스에 거의 모든 생물 유래 단백질의 3차 구조 정보가 등록된 현재는 단백질 구조 비교를 통해 아직 밝혀지지 않은 단백질 특성을 파악하거나 특정한 기능을 하는 단백질을 탐색하는 연구가 활발히 진행될 것으로 보인다. 1차원 정보인 단백질의 아미노산 서열을 비교하여 단백질 특징을 파악하는 것이 그전까지 생물학자가 갖추어야 할 기본 소양이었다면, 앞으로 생물학자의 기본 소양은 단백질 3차 구조의 특징을 분석하여 알려지지 않은 단백질의 특징과 생물학적 기능을 알아내는 쪽이 될 것이다.

단백질 복합체와 알파폴드

알파폴드 단백질 구조 데이터베이스에 생물체 내 모든 단백질의 구조 정보가 등록되었다고 해도, 이것이 해당 단백질이 세포 내에서 그러한 형태로 존재한다는 의미는 아니다. 즉 알파폴드 단백질 구조 데이터베이스에 수록된 것은 개별 단백질이 홀로 존재할 때의 구조이며, 이 단백질이 다른 단백질과 어떻게 결합하는지에 대한 정보는 알파폴드 단백질 구조 데이터베이스에 존재하지 않는다.

1,000개 이상의 단백질이 결합되어 형성된 핵공 복합체와 같은

거대 단백질 복합체에서도 볼 수 있듯이, 생체 내에서 대부분의 단백질은 자신끼리 또는 다른 단백질과 결합되어 존재할 때가 더 많다. 다만 알파폴드 단백질 구조 데이터베이스에는 자동차를 분해했을 때의 부품들만 나열되어 있을 뿐, 그 부품을 조립하여 일정한 단위의 기계를 형성했을 때의 정보는 나와 있지 않다는 것에 주의해야 한다(그런 구조는 실험적인 단백질 구조를 모아 두는 PDB에서 찾아보아야 한다).

그렇다면 단백질 복합체의 구조도 알파폴드가 예측할 수 있을까? 알파폴드는 애초에 단백질 복합체 구조 예측은 전제하지 않았기 때문에 학습 모델을 구축할 때도 단백질 복합체에 대한 정보는 학습에 쓰이지 않았다. 따라서 알파폴드 공개 당시에는 알파폴드의 기능 제한 사항으로 단백질 간 상호작용을 예측하지 못한다는 것이 명시되었다.

그러나 알파폴드 공개 이후 이를 시험해 보던 연구자들은 곧 알파폴드에 단백질 간 상호작용을 어느 정도 예측하는 능력이 있음을 찾아냈다. 도쿄대학교의 단백질 연구자인 모리와키 요시타카(Moriwaki Yoshitaka)는 복합체를 형성할 것으로 기대되는 2개의 단백질 서열에 글리신으로 이루어진 링커 서열을 이어 붙여 알파폴드에 입력하면 복합체 구조가 예측된다는 것을 알아낸 다음, 이를 (학술지가 아닌) 트위터(현 X)에 처음 보고했다. 즉 상호작용을 예측하려는 2개의 단백질을 하나의 단백질 서열인 것처럼 알파폴드에 입력하면 높은 확률로 복합체 구조가 성공적으로 예측되었다. 또한 이 과정은 서로 다른 단백질 간의 복합체뿐만 아니라 단 한 종류의 단백질이 여러 개의 복합체를 형성하는 단백질의 4차 구조에서도 동일하게 작용했다.

이것은 알파폴드가 구조를 결정하는 정보를 얻는 방식에 기인한다. 앞서 알아본 대로 알파폴드는 단백질이 진화해 온 정보 속에서 구조를 형성하는 아미노산 간 상호작용을 유추한다. 단백질 내 아미노산의 상호작용은 같은 단백질 가닥 내의 아미노산에서도 일어나지만, 결합해 있는 다른 단백질의 아미노산끼리도 일어난다. 어떤 단백질들이 결합을 형성하고 그 상호작용이 여러 생물에서 보존되어 왔다면, 이 결합의 매개체가 되는 단백질 간 아미노산의 상호작용 역시 단백질이 진화해 온 흔적에서 찾을 수 있을 것이다. 따라서 서로 결합하는 2개의 단백질을 하나의 단백질처럼 이어 붙이면, 그 안에서 상호작용하는 아미노산을 진화 정보로부터 찾아내 구조를 예측할 수 있다.

이렇게 딥마인드가 아닌 외부 연구자들에 의해 알파폴드의 단백질 간 상호작용 예측 능력이 알려진 이후, 딥마인드에서는 알파폴드의 학습 과정을 개선하여 단백질 복합체에 대한 학습을 추가했다. 그리고 좀 더 높은 정확도로 단백질 간 상호작용을 예측할 수 있는 알파폴드의 개선판인 '알파폴드-멀티머'(Alphafold Multimer)를 발표했다.

또한 알파폴드의 단백질 복합체 예측 능력을 이용하여 생물의 단백질체 수준에서의 상호작용을 예측하는 연구도 진행되었다. 워싱턴대학교의 데이비드 베이커 연구팀은 알파폴드와 자신들이 개발한 구조 예측 시스템인 로제타폴드(RoseTTaFold)를 이용하여 빵효모(*Saccharomyces cerevisiae*)의 약 6,000개 단백질의 상호작용을 분석하고 복합체 구조를 예측했다. 연구 결과 단백질 결합 방식이 알려지지 않았던 806개 복합체의 구조를 예측했고, 단백질들끼리 결합하는지도 밝혀지지 않았던 새로운 단백질 복합체 106종을 발견했다. 단백질 간 결합 방식을 예측하는 도구로써 알파폴드를 사용할 수 있는 것이다.

이처럼 알파폴드가 수많은 생명과학 연구에 엄청난 영향을 끼치는 것을 넘어서, 알파폴드의 개선에 연구자들이 적극적으로 참여하고 있다. 딥마인드가 알파폴드의 소스 코드와 데이터를 모두 공개한 덕분에 외부 과학자들이 알파폴드의 미흡한 부분에 대해 개선책을 내놓는 것이다. 대표적인 예가 막스 플랑크 연구소, 하버드대학교, 서울대학교 연구자들이 협력하여 딥마인드 버전의 알파폴드를 개선한 코랩폴드다. 딥마인드 버전의 알파폴드는 설치 과정이 복잡하고 데이터베이스 검색에 시간이 꽤 걸렸지만, 코랩폴드에서는 서열 검색 속도를 높여서 다중서열정렬을 빠르게 만들고 구글 클라우드 환경에서 웹 인터페이스로 알파폴드의 구조 예측을 사용할 수 있다. 특히 앞에서 언급한 것처럼 딥마인드가 미처 생각하지 못하던 알파폴드의 복합체 예측 능력도 트위터 등의 소셜 미디어를 통해 정보를 교환하며 탄생했다. 이처럼 알파폴드는 단백질 연구 분야의 혁신을 가져왔을 뿐만 아니라, 과학자의 연구 수행 방식에도 새로운 방향을 제시해 주고 있다.

알파폴드가 아직 잘하지 못하는 것들

그렇다면 알파폴드의 예측은 모든 면에서 완벽할까? 이 세상에 완벽한 것은 없듯이 알파폴드의 구조 예측 역시 마찬가지다. 그러나 알파폴드의 구조 예측의 한계는 대체로 알파폴드에 국한된 게 아니라 기존에 풀린 단백질 구조를 근거로 하여 학습된 인공지능 기반의 모든 구조 예측 방법론이 공유하는 한계이기도 하다. 알파폴드의 각각의 한계에 대해 하나씩 살펴보도록 하자.

1. **단백질은 여러 가지 구조를 가질 수 있으나 예측은 이를 잘 반영하지 못한다**: 상당수의 단백질은 하나의 구조를 계속 유지하기보다는 때에 따라 다양한 형태로 변화한다. 가령 헤모글로빈은 산소와 결합했을 때와 그러지 않을 때 구조가 서로 다른데, 알파폴드로 예측하면 산소 결합 형태나 산소 비결합 형태가 아닌 중간 형태로 나온다. 또한 많은 단백질은 활성화 또는 비활성화에 따라 구조가 달라지고 그에 따라 단백질의 생물학적 기능에 큰 영향을 주는데, 알파폴드를 비롯한 인공지능 구조 예측은 이러한 구조의 변화나 단백질이 가질 수 있는 여러 형태를 감안하지 못한다.

2. **단백질은 생체 내에서 다양한 물질과 상호작용하나 알파폴드의 예측은 단백질 한정이다**: 단백질은 생체 내에서 DNA, RNA, 당, 지질, 여러 가지 소분자 물질, 금속이온 등 다양한 물질과 상호작용하고 있다. 그러나 현재 알파폴드의 예측 능력은 단백질에 한정되어 있고, 단백질과 상호작용하는 물질의 결합 방식은 예측하지 못한다. 가령 약물의 표적이 되는 단백질의 구조는 예측할 수 있지만, 약물이 단백질과 어떻게 결합하는지는 알파폴드가 아닌 다른 소프트웨어에 의존해야 한다. 하지만 그러한 소프트웨어는 아직 알파폴드 수준으로 단백질을 정밀하게 예측하지 못한다.

3. **단백질의 진화 정보가 부족하면 예측 정밀도가 떨어지거나 아예 예측하지 못한다**: 알파폴드의 구조 예측은 단백질의 진화 정보에 의존하기 때문에 만약 자연계에 유사 단백질 종류가 극히 적은 단백질이라면 그렇지 않은 단백질에 비해 정밀도가 떨어질 수 있다. 단백질 복합체 또한 예측에 단백질의 진화 정보를 사용하므로 결합하는 단백질 쌍의 진화 정보가 충분하지 못하면 정밀도가 낮아진다.

4. **단백질 복합체의 예측 정밀도는 단일 단백질에 비해서 떨어진다**: 알파폴드가 개선되면서 단백질 복합체의 구조를 상당히 정확하게 예측할 수 있게 되었지만, 단일 단백질의 구조 예측만큼 정확하지는 않다. 여기에는 여러 요인이 있는데, 일단 단백질 복합체에 대한 구조 정보가 단일 단백질만큼 많지 않고, 단백질 복합체의 형성은 여러 가지 조건에 따라 달라지기 때문에 이를 정확하게 예측하기 어렵다. 또한 일부 단백질 복합체는 단백질 내 아미노산에 변형(인산화 등)이 일어나는 등 특정한 조건에서만 형성되므로 이를 정확하게 예측하기는 쉽지 않다.

5. **항원-항체 복합체의 예측은 어렵다**: 몸속 면역계에서는 항원이 들어올 때마다 항체의 아미노산 서열에 변화를 일으켜서 그 항체가 특정한 항원을 인식하도록 '실시간 진화'가 일어난다. 따라서 항원에 특이적인 항체는 고유한 서열을 가지게 된다. 그러나 이렇게 면역계에서 일어나는 '실시간 진화' 정보는 얻기 어렵고, 따라서 현재의 알파폴드는 항원-항체 복합체를 예측하지 못한다. 지금보다 더 많은 항원-항체 복합체의 구조가 실험적으로 규명된다면 미래에는 항원-항체 복합체의 구조 예측이 좀 더 정확

해질 수 있다.

6. **돌연변이에 따른 단백질 구조 변화는 거의 예측하지 못한다:** 인간 유전병 중에는 단백질 내 아미노산 하나가 변하면서 단백질 기능의 손상으로 유발되는 것이 많다. 그러나 알파폴드는 이렇듯 아미노산의 미세한 변화로 인한 차이를 잘 예측하지 못한다. 실제로 많은 연구자가 유전병을 유발하는 단백질의 돌연변이가 구조에 미치는 영향을 알파폴드를 통해 예측하고자 했으나 성공적이지 못했다. 즉 알파폴드는 단백질의 개별적 차이에서 발생하는 단백질의 물리학적·생화학적 성질 변화를 예측하는 데는 효율적이지 않다.

알파폴드에 의한 구조 예측은 기존에는 쉽게 얻을 수 없었던 수많은 단백질 구조 정보를 제공해 주었지만, 앞서 말했듯이 구조를 아는 것은 단백질 기능을 파악하는 첫걸음일 뿐이다. 기계를 분해하여 부품들의 정밀한 3차원 모델을 얻더라도 그것만으로 기계의 작동 방식을 완벽히 이해하기 어려우며 때에 따라 부품의 일부를 바꿔 가며 시험해 봐야 하듯, 단백질이라는 '생체 기계'의 기능을 파악하려 단백질 구조로부터 시작하여 여러 가지 추가 실험이 필요하다.

이는 실험적인 방법으로 단백질 구조를 얻을 때도 마찬가지다. 단백질 구조 연구가 처음 시작되던 1960~1970년대라면 모르지만, 지금은 구조생물학 논문을 발표하려면 단백질 구조는 시발점일 뿐이고 그것을 기반으로 여러 가지 실험을 수행해서 단백질 기능까지 밝혀내야 한다. 다시 말해 알파폴드에 의한 구조 예측이 실험적인 구조 예측을 어느 정도 대치하게 되더라도 일단 단백질 구조를 실험적인 방법으로 검증해야 하며, 그 구조를 통해 단백질의 기능과 더 나아가 세포 및 생물 내에서의 단백질 역할을 설명할 수 있는 증거들이 덧붙여져야만 연구를 마무리할 수 있다.

알파폴드를 이용한 소분자 신약개발의 한계

알파폴드가 등장한 이후 일부 대중 매체를 중심으로 '알파폴드가 신약개발의 게임체인저가 된다'는 식의 기사가 많이 등장했다. 오랫동안 세기의 난제로 남아 있던 단백질 구조 예측 문제를 인공지능의 힘으로 하루아침에 해결했으니 신약개발 역시 이에 비견할 정도로 빨라질 것이라는 전망이었다. 과연 그럴까?

6장에서 언급했듯이 신약개발은 다단계의 조건을 최적화해야 하며, 특정한 표적 단백질의 구조는 신약개발에 필요한 여러 가지 정보 중에 하나(있으면 유용하지만 없다고 해서 신약개발이 아예 불가능하지 않은)일 뿐이다. 그리고 상당수의 질병 관련 단백질은 가장 먼저 실험으로 구조를 밝혀내야 할 대상으로 여겨졌기 때문에 이미 구조가 규명된 상태다. 더욱 큰 문제는 알파폴드 등의 구조 예측 프로그램이 현재 가지고 있는 한계인데, 이것이 신약개발에는 큰 제약으로 작용할 소지가 많다. 이에 대해서 좀 더 자세히 알아보자.

알파폴드의 한계로 지적되는 것 중 하나가 앞서 이야기한 대로 복수의 구조를 형성할 수 있는 단백질도 하나의 구조로만 예측한다는 것이다. 이것이 신약개발에서 중요한 이유는 많은 약물이 단백질의 특정 상태에만 결합하여 약효를 보이기 때문이다. 가령 백혈병 치료제로 유명한 글리벡은 표적 단백질이 작동하지 않는 비활성화 상태일 때만 결합하지만 흑색종 치료제인 젤보라프(Zelboraf)는 표적 단백질이 활성화 상태일 때 결합한다. 이렇게 약물의 단백질 결합 능력은 단백질이 가질 수 있는 다양한 상태에 크게 의존한다. 알파폴드 같은 구조 예측 프로그램이 단백질 구조를 예측할 때 한 가지 구조만 내놓는다면 이러한 구조로 약물 가상 스크리닝을 수행할 때 성공률이 줄어들 것이다.

물론 예측하고 싶은 다른 형태의 구조 정보를 추가로 넣어 주거나 다중서열정렬을 만들 때 쓰이는 서열을 줄이면 알파폴드로도 다양한 형태의 구조를 만들 수 있다는 연구가 나오기도 했다. 실제로 이렇게 알파폴드를 '해킹'하여 중요한 약물 표적 단백질인 GPCR의 활성화 상태와 비활성화 상태의 구조를 예측했다는 보고도 있다. 그러나 단백질이 가질 수 있는 다양한 형태를 정확히 예측하는 수준으로 발전하기에는 아직 시간이 필요하다.

한편 약물과 결합했을 때의 단백질 구조의 미세한 변화를 분자 도킹으로 알아볼 수 있느냐도 매우 중요하다. 즉 이미 유사한 약물이 결합해 있는 단백질이라면 그 약물을 제거하고 새로운 약물을 결합한 후 분자 도킹 소프트웨어를 이용해 약물과의 결합 가능성을 확인할 수 있다. 반면 약물이 결합되지 않은 상태로 예측된 알파폴드의 예측 구조나 실험 구조에서는 약물 결합 자리가 미세하게 달라져서 실제로 약물이 잘 결합하지 못하는 경우가 많이 발생한다.

이렇게 약물이 붙어 있는 상태와 그러지 않은 상태에서 크게 달라지는 단백질 구조 때문에 큰 영향을 받았던 대표적인 신약개발 사례가 암유전자인 K-Ras다. 앞서 소개한 바 있는 K-Ras는 가장 먼저 발견된 암유전자로써 암세포의 세포 이상 증식에 핵심 역할을 한다. 그러나 1990년경 밝혀진 K-Ras 단백질의 구조에는 약물이 붙을 만한 움푹 패인 부분(포켓)이 존재하지 않았다. 이로 인해 오랫동안 K-Ras는 소분자 약물을 개발하기에는 불가능하다고 여겨졌다. 그러나 2013년 케번 쇼캇 연구팀이 K-Ras의 시스테인 아미노산에 화학적으로 결합하는 화학물질을 찾았고, 화학물질과 결합한 K-Ras 단백질에는 화학물질이 결합하지 않은 단백질에는 없던 포켓이 생겨나 있었다. 즉 약물과 단백질의 결합으로 기존에는 눈에 띄지 않던 결합 자리(cryptic binding site)가 생긴 것이다. 그러나 알파폴드의 구조 예측은 화학물질이 붙어서 생기는 단백질 구조 변화를 예측하지 못하기 때문에 설령 그 당시에 알파폴드가 있었더라도 더 빨리 발견하기는 어려웠을 것이다. 어쨌든 이러한 발견에 기반하여 2022년 미국의 바이오텍 회사인 암젠은 K-Ras를 대상으로 한 최초의 표적 치료제인 루마크라스를 시판했다.

실제로 알파폴드로 예측된 단백질 구조가 화합물 결합을 예측하는 데 최적이 아니라는 연구 결과도 나왔다. 분자 도킹 및 구조 기반 신약용 분석 소프트웨어 회사인 슈뢰딩거(Schrödinger)는 자사의 분자 도킹 소프트웨어를 통해 알파폴드로 예측한 단백질 구조나 실험으로 결정된 단백질 구조가 화합물과 결합된 부분을 얼마나 제대로 찾는지 시험했다. 시험 결과 알파폴드로 예측한 단백질 구조를 가상 스크리닝에 사용했을 때 화합물이 붙어 있지 않은 실험으로 결정된 단백질 구조와 정확도가 비슷했다. 반면 화합물이 붙어 있는 상태에서는 실험으로 결정된 단백질 구조가 알파폴드로 예측한 구조보다 정확도가 훨씬 높았다. 즉 약물이 붙었을 때 단백질 구조가 미세하게 달라지는 현상 때문에 (구조 정보가 아예 없는 것보다는 나을 테지만) 알파폴드로 예측한 구조는 실험으로 규명한 단백질-화합물 복합체 구조만큼 가상 스크리닝에 유용하지 않을 수 있다.

거듭 강조하지만 이는 알파폴드만의 한계라기보다 단백질과 화합물의 결합을 예측하는 분자 도킹 소프트웨어의 한계일 수 있다. 대부분의 분자 도킹 소프트웨어는 단백질 구조가 고정된 상태에서 화합물이 어떤 모양과 어느 수준으로 단백질에 결합하는지 예측한다. 하지만 정확도는 아직도 상당한 개선이 필요하다. 알파폴드 등장 이전의 단백질 구조 예측 방법이 전체적인 모양은 대략 예측하지만 실험으로 결정된 구조와는 차이가 컸던 것과 비슷한 상황이라고보면 된다. 단백질 구조 예측부터 신약개발까지 대부분의 과정을 컴퓨터로 실험 없이 진행할 수준이 되려면 단백질 구조 예측 이외에도 다른 예측 방법에 '알파폴드급 혁신'이 일어나야 한다.

딥마인드의 창립자인 데미스 허사비스는 2021년 11월 알파벳의 새로운 자회사로 알파폴드 등의 인공지능 기반 기술을 이용해 신약을 개발하는 아이소모픽 랩스(Isomorphic labs)를 설립했다. 아직까지는 어떤 표적을 대상으로 어떤 방법론을 통해 신약을 개발할지 구체적으로 알려지지 않았다. 그러나 채용하는 인력을 보면 신약개발에 어떤 방식으로 접근하려는지 엿볼 수 있는데, 우선 CSO(최고지속가능성책임자)로 선임된 사람은 오랜 경력의 의약화학자이자 최근까지 GPCR 구조 기반의 신약개발을 수행한 인물이다. 이외에 의약화학자, 계산화학자, 기계학습 엔지니어 등을 여럿 채용했으며, 분자동역학 분야의 연구자 역시 채용하고 있다. 이러한 움직임을 볼 때 적어도 아이소모픽 랩스는 알파폴드와 같은 인공지능 기반의 방법론을 적극적으로 활용해 소분자 물질 신약을 개발할 것으로 보인다. 물론 연구 성과가 언제 나올지는 현재로서는 알 수 없다.

정리하자면 알파폴드의 단백질 구조 예측은 분명 신약개발에 도움이 되는 중요한 정보이지만, 표적 단백질 구조를 아는 것은 신약개발 과정의 시작일 뿐이며, 실제로 신약을 개발하기 위해서는 넘어야 할 산이 무수히 많다. 물론 이러한 과정에서 인공지능 기술이 핵심적인 역할을 할 것으로 생각되지만 아직 언제 일어날지 모를 미래의 일이다. 김칫국은 밥을 뜸 들일 때나 밥이 다 되어 밥상을 차릴 때쯤 찾아도 늦지 않다. 지금은 인공지능이라는 좋은 기술을 활용하여 어떻게 맛있는 밥상을 차릴지 고민할 때다.

단백질 신약에서의 알파폴드 활용

지금까지 이야기한 것은 주로 소분자 화합물을 이용한 합성신약개발에서 알파폴드가 미칠 영향이었다. 그렇다면 요즘 대두되고 있는 항체의약품을 비롯한 단백질 신약에서 알파폴드는 어떤 역할을 할 수 있을까?

단백질 신약의 대부분을 차지하고 있는 항체는 항원을 인식하는 부분 외에는 구조가 거의 모두 동일해서 구조 예측이 쉬웠다. 즉 알파폴드 이전의 상동 모델링으로도 정확한 예측이 가능했다. 문제는 항원을 인식하는 부분인 CDR(Complementary-Determining Region, 상보성 결정 부위)인데, 이 부분 역시 알파폴드는 꽤 괜찮게 예측해냈다. 다만 CDR 중에서 가장 길며 항원-항체 인식에 가장 중요한 역할을 하는 HCDR3에 대해서는 예측 정확도가 다른 곳에 비해 많이 떨어진다.

그러나 항체의약품 개발자에게 가장 중요한 정보는 항체 자체의 구조보다는 항체가 항원을 어떻게 인식하는지에 대한 정보다. 가령 코로나바이러스를 인식하여 침투를 억제하는 항체가 코로나바이러스의 스파이크 단백질에 어떻게 결합하는지 안다면, 코로나바이러스에 발생한 돌연변이가 특정한 항체 의약품의 약효에 영향을 주는지 알 수 있다. 그리고 항체와 항원의 결합력을 높이는 등 항체 엔지니어링을 할 때도 항체-항원 인식의 정보는 중요하다.

알다시피 알파폴드는 단백질의 구조나 단백질 간 상호작용을 예측할 때 단백질의 진화 정보를 이용한다. 그러나 면역계에서 항원이 들어올 때마다 항체에서 아미노산 서열이 새로 만들어지기 때문에 항체로는 진화 정보를 얻을 수 없다. 또한 같은 항원을 인식하는 항체라고 하더라도 개별 항체마다 인식 방식이 다르다. 따라서 항원-항체 결합은 알파폴드와 같은 구조 예측 방법으로 쉽게 해결할 수 없으며, 알파폴드를 응용하여 단백질 복합체를 예측하는 성능이 매우 좋아진 2022년의 CASP15에서도 항체와 항원 간의 인식에서는 좋은 결과가 나오지 못했다.

그렇다면 단백질 의약품 개발에서 알파폴드와 같은 구조 예측은 큰 역할을 하지 못할까? 알파폴드는 적어도 항체 의약품 개발에서 가장 중요한 항체-항원 복합체 예측에는 큰 역할을 하지 하므로 현재로서는 그렇다고 할 수 있다. 그러나 한 가지 흥미로운 것은 알파폴드 등의 구조 예측 기능이 인공지능 기술로 급격히 발달함에 따라 구조 예측과 연관된 다른 분야가 발달하고 있다는 것이다. 이러한 분야들은 빠른 시일에 단백질 의약품 개발의 게임체인저가 될 수도 있다.

현행의 단백질 구조 예측의 한계를
극복하기 위한 노력

지금까지 현재 단백질 구조 예측의 현실적인 한계를 알아보았다. 이러한 한계는 특히 알파폴드를 신약개발 등의 실용적인 목적으로 사용할 때 큰 제약이 되며, 이에 대해서는 단백질 구조 예측 연구를 하는 사람들이 누구보다 더 잘 알고 있다. 따라서 최근의 단백질 구조 예측 연구는 이러한 한계를 극복하려는 데 집중되고 있으며, 이미 몇 가지 가시적인 성과가 나타나고 있다.

알파폴드가 예측할 수 있는 구조가 단백질에 국한되며 단백질과 상호작용하는 여러 가지 생체 분자들의 구조를 예측할 수 없다는 한계 또한 최근 극복될 조짐이 보이고 있다. 2023년 10월 워싱턴대학교의 베이커 연구팀은 로제타폴드-AA(RoseTTAFold All-Atom)라는 새로운 단백질 모델링 및 디자인용 인공지능 모델을 발표했다. 기존의 알파폴드나 로제타폴드는 단백질만 모델링할 수 있었다. 이에 비해 로제타폴드-AA는 데이터베이스에 존재하는 단백질과 DNA/RNA, 단백질과 소분자물질 등 다양한 생체 복합체 정보를 학습하여 단백질 및 기타 생체 관련 분자 간의 복합체 모델을 모델링할 수 있다.

한편 2023년 11월 딥마인드는 신약개발에 특화하여 설립된 자회사인 아이소모픽 랩스와 협력하여 개발 중인 알파폴드 최신 버전의 성능을 공개했다. 알파폴드 최신 버전에서도 소분자물질, DNA/RNA 등의 생체물질과 단백질의 복합체 구조를 정확히 예측할 수 있을뿐더러 기존 방법보다 단백질-소분자 물질 결합을 좀 더 정확히 예측할 수 있었다. 또한 약점으로 지적되던 단백질 복합체의 예측 정확도도 올라갔으며, 기존 알파폴드 기반의 예측 방법에서는 거의 불가능했던 항원-항체 복합체 또한 어느 정도 정확히 예측할 수 있게 되었다.

물론 최신 버전의 알파폴드가 아직 공개되지 않았고, 개발 역시 완전히 끝난 상태가 아니므로 이의 성능이 과연 신약개발의 한계를 극복할 수준일지는 좀 더 기다려 봐야 한다. 그러나 알파폴드나 로제타폴드 등이 좀 더 개선된다면, 신약개발 과정에 이러한 단백질 구조 예측 기반 기술이 좀 더 본격적으로 활용될 수 있을 것으로 생각된다. 당연히 이 경우에도 신약개발이라는 복잡한 과정에서 후보물질 발굴은 첫 단계에 불과하며, 신약개발의 전체 과정에서 이와 관계없이 병목 같은 지점은 분명 존재할 것이다. 따라서 이러한 기술 발전으로 신약개발이 얼마나 혁신될지는 시간을 두고 지켜볼 필요가 있다.

또 다른 알파폴드의 한계는 단백질이 가질 수 있는 다양한 형태의 구조를 잘 예측하지 못한다는 것이다. 그러나 이러한 한계 역시 다양한 방법론으로 극복되고 있다. 한 가지 시도는 의도적으로 서열을 줄여 다중서열정렬을 만들고 이를 통해 진화 정보를 제한하는 것이다. 알파폴드 등에서 구조 예측의 기본 자료로 사용되는 진화 정보의 양이 적어지면 단백질은 하나의 구조로 수렴하기보다는 조금씩 변형된 형태로 예측된다. 즉 단백질 서열로 생길 수 있는 다양한 구조 중에 어떤 형태를 가지는 것이므로 구조 예측의 자유도가 좀 더 올라간다. 연구자들은 이러한 방법론을 이용하여 활성화 상태와 비활성화 상태에서 구조가 달라지는 대표적인 단백질인 GPCR의 구조를 정확히 예측하기도 했다.

결론적으로 현행의 단백질 구조 예측 방법들은 구조생물학, 나아가서 생물학 연구를 바꾸는 혁신적인 계기를 제공했지만, 이러한 발전이 신약개발로 이어지려면 앞으로도 많은 노력이 필요하다.

13

인공지능에 의한
단백질 디자인

최근 들어 단백질 구조 예측의 발전은 단백질 구조 예측과 불가분의 관계에 있는 다른 분야의 발전 역시 끌어냈다. 바로 단백질 디자인 (Protein Design)이다. 그렇다면 단백질 디자인이란 무엇일까?

앞서 설명했듯이 단백질 구조 예측은 주어진 아미노산 서열로부터 단백질의 3차 구조를 찾는 것이고, 이를 위해 이전에는 물리화학적 계산법을 사용하다가 최근에는 알파폴드와 같은 인공지능 기반 네트워크를 도입하여 탁월한 성과를 올리고 있다.

단백질 디자인은 단백질 구조 예측의 '역함수'라고 생각하면 된다. 즉 이미 정해진 단백질의 3차 구조를 형성할 수 있는 아미노산 서열을 찾는 문제다. 여기서 대상으로 하는 단백질은 자연계에 발견되는 단백질일 수도 있고, 자연계에서는 아직 발견되지 않았지만 단백질의 접힘 원리를 따르는 임의적인 모양의 단백질일 수도 있다. 대부

단백질 구조 예측

주어진 아미노산 서열로부터 단백질의 3차 구조를 예측

딥러닝 네트워크

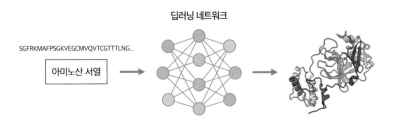

SGFRKMAFPSGKVEGCMVQVTCGTTTLNG...

아미노산 서열

단백질 디자인

주어진 단백질의 3차 구조를 형성할 수 있는 아미노산 서열을 생성

딥러닝 네트워크

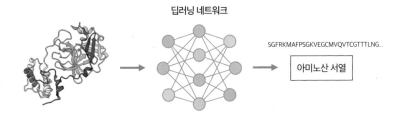

SGFRKMAFPSGKVEGCMVQVTCGTTTLNG...

아미노산 서열

그림 13-1 단백질 구조 예측과 단백질 디자인 비교

단백질 디자인은 단백질 구조 예측의 역함수에 해당한다. 즉 단백질 구조 예측이 아미노 산 서열로부터 단백질의 3차 구조를 찾은 함수라면 단백질 디자인은 이미 정해진 단백질 3차 구조를 형성할 수 있는 아미노산을 찾는 함수다. 단백질 디자인을 인버스 폴딩(inverse folding), 즉 단백질 접힘(folding)의 역방향이라고 부르기도 한다.

분의 과학 기술과 마찬가지로, 단백질 디자인은 처음에는 '이게 가능할까?'라는 호기심의 차원에서 연구되었지만 오늘날은 자연계에서 발견되는 단백질에 새로운 특성을 부여하거나, 자연계에는 없는 아예 새로운 기능을 하는 단백질을 만드는 실용적인 목적으로 접근되고 있다. 그렇다면 단백질 디자인 연구가 어떻게 시작되었는지부터 살펴보도록 하자.

단백질 디자인 연구의 기원

최근에 시작된 연구라고 생각할지도 모르지만, 단백질 디자인 연구는 의외로 역사가 깊다. 단백질이 아미노산들이 펩타이드 결합으로 이루어진 중합체임이 알려진 20세기 초부터 사람들은 단백질을 화학적으로 만들 수 있는지 알고 싶어 했다.

단백질 디자인 연구의 기원은 1장에서 소개한 에밀 피셔의 연구까지 거슬러 올라간다. 피셔는 자신이 발견한 화학 합성법, 즉 아미노산을 서로 연결하는 화학 반응으로 아미노산을 여러 개 연결하는데 성공했다. 또한 단백질이 아미노산으로 연결된 중합체임을 증명하는 것에서 더 나아가, 생물학적 활성이 있는 단백질을 화학 합성으로 만들 수 있다고 생각했지만 여기에는 실패했다. 단백질의 기능을 결정하는 구조가 아미노산 서열로 정해진다는 것을 모르는 상황에서 무작정 아미노산만 여러 개 연결하면 효소 활성이 나올 것이라 기대했기 때문이다. 그러나 이후 단백질의 기능이 어떻게 형성되는지에 대한 지식이 축적되면서 그에 따라 기능을 가진 단백질을 만드는 방법이 서서히 등장하기 시작했다.

1960년대 이후 여러 가지 단백질의 3차 구조가 풀리고 그것이 아미노산 서열로 결정된다는 것이 밝혀진 이후, 많은 사람이 단백질 3차 구조의 형성 방식에 관심을 갖게 되었다. 하지만 이를 계산적으로 예측하는 게 매우 어렵다는 것을 알게 되자 전략을 바꾸어 이미 알려진 단백질의 3차 구조에 맞도록 아미노산을 배열하는 방법을 찾게 되었다. 이로써 사람들은 단백질 3차 구조의 형성 원리에 대한 힌트를 찾을 수 있을 것이라고 기대했다.

여기서 크게 2가지의 연구가 파생되었다. 하나는 이미 알려진 단백질의 3차 구조에서 아미노산을 바꿔서 여전히 3차 구조를 형성할 수 있는지를 보는 것이고, 또 다른 하나는 알파 나선과 같이 간단한 구성 요소를 조합하여 자연계에 없는 새로운 단백질 구조를 만드는 것이다. 전자는 오늘날 '고정 골격 단백질 디자인'(fixed backbone protein design)이라고 불리는 단백질 디자인 연구이고, 후자는 '드 노보 디자인'(De novo design)이라는 단백질 디자인 연구가 되었다.

드노보 디자인은 1970년대 말에 처음 시도되었다. 1970년대에 들어 화학 합성 기술로 수십 개의 아미노산을 특정한 아미노산 서열대로 합성하여 중합시킨 중합체를 만들 수 있게 되자 이를 이용해 일정한 구조의 단백질을 만들어 보려고 한 것이다. 1979년 막스 플랑크 연구소의 베른트 구테(Bernd Gutte)는 RNA와 결합하는 성질을 가지는 약 34개의 아미노산으로 구성된 단백질을 만들어 보려고 시도했다. 그는 2개의 베타 시트와 하나의 알파 나선으로 된 단백질을 디자인하고, 베타 시트에 있는 2개의 글루타민과 트레오닌이 RNA의 염기 CCA에 결합하고, 알파 나선에 있는 라이신과 히스티딘이

핵산의 인산기에 결합하는 단백질을 구상했다. 그렇다면 2차 구조를 형성하는 아미노산을 어떻게 지정했을까? 그는 당시 결정된 몇 개 안 되는 단백질 구조에서 알파 나선과 베타 시트의 아미노산 주요 분포를 고려해 아미노산을 배치했다. 이렇게 디자인된 서열로 합성된 단백질은 예상대로 RNA에 결합하는 성질이 있었으나 결정화에 실패하면서 디자인대로 구조가 만들어졌는지 검증하지는 못했다. 오늘날에는 알파폴드를 이용해 과연 그의 디자인대로 구조가 형성되었는지 예측해 볼 수 있다. 실제로 알파폴드로 예측한 결과 그의 단백질은 그가 기대했던 것과 구조가 흡사했다.

1988년, 제약사 듀폰(Du pont)의 연구자였던 윌리엄 디그라도(William Degrado)는 루프로 이어진 4개의 알파 나선이 서로 뭉쳐 있는 형태의 단백질을 디자인했다. 실험적으로 구조가 풀린 알파 나선이 서로 붙어 있는 형태에 힌트를 얻어 그는 알파 나선의 한쪽에는 물과 친한 아미노산을 배치하고, 다른 쪽에는 류신과 같이 물과 친하지 않은 아미노산을 배치했다. 이러한 방식으로 알파 나선의 두 부분이 서로 결합하며 형태를 형성하게 디자인한 것이다. 합성 유전자로 디자인된 이 단백질은 대장균에 도입되었고, 정제된 단백질로써 안정된 접힘 형태를 형성했다. 디자인한 의도대로 단백질 구조가 잘 형성되었는지 확인한 것은 1999년으로, 디그라도 연구팀은 3개의 알파 나선이 서로 뭉쳐진 단백질을 디자인해서 이것이 의도한 대로 구조를 형성한다는 것을 보였다.

그러나 이 당시의 단백질 디자인은 알파 나선 등의 자연계에서 발견되는 것과 유사한 형태의 간단한 단백질을 디자인하는 데 그쳤고, 단백질 서열을 디자인하는 방식 역시 기존에 알려진 단백질 구조에서 아미노산 조성을 참조한 비교적 단순한 방법이었다. 따라서 조금 더 복잡한 단백질을 디자인하려면 개선된 방법이 있어야만 했다.

로제타를 이용한 단백질 디자인

단백질 구조 예측과 단백질 디자인이 연계되는 경우가 많은데, 이 둘은 결국 같은 문제를 어떤 방향으로 푸느냐에 관련되어 있기 때문이다. 단백질 디자인 역시 단백질 구조 예측 방법의 발전과 함께 성장했다.

우리는 이미 11장에서 로제타라는 단백질 구조 예측 방법에 대해 알아본 바 있다. 로제타를 이용한 단백질 디자인 역시 단백질 구조 예측과 거의 비슷하다. 우선 실험적으로 알려진 단백질 구조를 3개 또는 9개 아미노산 단위로 자른 '단백질 조각 구조 라이브러리'를 만들고, 예측할 단백질 서열 또한 아미노산 조각으로 자르고 나서 서열과 비슷한 구조 조각을 찾아 이를 연결한다. 그리고 단백질 구조 조각을 조립하여 다양한 단백질 구조를 얻은 후, 디자인하려는 형태를 선택한다. 이렇게 얻은 구조에서 아미노산의 종류와 곁사슬 방향을 이리저리 바꿔 가면서 에너지가 가장 낮은 아미노산 서열을 골라내는 것이다. 물론 매우 다양한 조합을 시험해야 하므로 상당한 연산력이 소요된다.

로제타를 개발한 베이커 연구팀은 2003년 이 방법론을 채택해 자연계에서는 그때까지 발견되지 않던 'Top7'이라는 단백질을 디자인했는데, 5개의 베타 시트와 2개의 알파 나선을 가진 형태다. 이 단백질은 대장균에서 발현 및 결정화되어 X선 결정학으로 구조가 밝혀졌으며 원래 디자인된 구조와 매우 유사했다. 단백질 디자인이라는 방법론으로 자연계에 존재하지 않던 새로운 접힘 구조의 단백질을 디자인할 수 있음을 증명한 첫 사례였다. 물론 자연계에서 발견되지 않는 접힘 구조라고 해도 단백질의 구성 원리를 충실히 따른다.

이후 베이커 연구팀을 선두로 하여 많은 연구팀이 다양한 인공 단백질을 디자인했고, 이 중에는 자연계에 존재하는 것과 흡사한 구조도 있었으나, 자연계에서 볼 수 없는 새로운 모양의 것들도 있었다. 단백질 디자인 연구의 시작이 '인공적으로 안정적인 3차 구조를 형성하는 단백질의 서열을 찾을 수 있을까?' 같은 의문이었다면, 그것이 가능하다고 알려진 이후에는 이렇게 만든 인공 단백질을 유용한 목적으로 사용할 수 있지 않을까 하는 연구가 진행되었다.

가령 바이러스의 단백질에 결합하여 바이러스 감염을 억제하는 단백질을 디자인한다면 바이러스에 감염된 이후 형성된 중화항체의 바이러스 감염 억제와 비슷한 효과를 낼 것이다. 2011년 베이커 연구팀은 인플루엔자 바이러스의 표면에 있는 단백질인 헤마글루티닌(hemagglutinin)에 결합하여 세포 내 바이러스 침투를 억제하는 인공 단백질을 만들었다. 2020년에는 SARS-CoV-2 바이러스의 스파이크 단백질에 결합하여 바이러스 침투를 막는 인공 단백질도 개발되었다. 동물 대상 실험에서 바이러스 감염을 억제한다는 결과를 얻었고, 호흡기 내에 분무하여 바이러스 감염을 억제하는 약물 형식으로 개발이 진행 중이다.

단백질 디자인 기술은 백신 제작에도 이용되고 있다. 2016년 베이커 연구팀은 120개의 단백질이 쌍으로 대칭 결합하여 바이러스 크기의 거대한 단백질 입자를 스스로 형성할 수 있는 단백질을 디자인했다. 물론 이 '바이러스 유사 입자'는 크기와 모양만 바이러스와 흡사할 뿐, 단백질에 대한 유전체 정보를 자체적으로 가지고 있지 않아 바이러스처럼 기능하지 않는다. 그러나 여기에 질병을 유발하는 바이러스 유래의 단백질을 결합하면 몸속에서 바이러스에 대항해 면역을 일으키는 훌륭한 백신이 될 수 있다.

2020년, 워싱턴대학교 산하의 단백질 디자인 연구소(Institute for Protein Design, 베이커의 연구를 기반으로 2008년 설립됨)에서는 2016년에 개발된 바이러스 유사 입자에 SARS-CoV-2 바이러스의 스파이크 단백질 일부를 결합했다. 그리고 실험동물 대상으로 코로나바이러스에 대해 면역을 유도하는 항체를 만들 수 있음을 입증했다. 이렇게 개발된 코로나바이러스 백신은 한국의 SK바이오사이언스에 라이센스되었고, SK바이오사이언스 주관으로 진행된 인간 대상의 임상시험을 통해 기존 바이러스 벡터 기반의 백신(아스트라제네카 등)에 비해 높은 예방 효과를 보인다는 것이 확인되었다. 2022년 6월 한국 식품의약품안전처는 SK바이오사이언스의 백신을 '스카이코비원'(SKYCovione)이라는 이름으로 판매 허가했다. 스카이코비원은 인간 대상으로 인공 디자인된 최초의 단백질 기반 의약품이라는 데 큰 의의가 있다.

이외에 단백질 디자인으로 개발된 단백질들의 응용 사례가 속속 등장했다. 그중 하나는 면역계를 활성화하는 신호 단백질인 '인터류킨-2'(IL-2)를 다시 디자인하여 효과는 유지하되 부작용을 줄이는 새로운 인공 단백질이었다. 인터류킨-2는 면역계를 활성화해 암세포에 대한 면역 반응을 강화하여 암을 치료한다는 개념으로 이전부터 많이 연구된 단백질이었지만 항암 활성 이외에도 여러 독성 반응을 일으킨다는 문제가 있었다. 인터류킨-2에 의한 독성 반응은 'CD25'라는 수용체와 인터류킨-2 간의 상호작용으로 일어나는데, 자연계에 존재하는 인터류킨-2를 조작하여 이러한 상호작용을 없애 보려는 시도도 진행되었으나 그다지 성공적이지 못했다.

2019년 베이커 연구팀은 항암 반응을 유발하는 수용체와는 상호작용을 하지만 독성을 일으키는 CD25와는 상호작용을 하지 않는 새로운 인공 단백질을 만들고, 이것이 면역계를 성공적으로 활성화한다는 것을 확인했다. 이 연구를 상업화하기 위해 워싱턴대학교에서 파생되어 네오루킨 테라퓨틱스(Neoleukin Therapeutics)라는 스타트업이 설립되었다. 이외에도 이 연구팀에서 파생되어 시애틀 근교에 설립된 스타트업은 11개에 달하며 이미 기업공개(IPO)가 된 회사만 네오루킨 테라퓨틱스를 포함해 4개다(아이코사백스 Icosavax, 사나 바이오테크놀로지 Sana biotechnology, 라이엘 이뮤노파마 Lyell Immunopharma).

기존 단백질 디자인 기술의 한계

이렇게 단백질 디자인 기술이 실용화되어 백신 같은 의약물으로 사용되는 단계에 이르렀지만 현존하는 단백질 디자인 방법론에는 큰 한계가 있었다.

대표적인 한계는 지금까지 개발된 단백질 디자인으로 만들어진 단백질 서열이 생물 내에서 3차 구조를 제대로 형성하여 성공적으로 단백질이 될 확률이 낮았다는 것이다. 즉 디자인한 수백 개의 단백질 서열을 실험하면 겨우 한두 개의 단백질을 얻는 수준이었고, (바이러스 단백질에 강하게 붙는다든지 등의) 원하는 효과를 얻으려면 이보다 성공 빈도가 떨어져서 디자인된 단백질을 추가적인 엔지니어링을 거쳐 이리저리 뜯어고쳐야 겨우 가능했다. 한마디로 컴퓨터로 예측된 단백질 서열이 바로 단백질로 완성되는 경우는 거의 없고, 이를 한참 가공해야 그나마 쓸 만한 '물건'이 되었다.

왜 이렇게 기존 단백질 디자인 기술의 성공률이 낮았을까? 근본적인 이유는 단백질 디자인 기술의 기반이 된 구조 예측 기술의 부정확성이다. 2장에서도 설명했듯이 로제타를 비롯한 알파폴드 이전의 단백질 구조 예측 기술은 단백질의 대략적인 모양은 예측할 수 있지만 구조를 정확히 예측하기는 힘들었다. 이렇듯 비교적 부정확한 구조 예측 기술로 단백질을 디자인하면 불안정한 3차 구조가 형성되어 의도와는 달리 세포 내에 제대로 만들어지지 못할 가능성이 높다.

결국 여러 번 시행착오를 거치며 실험을 반복해야 제대로 된 디자인이 나올 수 있으므로 많은 비용과 노력이 소요되었다. 또한 단백질 디자인을 위해서는 물리화학적 원리에 기반하여 형성된 구조들의 에너지를 계산해야 하는데, 여기에는 많은 컴퓨팅 자원이 들어간다. 이 역시 단백질 디자인 관련 연구의 큰 장벽이었다. 그리고 형성된 단백질 구조를 검증하고 정확히 예측하려면 실험을 통해 단백질을 만들어야 하는데 단백질이 제대로 만들어질 확률도 낮고, 구조를 푸는 과정 또한 앞서 이야기했듯이 쉽지 않았다. 즉 디자인된 단백질을 쉽게 검증할 방법이 없었다.

유전자 편집 기술의 보편화

기술이 성숙하지 못한 탓에 보편화되지 못했던 사례는 생명공학 분
야에서도 찾아볼 수 있다. 즉 더욱 간편하고 높은 확률로 유전자 편집
을 할 수 있는 크리스퍼-카스9(CRISPR-Cas9)이 등장하기 전까지 징크
핑거 뉴클레아제(ZFN; Zinc Finger Nulcease), 탈렌(TALEN; Transcription
Activator-Like Effector Nuclease) 같은 유전자 조작 기술의 활용도는 낮은
편이었다. 크리스퍼-카스9 이전에도 몇몇 성공 사례가 보고되었지만
상대적으로 성공률이 낮고 실행에 드는 비용도 상당해서 큰 파급 효과
를 내지 못했던 것이다.

단백질 디자인의 개념이 등장한 지 상당한 시간이 흘렀고 여러 응
용 사례가 등장했지만 보편화되지 못한 이유는 이처럼 기술이 아
직 성숙하지 못했기 때문이다. 그러다 2020년 이후 인공지능에 의
한 단백질 구조 예측 성능이 비약적으로 올라가면서 단백질 디자인
기술 또한 급격히 발전하며 전환점을 맞이한다. 알파폴드나 로제타
폴드 등의 구조 예측 소프트웨어를 이용하여 단백질 디자인을 하는
시도도 이루어졌는데, 그중 하나가 '환각'을 뜻하는 할루시네이션
(hallucination)이다.

딥러닝 네트워크는 단백질의 꿈을 꾸는가?

단백질 디자인에서의 할루시네이션을 이야기하기 전에 다른 딥
러닝 분야의 할루시네이션에 대해 설명하도록 하겠다. 2010년대 중

반에 딥러닝 발전을 선도했던 영상 인식 연구자들은 여러 가지 사물의 이미지로 훈련한 네트워크가 이미지의 일부 유사성만으로 이미지 속 사물을 실제와는 다르게 인식하는 경우가 있다는 것을 알게 되었다. 영상 인식의 대표적인 한계로 머핀을 치와와로 착각한 사례가 있다.

만약 네트워크에서 이미지 속 사물을 실제와는 다르게 인식할 때, 이미지를 조금 수정하여 네트워크가 다른 사물로 좀 더 잘 인식하게 하면 어떤 일이 일어날까? 그리고 이 과정을 반복한다면 어떨까? 가령 푸른 하늘에 떠 있는 구름을 영상 인식 네트워크가 깃털이나 강아지 얼굴로 인식할 때 이미지를 무작위로 조금씩 수정하여 좀 더 잘 인식할 수 있도록 하고, 이를 반복하면 하늘에는 새나 강아지 얼굴 같은 환영이 나타난다. 이렇듯 영상 인식 딥러닝 네트워크에 의해 실제 존재하지 않던 이미지가 나타나는 것을 네트워크 할루시네이션(network hallucination)이라 한다.

이러한 원리에 입각하여 2015년 구글은 '딥 드림'(Deep Dream)이라는 영상 생성 기법을 발표한다. 딥 드림에 특정한 이미지를 넣으면 딥 드림은 거기서 네트워크가 인식하는 물체를 찾아보려 노력하고, 만약 네트워크가 생각하는 물체가 발견되면 이 신호를 강화하려는 반복을 계속한다. 이 과정을 거치면 초현실주의 그림 같은 이미지가 나타난다. 즉 대뇌라는 매우 복잡한 네트워크에 남은 기억들이 꿈을 꿀 때 두서없이 재생되듯, 딥 드림은 네트워크가 꾸는 '환영'을 시각화한 것이다.

그렇다면 이러한 영상 인식 및 생성 기법과 단백질 디자인은 어떤 관계가 있을까? 영상 인식 네트워크는 이미지를 넣으면 이미지 데이터 내에 자신이 학습한 사물과 유사성 있는 사물을 검출한다. 알파폴드나 로제타폴드는 아미노산 서열을 넣으면 그 서열로 가능한 구조를 예측하고 신뢰도를 출력해 준다. 만약 무작위의 아미노산을 넣으면 대부분 특정한 구조가 없는 '스파게티' 같은 구조를 출력할 테고, 당연히 신뢰도 점수 또한 바닥일 것이다. 그러나 무작위의 아미노산을 넣어 보다가 우연히 특정한 부분이 어느 정도 구조를 형성하면 서열을 다시 변형하여 구조 예측을 수행하기를 반복한다. 이를 반복하다 보면 구조를 형성하지 못하는 무작위의 아미노산 서열이 자연계에서 볼 법한 단백질 구조를 만드는 서열로 변한다.

이 결과는 2021년 "De novo protein design by deep network hallucination"(딥 네트워크 할루시네이션에 의한 드노보 단백질 디자인)이라는 제목으로 《네이처》에 처음 보고되었다. 최초 연구에 쓰인 단백질 예측 네트워크는 베이커 연구팀이 2019년 발표한 'trRosetta'라는 예측 네트워크였지만 이후 로제타폴드나 알파폴드 등 구조 예측 성능이 높은 네트워크로 대체되었다.

딥 네트워크 할루시네이션에서 생성되는 단백질은 네트워크가 학습한 단백질 구조 정보에 의거하므로 자연계에 존재할 법하지만 실제로는 자연계에 없는 단백질이다. 그리고 생성되는 단백질의 길이는 지정할 수 있지만 모양은 무작위적이다. 단백질에 원하는 기능을 부여하려면 특정한 모양을 지정해야 하는데, 이를 어떻게 해결했을까?

우선 전체 단백질을 디자인하는 것이 아니라, 단백질에서 기능을 부여하는 일부분은 자연에서 관찰된 단백질 등에서 따와 그대로 유지하고 나머지 부분만 할루시네이션을 수행하여 단백질을 새로 만드는 방법이 시도되었다. 가령 약물 표적 단백질과 결합하는 단백질이 목적이라면, 기존의 해당 단백질과 결합하는 복합체에서 결합 부위의 구조와 서열을 떼어 내고 이를 제외한 단백질 부분을 할루시네이션으로 생성하여 기존의 결합 부위가 이식된 새로운 단백질을 만드는 것이다. 또는 효소에서 촉매 반응이 일어나는 활성 자리나 금속에 결합하는 단백질처럼 특정한 아미노산들이 배열되어야 한다면 활성 자리의 아미노산들만 고정해 둔 채 단백질의 다른 부분에는 할루시네이션을 수행하여 단백질을 디자인하는 방법도 있다.

이 같은 할루시네이션은 자연계에 존재하지 않았던 새로운 단백질 접힘 형태를 인위적 설계 없이 인공지능 네트워크의 상상으로 만들어 내는 신기한 방법이다. 그러나 할루시네이션에 의한 단백질 디자인에는 한 가지 문제점이 있었다.

ProteinMPNN에 의한
'실험 성공률 높은 단백질 디자인'

할루시네이션으로 디자인된 단백질 역시 로제타 기반으로 디자인된 단백질과 마찬가지로 대부분 유전자 형태로 만들어져 생물에 도입될 때 단백질이 제대로 형성되는 경우가 드물었다. 왜 이러한 현상이 일어날까? 알파폴드를 이용해 할루시네이션으로 디자인된 단백질을 살펴본 결과 일반적인 단백질에 비해 표면에 물과 친하지 않은 단백질이 더 많이 노출되는 편이었다. 또한 이렇게 디자인된 단백질은 세포 내에서 정상적으로 형성되기보다 단백질끼리 응집되는 경우가 더 많았다. 이러한 현상의 원인은 아직 확실하지 않지만 딥러닝 네트워크 단계에서의 과적합이 아닐까 추측되고 있다. 이 와중에 딥러닝 기반의 단백질 디자인 방식이 새로 등장했으며, 이는 할루시네이션 등에서 발생하던 낮은 실험 성공률을 해결하는 계기가 되었다.

새로운 단백질 디자인 방식은 'ProteinMPNN'(MPNN은 Message Passing Neural Network를 뜻함)이라는 네트워크를 사용한다. 이는 단백질 구조를 토대로(더 정확히 말하자면 곁사슬을 제외한 단백질의 골격 부분) 그에 맞는 아미노산 서열을 찾아주는 네트워크다. 딥러닝 분야에서 어떤 언어의 단어 나열을 다른 언어의 단어 나열로 바꾸는 것은 'seq2seq'(Sequence to Sequence)라고 하고, 텍스트를 그림으로 바꾸는 네트워크를 'txt2img'(Text to Image)라고 부르는데, ProteinMPNN은 단백질 구조를 아미노산 서열로 변환하므로 'struct2seq'(Structure to Sequence)인 셈이다.

그렇다면 여기서 사용된 구조를 아미노산 서열로 바꾸는 네트워크는 어떤 구조일까? 일단 이 네트워크는 2019년에 MIT(매사추세츠 공과대학교) 연구팀에서 발표한 〈그래프 기반의 단백질 디자인을 위한 생성 모델(Generative Models for Graph-Based Protein Design)〉이라는 NeurIPS(신경정보처리시스템학회) 논문을 기반으로 한다. 이 네트워크는 단백질 구조에서 공간적으로 인접한 아미노산 간 거리 정보를 트랜스포머 기반의 인코더(encoder)에 입력하고, 이 정보를 이용해 아미노산을 예측해 내는 디코더(decoder)로 구성되어 있다. 2019년에 발표된 연구에서는 해당 네트워크가 기존의 로제타 기반 단백질 디자인 방법보다 성능이 다소 낮고 연산 속도도 훨씬 빠르다는 결과를 도출했지만 이를 실험으로 검증하지는 않았다. 베이커 연구팀은 이러한 선행 연구에 기반하여 네트워크 성능 개선을 위해 몇 가지 요소를 수정했고, 이를 PDB에 등록된 단백질 구조와 서열로 훈련한 후 서열 디자인 능력을 실험적으로 검증했다.

구조 예측 방법은 서열로부터 예측된 구조를 실험으로 밝힌 구조와 비교하는 것으로 성능을 검증한다. 그렇다면 단백질 디자인 방법론, 특히 이미 고정된 3차 구조에 적절한 서열을 찾을 때 성능은 어떻게 검증할까? 우선 한 가지 방법은 이미 구조가 풀린 단백질 구조에서 골격만 취하고 나서 그에 맞는 아미노산 서열을 찾아 원래 단백질 서열과 얼마나 유사한지 확인하는 것이다. 자연계의 아미노산 서열은 오랜 세월 진화를 거치면서 특정 구조를 형성하도록 최적화되어 있는 상태이므로, 서열 정보가 없는 상황에서 원래 단백질 서열에 최대한 근접하게 서열을 디자인할수록 단백질 디자인 성능이 높다고 볼 수 있다. 실제로 이미 알려진 402개의 단백질 구조를 대상으로 서열을 다시 디자인하자 로제타 기반의 단백질 디자인 소프트웨어로 디자인한 서열은 원래 단백질 서열과 32.9% 일치했다(이러한 비율을 서열 회수율·sequence recovery rate이라고 부른다). 반면 ProteinMPNN은 서열 회수율이 52.9%나 되었다. 즉 ProteinMPNN에 단백질의 골격 구조를 입력하면 원래 단백질에 상응하는 아미노산을 다시 예측할 확률이 기존 방법보다 훨씬 높다.

아미노산 서열이 제대로 디자인되었는지 알아보는 또 다른 방법은 서열로부터 구조를 예측하고 이를 디자인의 모체로 사용한 구조와 비교해 보는 것이다. 이미 알파폴드와 로제타폴드 등의 구조 예측 소프트웨어가 매우 높은 정확도로 구조를 예측하므로 디자인된 서열이 원하는 구조를 형성하는지 빠르게 검증할 수 있다. 기존의 로제타 기반 방법론으로 디자인된 단백질 서열을 알파폴드로 다시 예측했을 때 디자인의 모체가 된 서열과 완벽히 일치하는 서열은 2.7%밖에 되지 않았다. 그러나 ProteinMPNN으로 디자인된 서열 중 절반 이상인 57.3%가 예측 결과 디자인의 모체가 된 구조와 완전히 같았다. 즉 ProteinMPNN은 단백질 디자인에서 원래 단백질 구조를 더 잘 반영한다.

그렇다면 ProteinMPNN으로 디자인된 서열은 과연 실험에서도 잘 작동할까? 연구자들은 우선 할루시네이션으로 디자인된 단백질과 ProteinMPNN으로 서열을 다시 디자인한 단백질 유전자를 대장균에 각각 넣어 단백질이 얼마나 형성되는지 관찰했다. 할루시네이션을 통해 디자인된 단백질들은 대개 제대로 만들어지지 않아 1리터의 대장균을 배양하여 얻는 단백질이 9mg 정도밖에 되지 않았다. 반면 ProteinMPNN으로 디자인된 단백질은 1리터당 평균 247mg의 단백질을 얻을 수 있었다. 이렇게 만들어진 단백질 구조를 실험으로 결정하자 예상대로 원래 디자인의 표적 단백질과 구조가 일치했다.

ProteinMPNN으로 디자인된 단백질의 실험 성공률이 높다는 걸 확인한 연구팀은 이전에 다른 방법으로 시도했지만 단백질이 제대로 형성되지 않는 등의 문제로 중단되었던 단백질 디자인을 ProteinMPNN으로 연구하기 시작했다. 즉 ProteinMPNN으로 단백질을 다시 디자인하여 아미노산 서열을 얻어 실험을 진행했고, 이 중 상당수에서 원하는 대로 작동하는 단백질을 얻을 수 있었다. 이들이 논문에서 소개한 예시 중에 하나는 할루시네이션을 통해 대칭으로 결합하여 단백질 복합체를 디자인하는 것이었는데, 알파폴드를 이용해 원형으로 결합하는 복합체 단백질을 디자인했지만 대장균에서 제대로 만들어지지 않았다. 그러나 알파폴드로 얻은 단백질 구조를 ProteinMPNN에 입력하여 아미노산 서열을 다시 디자인하자 대장균에서 잘 만들어졌고 구조를 결정해 본 결과 디자인한 구조와 거의 일치했다.

왜 ProteinMPNN으로 디자인된 단백질이 다른 방법으로 디자인된 단백질보다 생물체 내에서 더 잘 발현되고 안정적으로 유지될까? 여기에는 여러 가지 이유가 있겠지만, ProteinMPNN 네트워크를 학습할 때 사용된 데이터가 PDB에 등재된 실험 구조라는 게 핵심일 것이다. 즉 PDB에 올라와 있는 대부분의 구조는 단백질 결정학으로 해석한 구조들이고, 상당수는 대장균에서 잘 발현되고 결정화가 잘된 단백질이다. ProteinMPNN은 단백질의 구조 골격을 가지고 아미노산 서열을 예측하는 네트워크이므로 PDB에 올라와 있는 구조와 서열을 이용하여 학습한 네트워크에서 형성되는 단백질 아미노산 서열은 PDB에 있는 것과 유사할 것이다. 이러한 특성이 ProteinMPNN으로 디자인된 단백질 특성에 영향을 미칠지도 모른다. 어쨌든 할루시네이션과 ProteinMPNN 등 최근에 등장한 인공지능 기반의 단백질 디자인 방법론들은 인공지능이 단백질 구조 예측뿐만 아니라 단백질 디자인도 급속히 발전시키고 있음을 잘 보여주고 있다.

특히 알파폴드 등장 이후 구조 예측이 매우 정확해지면서 단백질 디자인의 가장 큰 난점이던 '디자인된 단백질 서열의 품질 평가'가 매우 간단해졌다. 다시 말해 구조 예측의 정확도가 낮았을 때는 디자인된 아미노산 서열이 표적 구조를 형성하는지는 단백질을 직접 만들어서 실험으로 예측해 보는 것밖에 방법이 없었지만, 구조 예측이 정확해지자 일단 알파폴드와 같은 소프트웨어로 구조를 예측하여 목적하는 구조를 형성하는지로 1차 선별할 수 있었기 때문이다. 또한 예측된 구조의 신뢰도 점수를 통해 예측 정확도에 따른 단백질 디자인의 품질도 쉽게 파악할 수 있었다. 이렇듯 원하는 대로 형성되리라 예측되는 서열만 선별하니 실험 성공률도 높아졌다. 물론 단백질 디자인의 최종 성패는 실험을 통해 단백질을 생산하여 구조를 밝혀내는 데 있다.

확산 모델과 단백질 디자인

최근 대중 사이에서 가장 화제가 된 인공지능 분야는 생성형 인공지능(generative AI)이다. 기존에 존재하던 텍스트나 이미지 등을 활용해 다른 컨텐츠를 만들어 내는 인공지능 기술로, 대표적인 것이 정해진 텍스트에 따라 학습된 이미지에 기반하여 고품질의 그림을 생성하는 'DALL.E-2'나 스테이블 디퓨전(Stable Diffusion), 그리고 화자의 질문에 적절히 답변하는 챗GPT다.

그러나 이러한 인공지능 응용 기술과 크게 다르지 않은 원리가 최근 단백질 분야에 활발히 적용되고 있다는 것은 대중에게 아직 잘 알려지지 않은 듯하다. 그도 그럴 것이 생성형 인공지능이 만들어 낸 디지털 이미지나 텍스트는 눈으로 보고 얼마나 대단한지 바로 느낄 수 있지만, 단백질 디자인으로 생성된 단백질 서열이나 구조는 그 자체만으로는 큰 영향력을 미치기 힘들다. 또한 실제 단백질로 개발되어 의약품으로 효과가 검증되기까지 앞으로도 시간이 꽤 걸릴 것으로 보인다. 그러나 이러한 기술의 발전은 생성형 인공지능 못지않은 파급 효과를 불러올 가능성이 높다.

일단 단백질 디자인에 적용되는 인공지능 기술을 알아보기 전에 익숙한 화상 생성형 인공지능에 대해 알아보자. 앞서 소개한 DALL. E-2, 스테이블 디퓨전 등은 통계열역학의 확산(diffusion) 현상 이론을 인공지능에 적용한 확산 모델(diffusion model)이다.

확산 모델은 초기 분자들이 시간에 따라서 확산되는 과정을 이미지 생성에 응용한 기법이다. 즉 화상을 구성하는 픽셀이 점점 흩어지면서 노이즈로 변하는 과정을 일단 수식으로 표현하며 이것을 포워드 디퓨전(forward diffusion)이라고 한다. 포워드 디퓨전 과정에서는 화상에 노이즈를 단계별로 추가하여 완전한 노이즈로 변환하고, 이렇게 노이즈가 점차 추가된 데이터는 노이즈를 복구하기 위한 훈련용으로 사용된다.

이제 노이즈가 섞인 데이터로부터 원래 화상을 복구해야 하는데, 이를 역확산(reverse diffusion)이라고 한다. 이를 위해 포워드 디퓨전에서 노이즈를 섞은 영상 데이터를 이용해 그 데이터에서 노이즈만 인식할 수 있도록 네트워크를 단계별로 학습시킨다. 학습이 끝나면 노이즈로만 구성된 데이터에서 화상을 점차 복원한다. 노이즈를 제거할 수 있도록 학습된 네트워크에서는 노이즈를 인식하여 제거할 것이고 이를 반복하다 보면 결국 노이즈에서 화상이 형성되는 것이다. (여기서는 개념만 소개하기 위해 수학적 기술을 제외하고 간단히 기술했다.)

만약 하나의 이미지로만 학습된 네트워크라면 그 이미지를 복원하는 데 그칠 것이다. 그러나 수많은 이미지로 학습된 네트워크라면 어떨까? 게다가 각각의 이미지에는 '말을 타고 있는 기사', '초원을 달리는 토끼'와 같은 식으로 설명 텍스트가 달려 있다. 네트워크에서는 텍스트 데이터를 처리하여 각 이미지에 상응하는 키워드 정보를 이미지, 그리고 그 이미지를 복원시키는 정보와 각각 연결한다. 즉 이미지 생성을 위해 '말을 타고 초원을 달리는 토끼'라는 텍스트를 입력하면 '말', '타고 있는', '초원', '달리는', '토끼'를 복원하는 정보가 동시에 작용하면서 완전한 노이즈로부터 그림이 천천히 복원된다. 결국 '말을 타고 초원을 달리는 토끼' 이미지가 나타난다.

이렇듯 확산 모델에 기반한 생성형 인공지능은 기존 방법에 비해 훨씬 자연스러운 화상을 만들어 내면서 많은 사람에게 충격을 주었다. 어쩌면 인공지능이 인간의 직업을 빼앗을지도 모른다는 막연한 불안감을 현실화한 첫 번째 예가 이러한 화상 생성형 인공지능일 수도 있다.

갑자기 화상 생성형 인공지능에 대해 이야기하는지 의구심이 들 수도 있겠다. 단백질 디자인에 앞서 이 이야기를 꺼내는 이유는 확산 모델에서 새로운 화상을 만들어 내는 것과 비슷한 원리로 자연계에 없던 단백질을 만들어 내는 방법이 개발되었기 때문이다.

확산 모델에 의한 단백질 디자인

2022년 12월, 생의학 관련 논문의 출판 전 원고(리프린트)가 올라오는 사이트인 바이오아카이브(bioRxiv)에 논문이 하나 올라온다. 단백질 디자인 분야의 선두 그룹인 워싱턴대학교의 베이커 연구팀 에서 출판한 논문으로 앞서 설명한 확산 모델에 의한 단백질 디자인 을 소개한다.

베이커 연구팀 이전에도 확산 모델을 이용한 단백질 디자인 시도 가 없지 않았다. 실제로 베이커 연구팀과 거의 비슷한 시기에 제네 레이트 바이오메디신(Generate Biomedicines)이라는 스타트업에서 확산 모델을 이용해 다양한 단백질을 디자인하는 '크로마'(Chroma) 라는 플랫폼을 발표했다. 그러나 확산 모델을 통한 단백질 디자인을 넘어서 이를 실험적으로 검증한 결과는 베이커 연구팀의 리프린트 가 처음이었다. 즉 바이오 분야에서 사람들에게 큰 관심을 모으려면 실험을 통해 이를 입증할 수 있어야 한다.

그렇다면 확산 모델을 이용한 단백질 디자인은 어떻게 진행될 까? 앞서 확산 모델로 이미지를 생성할 때는 이미지에 점차 노이즈 를 섞은 이미지를 만들고, 이를 이용해 노이즈를 제거하는 네트워 크를 훈련시킨다고 설명했다. 단백질 같은 경우에는 일단 PDB의 단백질 좌표에서 아미노산의 골격 부분의 좌표(아미노기의 질소, 탄 소, 알파 탄소로 이루어지는 삼각형)에 노이즈를 더해 단백질 구조를 흐 트러트린다.

이후 흐트러진 단백질 구조로부터 원래 단백질 구조를 회복하는 과정을 거친다. 즉 로제타폴드에 단백질 구조를 잘 형성하지 못하는 노이즈 좌표를 입력하여 제대로 된 단백질로 회복시키고 결과적으 로 임의의 단백질을 형성한다. 로제타폴드는 물론이고 알파폴드 역 시 반복을 통해 엉망진창인 단백질 구조를 제대로 폴딩된 단백질로 바꾸는 역할을 하므로 '단백질 구조에서 노이즈를 제거하는 작업'에 딱 어울린다. 베이커 연구팀은 이 확산 모델을 단백질 디자인에 응용한 기법인 로제타폴드(RoseTTAfold)와 확산 모델(diffusion model)을 합쳐서 'RFDiffusion'이라고 명명했다.

처음에 입력된 노이즈 신호는 로제타폴드를 거쳐도 단백질이 제대로 형성되지 않는다. 그러나 예측된 구조에 노이즈를 넣고 다시 예측하기를 반복하다 보면 최종적으로 그럴듯한 단백질 골격이 마법처럼 나타난다. 여기서 얻은 단백질 구조는 아미노산 정보가 없는 골격에 불과하다. 따라서 이후 어떤 아미노산 서열이 해당 구조를 만들지 예측해야 한다. 여기에는 앞에서 소개한 ProteinMPNN이 사용되며, ProteinMPNN은 최종적으로 만든 골격을 아미노산 서열로 변환한다. 이후 이 아미노산 서열의 구조를 알파폴드로 예측하는데, 만약 RFDiffusion에서 생성된 단백질 골격과 같은 구조를 형성한다면 성공했다고 볼 수 있다.

그렇다면 RFDiffusion은 앞서 소개한 할루시네이션 등의 딥러닝 기반 단백질 디자인 방법에 비해 어떤 장점을 가지고 있을까? 벤치마킹 결과 할루시네이션은 아미노산이 100개 이상인 큰 단백질에 대해서는 구조 생성의 성공률이 급격히 떨어졌고 다양성도 부족했다. 하나의 단백질을 디자인하는 데 계산 시간도 꽤 많이 걸렸다. 그러나 RFDiffusion은 아미노산이 600개인 큰 단백질도 높은 정확도로 생성했고, 또 노이즈 패턴을 바꾸면 얼마든지 다른 모양의 단백질을 만들 수 있었다. 수행 속도도 할루시네이션에 비해 몇 배나 빨랐다. 형성되는 구조의 특성을 사용자가 지정하기 어려웠던 할루시네이션에 비해, RFDiffusion에서는 2차 구조 등을 원하는 대로 지정하여 특정한 접힘 형태의 단백질 구조를 형성할 수도 있다.

그리고 기존에 시도되었던 여러 가지 단백질 디자인, 가령 대칭으로 결합하는 거대 단백질 복합체를 형성하는 일, 기능 부여를 위해 단백질의 고정 부위가 아닌 다른 부위를 형성하는 일, 인공 효소를 만들기 위해 활성 자리에 있는 아미노산 몇 개만 고정하고 그 주변으로 단백질을 형성하는 일 등등 거의 모든 단백질 디자인이 가능했다. 특히 단순히 컴퓨터로 단백질을 디자인하는 데서 그치지 않고, 이렇게 디자인한 단백질들은 실험을 통해 대부분 기존 방법보다 높은 성공률로 만들 수 있었다.

그 외에도 RFDiffusion은 다양한 단백질 디자인 작업을 매우 손쉽게 수행해 낸다. 아무런 조건을 지정하지 않으면 새로운 구조의 단백질을, 노이즈를 대칭으로 분포하면 대칭된 이합체 단백질을, 결합할 표적 단백질 구조와 단백질이 붙을 위치에 노이즈를 지정하면 표적 단백질에 붙는 단백질을, 그리고 특정한 아미노산을 고정한 채 주변에 노이즈를 지정하면 해당하는 아미노산 모티프(motif)를 가진 단백질들은 만들 수 있었다. 이렇게 디자인된 단백질은 높은 성공률로 실험에서도 재현되었다.

심지어 기존에 존재하는 단백질 디자인 방법으로는 매우 어려울 것이라 생각했던 표적 단백질에 높은 친화력으로 결합하는 단백질을 RFDiffusion에서는 표적 단백질의 결합 위치만 지정하면 알아서 만들어 냈다. 예전에는 이런 단백질을 만들려면 이전에 알려진 단백질 결합 부위로부터 시작하여 수십만 개의 단백질을 모델링하고, 그 중에서 수천 개에서 수만 개의 단백질을 실험하여 약하게 결합하는 단백질을 찾고 뜯어고쳐 실제로 응용할 수 있을 정도의 결합력을 얻

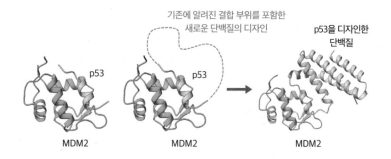

기존에 알려진 결합 부위를 포함한
새로운 단백질의 디자인

p53을 디자인한
단백질

p53

p53

p53을 디자인한
단백질

MDM2   MDM2   MDM2

그림 13-2 RFDiffusion에 의한 단백질 결합 단백질의 디자인

기존에 알려진 MDM2-p53 단백질 결합에서 p53(오렌지색)을 연장한 새로운 단백질을
디자인하라고 명령하자 바로 기존의 단백질에 결합하는 가상의 단백질을 디자인했다.

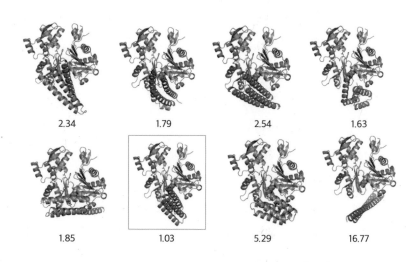

2.34   1.79   2.54   1.63

1.85   1.03   5.29   16.77

그림 13-3 RFDiffusion에 의한 액틴(초록색) 결합 단백질의 디자인

8개의 결합 단백질을 디자인했고, RFDiffusion으로 형성된 구조와 알파폴드로 예측된 구
조의 차이(RMSD)로 디자인된 단백질들을 선별했다.

어야 했다. 그러나 RFDiffusion을 통해서는 약 100종의 아미노산 서열을 실제 실험으로 만들어, 4종의 질환 관련 단백질에 나노미터 수준의 친화력으로 결합하는 단백질을 손쉽게 얻을 수 있었다.

물론 이전의 방법론으로도 이러한 단백질 디자인 중 몇 가지는 성공했으며, 실제로 이를 통해 상용 의약품이 출시되기도 했다(SK바이오사이언스의 코로나바이러스 백신 스카이코비원이 단백질 디자인으로 탄생된 최초의 의약품이다). 그러나 핵심은 얼마나 효율적이고 높은 품질로 단백질 디자인을 할 수 있느냐다. 따라서 이전에 수천 개의 디자인된 단백질에서 선별과 엔지니어링 과정을 거쳐야 겨우 가능했던 일을 수십 분의 1의 노력과 비용으로 빠르게 해결할 수 있다는 것은 매우 큰 의미가 있다. 이전까지 개념 증명 수준에 머물러 있던 단백질 디자인 기술이 본격적으로 보급될 수 있을 만큼 신뢰도가 높아진 것이다.

RFDiffusion이나 ProteinMPNN과 같은 인공지능 기반의 단백질 디자인 기술은 크리스퍼-카스9 등장 이후에 유전자 가위에 의한 유전체 편집이 본격화되었듯 단백질 디자인을 대중화하는 시발점이 될 것으로 보인다. 그러나 단백질 디자인을 혁신하고 있는 인공지능 기술은 이게 전부가 아니다.

챗GPT와 거대 언어 모델,
그리고 단백질 언어 모델

요즘 가장 화두가 되고 있는 인공지능인 오픈AI(OpenAI)의 챗

GPT 또는 최근 성능이 급격히 좋아진 번역 서비스 등은 모두 거대 언어 모델(LLM)이라는 기술을 기반으로 한다. 그렇다면 거대 언어 모델이란 무엇일까?

언어 모델은 언어 처리 과정에서 가장 자연스럽게 나오는 단어 순서를 찾아내 문장에서 어떤 단어가 나올지 확률을 예측하는 모델이다. 예를 들어 "밑져야 (　)이다" 중 괄호에 여러 가지 단어가 들어갈 수 있겠지만 '본전'이라는 단어가 '이익' 내지는 '손해' 같은 단어보다는 확률이 높을 것이다. 즉 이전 문장의 문맥에 기반하여 다음에 나올 단어를 예측함으로써 자연스러운 문장을 만드는 것을 목표로 하고, 이를 위해 인터넷에서 수집한 수많은 텍스트를 이용해 네트워크를 훈련시킨다(이를 사전 학습pretraining이라고 한다). 이러한 언어 모델 중 가장 대표적인 것이 챗GPT에 사용되는 GPT-3다. GPT-3은 3,000억 개의 데이터로 학습된 1,750억 개의 파라미터로 구성된 초거대 언어 모델이다. 이렇게 학습된 언어 모델은 번역(구글 번역, 네이버 파파고), 코딩(깃허브 코파일럿Github Co-pilot), 계산, 작문 등 수많은 언어 관련 인공지능 서비스에 응용되고 있다.

앞서 설명한 화상을 생성하는 확산 모델과 마찬가지로 이 역시 단백질 디자인과 무슨 상관이 있을지 의문이 들 수도 있다. 그러나 단백질 역시 아미노산 글자로 되어 있고 각각의 아미노산을 단어 하나로 간주한다. 즉 단백질을 아미노산 서열로 된 문장이라고 생각한다면 단백질 디자인 역시 언어 모델과 동일한 방법으로 학습시킬 수 있다. 즉 주어진 아미노산 서열 다음에 어떤 아미노산이 나올지 또는 중간에 공백으로 가려 둔 아미노산이 무엇인지를 현재까지 얻은 수억 개의 단백질 아미노산 서열을 통해 학습시켜 언어 모델을 구축할 수 있다.

이렇게 학습된 '거대 단백질 언어 모델'을 분석하면 단백질에 대한 수많은 정보를 얻을 수 있다. 앞서 알파폴드의 원리를 설명할 때 알파폴드는 단백질의 진화 정보를 분석하여 단백질 구조 정보를 얻는다고 이야기한 바 있다. 단백질 언어 모델의 학습 과정에서도 자연스럽게 단백질 내의 아미노산 간 상호작용에 대한 정보가 학습되며 이로써 단백질 구조를 예측할 수 있다. 알파폴드의 구조를 설명할 때 등장한 어텐션이나 트랜스포머 같은 개념도 거대 언어 모델을 구축할 때 필수적으로 사용된다(챗GPT의 'T'가 트랜스포머의 T이다). 즉 단백질 언어 모델을 구축하면 단백질 구조를 얻는 데 필수적인 아미노산 간 상호작용에 대한 정보 역시 어렵지 않게 얻을 수 있다.

페이스북의 모회사인 메타(Meta) 인공지능 연구팀은 6억 개 이상의 단백질 서열을 학습하여 현재까지 알려진 단백질 언어 모델 중 규모가 가장 큰 단백질 언어 모델인 ESM-2를 만들었다. 메타 AI는 ESM-2를 이용하여 단백질 구조를 예측하는 솔루션인 ESM폴드(ESMFold)를 개발했고, 이를 이용해 현재까지 알려진 생물체의 모든 단백질, 토양이나 바닷물 등의 환경 DNA로부터 얻은 단백질 정보 등 약 6억 개의 단백질 구조를 예측하는 데 성공했다. ESM폴드는 알파폴드에 비해 정확도가 다소 떨어지지만 속도가 매우 빨라서 단백질 서열의 구조를 대량으로 예측할 수 있다.

거대 단백질 언어 모델은 구조 예측뿐만 아니라 단백질 디자인에도 활용될 수 있다. 실제로 세일즈포스닷컴(Salesforce.com) 인공지능팀은 2억 8,000만 개의 단백질 서열을 이용하여 프로젠(ProGen)이라는 단백질 언어 모델을 만들었다. 단순히 시퀀스뿐만 아니라 단백질 서열에 존재하는 특징에 대한 키워드 역시 학습했다. 이후 5종의 라이소자임 서열에서 얻은 5만 6,000개의 데이터를 이용해 언어 모델을 미세조정(fine tuning)했다.

이렇게 만들어진 언어 모델을 이용해 세일즈포스닷컴은 자연계에는 존재하지 않는 '인공 라이소자임' 서열 100만 개를 생성했고, 이러한 새로운 서열들은 자연계에서 발견한 라이소자임의 서열과 40~90% 일치했다. 이후 그중 약 100개를 선별하고 유전자 형태로 만들어 대장균에 도입해 본 결과 약 73%가 단백질로 만들어졌고 절반 이상이 효소 활성을 보였다. 한편 알파폴드로 예측한 구조는 자연계에서 발견된 단백질과 구조가 매우 흡사했다. 연구팀들은 라이소자임 이외에 다른 2종의 효소를 이용하여 시스템을 확인하고 성공적으로 단백질 서열을 디자인했다. 이러한 결과는 단백질 언어 모델로 생물학적 활성을 가진 인공 단백질 서열을 매우 쉽게 만들 수 있음을 의미한다.

물론 단백질 언어 모델 연구는 현재 초기 단계이므로 아직까지는 자연계에 있을 법한 (기존 단백질과 닮은) 단백질 서열을 생성하는 정도에 그치고 있다. 그러나 자연어 처리 언어 모델이 처음에는 번역 등의 단순한 작업을 시작으로 현재 '범용 인공지능'에 가까운 능력을 갖춘 것을 생각하면 앞으로 어떤 가능성을 보일지 예상하기 쉽지 않다. 어쩌면 머지않은 미래에 단백질의 생물학적 특성을 텍스트로 나열하면 해당하는 서열을 바로 뽑아 주는 일도 가능할지 모른다.

이렇듯 현재 인공지능에서 가장 각광받고 있는 기술인 거대 언어 모델이나 확산 모델은 챗GPT나 스테이블 디퓨전이 사람이 직접 쓴 것 같은 문서나 화상을 생성해 내듯 단백질 분야에서도 자연계에 있을 법한 단백질을 만들어 낼 수 있음을 보여 준다. 장구한 세월 동안 진화를 거쳐 만들어진 자연계의 단백질 규칙을 습득하면 '아직 진화를 통해 만들어지지 않은' 단백질까지 만들어 낼 수 있을 것이다.

그렇다면 인공지능에 의한 단백질 디자인의 발전은 우리에게 어떤 미래를 선사할까? 또 어떠한 잠재적인 위험을 가져올까?

14

단백질 디자인은
세상을 어떻게 바꿀까?

지금까지 단백질 구조를 밝혀내기 위한 기나긴 여정과 단백질 구조 예측 및 단백질 디자인 기술의 발전 과정을 알아보았다. 이 장에서는 이러한 기술의 발전이 어떤 변화를 불러올지 생명과학이나 생명공학을 넘어서 넓은 관점에서 예상해 보겠다. 일단 지금까지 다룬 '단백질을 마음대로 만들어 낼 수 있다는 것'이 생물학 역사에서 어떤 전환점이 되는지 알아보도록 하자.

읽는 생물학에서 쓰는 생물학의 시대로

지금까지의 생물학 발전 과정은 대부분 우주에서 가장 복잡하다고 할 수 있는 생명 현상을 관찰하고 읽어 내는 과정이었다고 할 수 있다. 즉 다양한 생물을 관찰하고, 이들을 해부하여 내부 구조를 파악하고, 현미경으로 세포라는 생물의 기본 단위를 발견하고, 세포를 구성하는 화학물질을 분석하고, 세포와 생물의 DNA에서 '펌웨어'라고 할 수 있는 유전체 정보를 해독하고, 그중에서 가장 중요한 단백질 생성에 관한 정보를 발견하고, 최종적으로 생명의 부품인 단백질의 3차 구조와 작동 방식을 알아냈다. 어떻게 보면 아미노산 서열만으로 단백질의 3차 구조를 비교적 정확히 유추하는 알파폴드의 등장은 이러한 과정의 대미를 장식한다고 볼 수 있다.

즉 생명 현상을 원자 수준에서 알아내기 위해 최소 단위까지 나누어 관찰하는 환원주의적인 접근 방식이 현대 생물학의 발전을 이룬 원동력이었다. 마치 자동차라는 복잡한 기계의 작동 원리를 알아내기 위해서 부품을 뜯어 목록을 만들고, 그 모양을 정확히 측정하여 3차원 도면을 그리고, 부품을 구성하는 재료의 화학 성분까지 알아내는 것과 같다. 이렇듯 생명체에 대한 환원주의적 분석은 현실적으로 많은 가치를 창출했다. 모든 질병까지는 아니더라도 수많은 질병의 원인과 해결책을 찾아낸 것이다. 현재 존재하는 수많은 복용약은 대부분 단백질 하나하나와 작용하여 이들의 기능을 억누르거나 활성화하는 방식으로 약효를 발휘한다.

그러나 이렇듯 생명체의 '부품'에 대해 모두 알게 되었다 하더라도 생명 현상을 전부 이해한다고 볼 수 있을까? 가령 자동차의 부품을 모두 파악하여 작동 원리를 이해한다 해서 자동차를 다 안다고 볼 수 있을까? 또 더 나은 자동차를 만들 수 있을까? 즉 생명체의 신비를 '읽는' 것만으로는 생명체를 완벽히 이해했다고 보기 어려우며, 궁극적으로 생명 현상에 개입하여 이를 비슷하게 만들어

내는 경지가 아니고서야 불가능하다. 그렇다면 생명을 진정으로 이해하기 위해서는 어떻게 해야 할까?

합성생물학과 단백질의 문법

이전부터 생물체의 생명 현상을 뜯어고쳐 다른 관점에서 인식하거나 실용적인 결과를 창출하려는 시도가 있었다. 유전자와 생명 현상의 기전에 대해 전혀 모르던 수천 년 전부터 인류는 주변의 동식물을 길들이고 교배함으로써 자신이 원하는 성질의 작물이나 가축을 '만들어' 냈고 이는 현대 농업의 기반이 되었다.

1970년대에 들어 DNA에 대한 지식이 쌓이고 그 후 유전자 조작 기술이 등장하자 생명 현상의 본연에 인간이 개입할 수 있는 길이 생겼다. 특히 DNA를 화학적으로 합성하는 기술의 등장은 곧 DNA 속 유전체 정보라는 '생명체 기반 텍스트'를 인간이 쓸 수 있다는 의미였다. 이러한 발전이 이어지면서 21세기 초에 '합성생물학'(synthetic biology)이라는 용어가 본격적으로 등장했다. 또한 간단한 바이러스의 전체 DNA 합성이 가능해졌다.

2010년 미국의 생화학자인 크레이그 벤터(Craig Venter)와 연구팀은 약 100만 개의 DNA 염기 서열로 구성된 세균의 DNA를 완전히 합성하여 세균으로써 증식 가능하다는 것을 보여 주었다. 그리고 이러한 결과는 '인공 생명 창조'라는 이름으로 대중에게 크게 알려졌다. 과연 이러한 연구는 인공 생명을 창조했다고 할 수 있을까? 이들이 생명체의 유전체 정보를 구성하는 DNA를 완전히 처음부터 화학

합성하여 구성한 것은 맞지만, 문제는 DNA의 합성이 아니라 DNA에 담긴 정보다. 벤터 등이 합성한 '인공 유전체'는 기존에 알려진 '마이코플라스마'(Mycoplasma)라는 세균이 가지고 있는 단백질 정보를 그대로 옮긴 것에 불과하다. 즉 단백질의 내용을 전혀 변경하지 않은 채 그대로 사용한 것이다.

가령 소설을 '창작'했다고 하면 문장을 처음부터 써 내려가 새로운 '이야기'를 담아서 완성한 경우를 말한다. 즉 새로운 장정으로 출판한다 한들 남이 쓴 이야기를 그대로 옮겨 적는다면 창작이라고 볼 수 없다. 벤터 연구팀은 이후에 세균이 가지고 있는 유전자 중에서 생존에 필요 없는 유전자 1/3을 없앤 새로운 '버전'의 생명체를 만들었다고 주장했다. 이 역시 소설 내용을 축약한 판본이라고 해서 창작물이라 할 수 없는 것과 마찬가지로 근본적인 '인공 생명'과는 거리가 멀다. 소위 인공 생명이 이럴진대 한두 개의 유전자를 조작하거나 유전자 가위로 유전자를 부분 수정한 'GMO' 생물은 책의 오타를 고치거나 다른 책의 문장을 추가하는 수준에 불과하다. 즉 현재까지의 합성생물학은 인공 생명 창조는 고사하고 그 발끝에도 미치지 못하고 있다.

이러한 원인 중에 하나는 생명의 기본 부품이라 할 수 있는 단백질을 재창작할 수 있는 능력이 여태까지 없었기 때문이다. 다시 말해 생명체가 하나의 거대한 텍스트라면 단백질은 이를 구성하는 문장과 같은 역할을 하는데, 스스로 문장을 써낼 능력 없이 이미 만들어진 문장을 옮겨다 놓는 수준이라면 생명체라는 텍스트를 재구성하는 것은 불가능에 가깝다.

이제는 단백질 디자인 기술의 발전으로 단백질이라는 문장을 기존 것에 의지하지 않고 써낼 수 있다. ProteinMPNN 등과 같은 단백질 디자인 소프트웨어로 단백질 구조를 지정하고 이를 형성하는 아미노산 서열을 새롭게 써낸다는 것은 엄청난 의미를 지닌다. 교과서에 나오는 문장을 같은 의미의 다른 표현으로 문법에 맞게 쓰는 것과 비슷하다고 볼 수 있다. 즉 그동안 문법을 이해하지 못한 채 무작정 베껴 쓰던 '단백질의 문법'을 이제야 이해하고 나름대로 단백질을 '쓸 수 있게' 되었다. 드디어 생명의 말문이 트인 인간이 앞으로 펼쳐 나갈 합성생물학의 미래는 이전과 비교할 수 없이 넓어질 것이다.

단백질 디자인으로 당장 무엇이 가능할까?

'뜬구름 잡는 이야기는 그만하고 단백질 디자인으로 무엇을 할 수 있을까?' 하고 궁금한 사람들을 위해 이제부터는 단백질 디자인으로 가까운 미래, 그리고 조금 먼 미래에 무엇을 할 수 있는지 이야기해 보도록 하자.

단백질 디자인이 가장 먼저 실용화되고 있는 분야는 단백질 의약품 및 백신이다. 앞서 소개한 최초로 승인된 단백질 기반 코로나바이러스 백신인 스카이코비원 외에도 다양한 백신이 단백질 디자인 기술을 통한 단백질 나노 입자 기반으로 개발되고 있다.

또 다른 용도라면 약물 표적 단백질에 결합하는 단백질 의약품이다. 2020년 베이커 연구팀은 코로나바이러스의 스파이크 단백질에 결합하여 바이러스의 세포 내 침입을 억제하는 '미니 단백질'(Miniprotein)을 개발했으며, 이를 실험동물의 호흡기 내에 살포했을 때 바이러스 감염을 효과적으로 막는다는 것을 입증했다. SK바이오사이언스는 베이커 연구팀과 협력하여 호흡기에 살포하여 코로나바이러스 감염을 예방하는 약제로써 미니 단백질 개발을 시도하고 있다. 마스크 착용으로 호흡기를 통한 바이러스 침투를 줄여 바이러스 감염을 예방하듯 호흡기 내에 바이러스가 대신 결합할 수 있는 '미끼' 단백질 용액을 살포하여 바이러스 감염을 줄인다는 개념이다. 바이러스 예방에 얼마나 도움이 될지는 차후의 연구 결과를 기다려야겠지만, 만약 성공적으로 상업화된다면 바이러스 감염을 예방하는 또 하나의 좋은 수단이 될 것이다. 또 다른 표적 단백질의 응용 예시로는 면역세포를 활성화하여 항암 활성을 높이되 불필요한 독성을 줄인 인공 사이토카인을 들 수 있다.

그 외에 기존의 항체 의약품 및 단백질 의약품의 용도에 따라 디자인된 인공 단백질을 접목하는 방법도 모색되고 있다. '생물학적 제제'(biologic)를 사용한 이러한 항체 의약품은 현재 상위 매출액 의약품 10종 중 7종을 차지할 만큼 중요성이 크다. 실제로 삼성바이오로직스, 셀트리온 등의 국내 제약사들은 바이오 의약품을 위탁 생산하거나 특허가 만료된 바이오 의약품의 복제약(바이오시밀러 biosimilar 또는 동등생물의약품이라고 함)을 생산하고 있다. 이러한 바이오 의약품들은 대부분 동물세포를 이용하므로 생산비가 비싸고, 일반 화학의약품에 비해 복잡성이 높아 다소 복잡한 절차와 임상시험을 거쳐야 한다. 만약 항체와 동등한 효과를 내는 인공 단백질을 대장균 등의 값싼 숙주에서 만들 수 있다면 생산 단가 측면에서 훨씬 더 이점이 있을 것이다.

단백질 디자인 기술은 기존 항체 의약품의 개발 과정을 신속화할 가능성도 있다. 요즘은 표적 단백질에 결합하는 항체를 개발하기 위해 파지 디스플레이(phage display) 같은 기술을 이용하는데, 수백에서 수천만 종의 항체 유전자로부터 표적 단백질에 결합하는 항체를 발굴해야 하므로 최소 몇 달이 걸린다. 만약 표적 단백질에 결합하는 항체를 단백질 디자인으로 신속하게 디자인하거나 항체의 여러 성질을 개선할 수 있다면 이것 역시 항체 의약품의 개발에 중요한 역할을 할 것이다. 결론적으로 특정한 표적에 결합할 수 있는 단백질을 신속히 만들 수 있게 하는 단백질 디자인 기술은 의약품, 특히 생물학적 제제의 개발 과정에 큰 영향을 미칠 것이다.

물론 여기에도 극복해야 할 걸림돌은 있다. 인체의 면역계는 처음 만난 단백질을 모두 외래 병원체 유래의 단백질이라고 간주하고, 이를 무력화하는 적응 면역을 발동한다. 단백질 디자인을 통해 만들어진 단백질 역시 예외는 아니다. 따라서 이를 최소화하려면 단백질 디자인으로 만든 단백질을 면역계에서 어떻게 하면 최소한으로 인식하게 할지 강구해야 한다. 이미 면역계의 인식을 최소화할 수 있는 단백질 디자인 기술이 연구되고 있다(완전히 면역계에서 인식되지 않도록 하기는 어려울 것이다). 예를 들어 항체 또는 T세포에 의해 많이 인식되는 아미노산 서열을 예측하고 이를 최소화하는 방법이 있다.

단백질 디자인은 단순히 바이오 의약품 외에도 미래의 경제와 산업을 좌우할 잠재력을 가지고 있다. 특히 지구온난화로 탄소 배출 절감이 매우 시급히 해결해야 할 문제가 된 지금, 인류 문명을 유지하기 위해서는 에너지원과 각종 화학물질을 석유나 석탄처럼 이산화탄소 배출을 유발하는 자원에 의존하지 않고 만들어야 한다. 이를 어떻게 이룰 수 있을까?

지하자원에 의존하지 않고 에너지와 화학물질 등을 생산하려면 광합성에 의해 대기로부터 이산화탄소를 고정하는 생물자원에 기댈 수밖에 없다. 그렇다면 현재 인류의 에너지 및 화학물질의 수요를 충족할 만한 수준으로 생물자원을 얻을 수 있을까? 가령 가장 대표적인 바이오 기반 원료인 에탄올은 옥수수나 대두 등의 작물을 재배한 후 전분을 얻고 이를 포도당으로 바꿔 효모를 키워 만드는 방식으로 만든다(술을 만들 때와 비슷하다). 이렇게 만들어진 바이오 연료는 에너지 효율은 물론이고 탄소 절감 효과도 그리 높지 않다. 즉 지금까지 자연이 만들어 낸 것 이상의 효율을 낼 수 있는 생물 공정을 구축해야 하며, 이를 효과적으로 수행하기 위해서는 '오버클럭(overclock)된' 생물이 필요하다.

물론 기존에도 이러한 목적으로 다른 생물 유래의 유전자를 도입한다거나 유전체를 뜯어고치는 등의 시도가 있어 왔다. 그러나 생물 유래의 단백질을 그대로 사용한다면 성능에 제약이 걸릴 것이 분명하다. 다시 말해 기존보다 광합성 효율이 훨씬 올라간 조류, 난분해성 플라스틱을 훨씬 더 빨리 분해하는 미생물, 석유를 원료로 하여 화학물질을 생산하는 미생물 등을 만들려면 자연계에서 얻을 수 있는 단백질만으로는 역부족이다. 극한에서 경쟁하는 경주용 자동차를 위한 부품은 따로 주문 제작하거나 상용 자동차에는 없는 것으로 아예 새로 달아야 한다.

이미 이러한 목적으로 자연계에 알려진 단백질을 개량하는 회사들도 있다. 나스닥 상장기업인 코덱시스(Codexis)는 자연계에 존재하는 효소를 개량하는 것을 사업 모델로 하고 있다. 이 회사는 2018년 노벨 화학상을 받은 유도 진화(directed evolution) 기술을 통해 지금껏 단백질을 개량해 왔으나, 단백질 디자인 기술이 급속히 발전하면서 이러한 효소 개량 기술에도 단백질 디자인 기술이 조합될 것으로 보인다. 또한 기능에 맞게 조정하거나 아예 새로 디자인한 단백질을 이용하여 특정한 목적을 수행하는 미생물 개발을 사업 모델로 하는 회사도 다수 있다. 이러한 회사 중에 하나인 징코 바이오웍스(Ginkgo Bioworks)는 효모에서 대마초의 약용 성분인 칸나비노이드(cannabinoid)를 합성하기 위해 대마초 및 여러 미생물 유래 유전자를 넣어 식물체가 아닌 효모에서 칸나비노이드를 생산한다. 이렇게 미생물을 기반으로 한 생물 공정을 통하여 화학 공정을 대치하려고 하는 시도를 '바이오파운드리'(Biofoundry)라고 부른다.

물론 단백질 디자인으로 새로 개발된 단백질 중에 아직 이러한 용도로 사용된 예는 그리 많지 않다. 인공지능 기술로 단백질 디자인 기술이 급격히 발전한 지도 몇 년 되지 않았으니 그럴 만도 하다. 실제로 기존의 제한된 단백질 디자인 기술로 특정한 화학 반응을 촉매하는 단백질을 인공적으로 디자인하려는 시도가 있어 왔지만 자연계에서 발견되는 효소보다 탁월한 능력을 보인 사례 또는 자연계에서 발견되지 않는 화학 반응을 수행한 경우는 드물다. 물론 이러한 상황은 최근 발전한 단백질 디자인 기술에 의해 몇 년 안에 크게 달라질 가능성이 높다.

조금 먼 미래에 가능할지도 모르는 일들

단백질 기반 의약품이나 합성생물학에서의 미생물 개발은 그리 오래 되지 않은 미래에 결과물을 내놓을 것으로 생각한다. 그러나 미생물이 아닌 동물 같은 고등생물로부터 디자인된 단백질을 이용해 세포의 성질을 뜯어고치거나 인공 단백질로 구성된 인공 세포 내지는 인공 생물을 만들려면 지금껏 단백질 구조 예측이나 단백질 구조 기술이 이룩한 것에 맞먹는 혁신이 다른 분야에서도 여러 번 일어나야 한다.

그러나 지금도 초창기 수준의 연구가 진행되고 있다. 그중 하나가 세포 내에서 RNA 형성을 조절하는 전사 인자(transcription factor)를 인공적으로 만드는 연구다. 발생 과정에서 세포의 기능과 조직이 어떻게 분화하는지는 대개 RNA의 패턴이 바뀌면서 정해지는데, 이를 조절하는 것이 전사 인자다.

2006년 야마나카 신야 연구팀은 Oct4, Sox2, Klf4, Myc라는 4개의 전사 인자를 분화가 끝난 세포에 넣었을 때 모든 세포로 분화할 수 있는 줄기세포로 성질이 바뀐다는 것을 발견한 이후(이렇게 만들어진 세포를 '유도만능세포'iPSC라고 부른다) 인공적인 전사 인자를 이용하여 세포의 운명을 바꾸어 줄 수 있음을 알아냈다. 이러한 연구에서는 기존에 알려진 분화 과정을 모방하는 전사 인자를 사용했다. 만약 유전자만 선택적으로 조절하는 전사 인자가 있다면 원하는 유전자만 발현시키거나 억제하여 세포 상태를 바꿀 수 있을 것이다.

최근 한 연구에서는 전사 인자의 한 부류인 징크 핑거(zinc finger)를 딥러닝 기반으로 디자인하여 원하는 유전자만 선택적으로 활성화하거나 억제하는 데 성공하기도 했다. 단백질 디자인 기술이 더욱 발전하면 징크 핑거 이외의 다양한 전사 인자와 유전자 발현 조절 단백질을 인공적으로 '제작'하여 유전자 발현 회로를 원하는 대로 조절할 수 있을지도 모른다. 유전자 발현을 원활하게 조절할 수 있다면 지금보다 더 효율적으로 줄기세포가 다양한 세포나 조직으로 분화할 수 있을 것이다. 특히 최근에 등장한 알파폴드나 로제타폴드의 최신판에서는 DNA/RNA와 여기에 결합하는 단백질 간의 복합체를 예측하는 능력이 포함되었는데, 이러한 기능을 임의적인 서열의 DNA/RNA에 결합하여 유전자 발현을 조절하는 단백질의 디자인으로 응용할 수 있을 것이다.

또 다른 예를 생각해 보자. 세포 기능을 조절하여 기존 세포에 원하는 기능을 부여하는 것은 인체에서 꺼낸 면역세포에 암세포를 인식하는 유전자를 넣어 암을 공격하도록 하는 유전자 조작 면역세포인 CAR-T 세포로 이미 현실화되었다. B세포 림프종·백혈병 치료제인 '킴리아'(Kymriah)는 기존의 항암 치료제에서 보기 힘들었던 탁월한 치료 효과로 화제를 모았다. 그러나 환자 체내에서 채취한 면역세포로 만드는 맞춤형 세포치료제라는 특성 때문에 1회 치료에 5억 원에 가까운 엄청난 비용이 든다는 것으로도 화제가 되었다(2022년 급여상한금액이 3억 6,000만 원으로 책정되었고, 본인부담금 5%로 1회

투여에 1,800만 원이 든다).

그러나 CAR-T 세포는 백혈병 등의 혈액암에만 효과가 있고, 혈액암이 아닌 고형암에 효과가 있는 CAR-T 세포가 아직 개발되지 않고 있다. 이유인즉 고형암은 암세포뿐만 아니라 면역세포 등의 각종 정상 세포가 뒤섞인 종양미세환경(tumor microenvironment)에 숨어 있으며, 암세포를 공격하려면 이 종양미세환경 안으로 비집고 들어가야 하는데 여기에는 면역세포를 무력화하는 요소들도 숨어 있다. 또한 CAR-T 세포의 또 다른 문제는 일단 활성화되면 기능을 제어할 방법이 없다는 것이다. 즉 '스위치를 끄는' 방법이 현재로서는 없기에 세포가 지나치게 활성화되어 독성을 보이더라도 제어하지 못한다.

이러한 한계를 극복하고 암을 치료하려면 어떻게 해야 할까? 결국 면역세포를 제어하는 단백질을 엔지니어링하여 원하는 성질을 세포에 심어 넣는 수밖에 없다. 기계 성능을 개선하기 위해 새로운 부품들을 끼워 넣는 것과 비슷한 이치다. 이러한 과정에서 단백질 디자인은 매우 중요한 역할을 할 것으로 생각된다.

인공 생명과 인공 바이러스

여기까지 읽었다면 인공 단백질로 생명 현상을 조절할 수 있게 되면 아예 인간이 디자인한 단백질로만 이루어진 생명체도 만들 수 있지 않을까 하는 발칙한 상상으로 나아갈 수도 있다. 과연 이것이 가능할까? 일반적인 세균의 단백질은 1,000~4,000개이고, 고등생물의 단백질은 1만 개에서 2만 개임을 고려하면 겨우 단백질 하나를 제대로 만든다는 것에 기뻐하는 현재로서는 밑바닥부터 생명체를 설계한다는 것은 너무나도 버거워 보인다.

그렇다면 단백질이 수십 개 이하인 바이러스라면 어떨까? 앞서 소개했듯이 2016년 베이커 연구팀은 자가 조립되어 바이러스 크기의 단백질 입지를 형성하는 단백질을 디자인했고, 이는 스카이코비원 같은 백신의 토대로 쓰였다. 이론적으로는 이런 입자에 바이러스 표면 단백질 및 자가 복제하는 효소 같은 유전자가 담긴 RNA나 DNA를 담을 수 있다면 '인공 바이러스'가 될 수 있다. 그러나 말처럼 쉽지 않다. '어떻게 하면 RNA나 DNA를 복제하여 인공 바이러스의 유전체 정보만 감싸는 단백질 입자로 만들 수 있을까?', '세포 밖으로 바이러스 입자를 어떻게 방출할 수 있을까?', '방출된 바이러스 입자가 세포 내로 침투되도록 하려면 어떻게 해야 할까?' 등등 실제로 만들어 보지 않으면 알 수 없는 수많은 난관도 존재한다. 그러나 인공 바이러스 제작 역시 누군가 충분한 시간과 노력을 들이면 가능할 만한 가시권에 들어온 것은 분명하다.

이러한 인공 바이러스가 만들어진다면 어떤 일이 일어날까? 또 그 바이러스가 동물이나 사람에게 질병을 일으키거나, 아니면 환경에 노출되어 생태계에 큰 문제를 일으킨다면 어떻게 대처할 수 있을까? 이러한 걱정은 단백질 디자인과 인공 생명 연구가 아직 초창기인 현재로서는 시기상조일지도 모른다. 그러나 그토록 어렵던 단백질 구조 예측 문제가 하루아침에 해결되었듯 이러한 문제 역시 미리 대비해 놓으면 좋을 것이다.

여기서 한 발짝 더 나아가 인간이 디자인한 단백질만으로 구성된 세균, 다세포 생물, 심지어 고등생물이 등장한다면 어떤 일이 일어날까? 또 완전한 인공 단백질이 아니더라도 자연계에서 진화해 온 단백질에 이를 조절하는 몇 가지의 인공 단백질로 이루어진 '하이브리드 생물'이 등장할 수 있을까? 단백질 하나를 겨우 만들 수 있을까 말까 한 상황에서 수만 개의 단백질로 구성된 복잡한 생물을 감히 창조할 거라 지금은 꿈꾸기 어려울 수도 있다. 그러나 인류는 불과 70여 년 전만 하더라도 유전체 정보가 DNA에 들어 있고 이것이 단백질로 번역되어 생명의 부품을 만든다는 것조차 알지 못했지만, 이제는 단백질을 스스로 설계할 수 있는 경지에 이르렀다. 이런데도 앞으로 70년 후에 어떤 일이 일어날지 지금 짐작할 수 있을까? 물론 이러한 기술의 급격한 발전은 필연적으로 사회의 변화를 일으키며, 모든 기술이 그러하듯 긍정적인 방향으로만 흐를 거라 단정할 수 없다. (혁신적인 비만 치료제가 비싼 값으로 등장하면 비만이 가난의 상징이 될 수 있다는 사고방식과 관련해서 생각해 보자.)

어쨌든 현재의 단백질 구조 예측 기술은 단백질 디자인 분야의 급속한 발전을 낳았고, 이는 또한 생명공학의 급속한 발전을 촉진했다. 과연 이것이 앞으로의 생명공학에 얼마큼의 영향을 미칠까? 전자공학은 1948년 트랜지스터와 1959년 집적 회로(IC)가 등장한 이후 급속도로 발전했다. 생명의 기본 부품인 단백질을 능숙하게 디자인할 수 있게 된 지금은 트랜지스터 또는 집적 회로가 등장한 시점에 비견될 수 있다. 해당 분야 관련자들은 이미 너무나 빠르게 변하는 속도에 멀미를 느낄 지경이지만, 일반인이 이러한 속도를 체감하기까지는 앞으로 시간이 좀 더 걸릴지도 모른다. 그러나 분명한 것은 세상은 더욱 빠르게 움직이고 있고 그 중심에 단백질 구조 예측과 단백질 디자인이 자리하고 있다는 것이다. 변화할 미래가 가져올 잠재적인 이득과 위험성을 모두 가진 채로.

- 그림 1-1 https://collection.nationalmuseum.se/eMP/eMuseumPlus?service
  =ExternalInterface&module=collection&objectId=177243&viewType=det
  ailView
- 그림 1-2 자체 제작
- 그림 2-1 자체 제작
- 그림 3-1 https://www.mun.ca/biology/scarr/Analytical_
  Ultracentrifugation.html
- 그림 4-1~그림 4-3 자체 제작
- 그림 5-1~그림 5-3 자체 제작
- 그림 6-1~그림 6-4 자체 제작
- 그림 7-1~그림 7-8 자체 제작
- 그림 8-1~그림 8-3 자체 제작
- 그림 9-1 https://www.nobelprize.org/uploads/2018/06/fig_ke_en_17_
  dubochetspreparationmethod.pdf
  https://www.nobelprize.org/uploads/2018/06/fig_ke_en_17_
  franksimageanalysis.pdf
- 그림 9-2 자체 제작
- 그림 10-1 자체 제작
- 그림 10-2 자체 제작
- 그림 10-3 자체 제작, http://www.compbio.dundee.ac.uk/jpred/
- 그림 10-4 자체 제작
- 그림 10-5 자체 제작
- 그림 11-1 자체 제작
- 그림 11-2 자체 제작
- 그림 11-3 https://predictioncenter.org/casp14/zscores_final.cgi

- 그림 11-4~그림 11-6 자체 제작
- 그림 12-1 https://alphafold.ebi.ac.uk/entry/O15552
- 그림 13-1~그림 13-3 자체 제작

1장

1   Tanford, Charles; Reynolds, Jacqueline. *Nature's Robots* (Oxford Paperbacks) (p. 11-15). OUP Oxford. Kindle Edition.

2   Vickery, H. B., & Schmidt, C. L. (1931). The history of the discovery of the amino acids. *Chemical reviews*, 9(2), 169-318.

3   McCoy, R. H., Meyer, C. E., & Rose, W. C. (1935). Feeding experiments with mixtures of highly purified amino acids. 8. Isolation and identification of a new essential amino acid. *The Journal of biological chemistry*, *112*, 283-302.

4   Tanford, Charles; Reynolds, Jacqueline. *Nature's Robots* (Oxford Paperbacks) (p. 21-28). OUP Oxford. Kindle Edition.

5   Edsall, J. T. (1972). Blood and hemoglobin: The evolution of knowledge of functional adaptation in a biochemical system: Part I: The adaptation of chemical structure to function in hemoglobin. *Journal of the History of Biology*, 5(2), 205-257.

6   Sumner, J. B., & Howell, S. F. (1936). Identification of hemagglutinin of jack bean with concanavalin A. *Journal of bacteriology*, *32*(2), 227-237.

7   Northrop, J. H. (1929). Crystalline pepsin. *Science*, *69*(1796), 580.

8   McPherson, A. (1991). A brief history of protein crystal growth. *Journal of crystal growth*, *110*(1-2), 1-10.

2장

1   Ettre, L. S., & Sakodynskii, K. I. (1993). MS Tswett and the discovery of chromatography I: Early work (1899 - 1903). *Chromatographia*, *35*(3-4), 223-231.;Ettre, L.S, (2003) *LCGC North America 21*(5):458-467.

2   Tswett, M. (1906). Physikalisch-chemische Studien über das chlorophyll.

Die Adsorptionen. *Berichte der deutschen botanischen Gesellschaft*, *24*(316–323), 20.

3 Martin, A. J., & Synge, R. L. (1941). A new form of chromatogram employing two liquid phases: A theory of chromatography. 2. Application to the micro–determination of the higher monoamino–acids in proteins. *The Biochemical journal*, *35*(12), 1358.

4 Consden, R., Gordon, A. H., & Martin, A. J. (1944). Qualitative analysis of proteins: a partition chromatographic method using paper. *The Biochemical journal*, *38*(3), 224.

5 Sanger F. (1945). The free amino groups of insulin. *The Biochemical journal*, *39*(5), 507 – 515.

6 Sanger, F., & Tuppy, H. (1951). The amino–acid sequence in the phenylalanyl chain of insulin. I. The identification of lower peptides from partial hydrolysates. *The Biochemical journal*, *49*(4), 463 – 481.

7 Sanger, F., & Tuppy, H. (1951). The amino–acid sequence in the phenylalanyl chain of insulin. 2. The investigation of peptides from enzymic hydrolysates. *The Biochemical journal*, *49*(4), 481 – 490.

8 Sanger, F., & Thompson, E. O. (1953). The amino–acid sequence in the glycyl chain of insulin. I. The identification of lower peptides from partial hydrolysates. *The Biochemical journal*, *53*(3), 353 – 366.

9 Sanger, F., & Thompson, E. O. (1953). The amino–acid sequence in the glycyl chain of insulin. II. The investigation of peptides from enzymic hydrolysates. *The Biochemical journal*, *53*(3), 366 – 374.

10 Edman, P., Högfeldt, E., Sillén, L. G., & Kinell, P. O. (1950). Method for determination of the amino acid sequence in peptides. *Acta chem. scand*, *4*(7), 283–293.

11 Holley, R. W., Everett, G. A., Madison, J. T., & Zamir, A. (1965). Nucleotide sequences in the yeast alanine transfer ribonucleic acid. *The Journal of Biological Chemistry*, *240*(5), 2122–2128.

12 Holley, R. W., Apgar, J., Everett, G. A., Madison, J. T., Marquisee, M.,

Merrill, S. H., ⋯ & Zamir, A. (1965). Structure of a ribonucleic acid. *Science, 147*(3664), 1462–1465.

13 Brownlee, G. G., & Sanger, F. (1967). Nucleotide sequences from the low molecular weight ribosomal RNA of Escherichia coli. *Journal of molecular biology, 23*(3), 337–353.

14 Maxam, A. M., & Gilbert, W. (1977). A new method for sequencing DNA. *Proceedings of the National Academy of Sciences, 74*(2), 560–564.

15 Sanger, F., Nicklen, S., & Coulson, A. R. (1977). DNA sequencing with chain-terminating inhibitors. *Proceedings of the national academy of sciences, 74*(12), 5463–5467.

16 Sanger, F., Air, G. M., Barrell, B. G., Brown, N. L., Coulson, A. R., Fiddes, J. C., ⋯ & Smith, M. (1977). Nucleotide sequence of bacteriophage φX174 DNA. *Nature, 265*(5596), 687–695.

17 Anderson, S., Bankier, A. T., Barrell, B. G., de Bruijn, M. H., Coulson, A. R., Drouin, J., ⋯ & Young, I. G. (1981). Sequence and organization of the human mitochondrial genome. *Nature, 290*(5806), 457–465.

3장

1 Tanford, Charles; Reynolds, Jacqueline. *Nature's Robots* (Oxford Paperbacks) (p. 42–50). OUP Oxford. Kindle Edition.

2 Claesson, S., & Pedersen, K. O. (1972). *The Svedberg, 1884-1971.*

3 Svedberg, T., & Rinde, H. (1924). The ultra-centrifuge, a new instrument for the determination of size and distribution of size of particle in amicroscopic colloids. *Journal of the American Chemical Society, 46*(12), 2677–2693.

4 Svedberg, The; Fåhraeus, Robin (1926). A New method for the determination of the molecular weight of the proteins. *Journal of the American Chemical Society, 48*(2), 430–438.

5 Bragg, W. H., & Bragg, W. L. (1913). The reflection of X-rays by crystals. *Proceedings of the Royal Society of London. Series A, Containing*

Papers of a Mathematical and Physical Character, 88(605), 428–438.

6   Bernal, J. D. (1924). The structure of graphite. *Proceedings of the Royal Society of London. Series A, Containing Papers of a Mathematical and Physical Character, 106*(740), 749–773.

7   Astbury, W. T., & Street, A. (1931). X–ray studies of the structure of hair, wool, and related fibres. I. General. *Philosophical Transactions of the Royal Society of London. Series A, Containing Papers of a Mathematical or Physical Character, 230*(681–693), 75–101.

8   Astbury, W. T., & Bell, F. O. (1938, January). Some recent developments in the X–ray study of proteins and related structures. In *Cold Spring Harbor symposia on quantitative biology* (Vol. 6, pp. 109–121). Cold Spring Harbor Laboratory Press.

9   Bernal, J. D., & Crowfoot, D. (1934). X–ray photographs of crystalline pepsin. *Nature, 133*(3369), 794–795.

10 Bernal, J.D. (1939) Structure of Proteins. *Nature, 143*, 663 – 667.

4장

1   Bernal, J.D, Fankuchen, I. & Perutz, M. (1938). An X–Ray Study of Chymotrypsin and HÆmoglobin. *Nature, 141*, 523 – 524.

2   Pauling, L., Corey, R. B., & Branson, H. R. (1951). The structure of proteins: two hydrogen–bonded helical configurations of the polypeptide chain. *Proceedings of the National Academy of Sciences, 37*(4), 205–211.

3   Pauling, L., & Corey, R. B. (1951). Configurations of polypeptide chains with favored orientations around single bonds: two new pleated sheets. *Proceedings of the National Academy of Sciences, 37*(11), 729–740.

4   Perutz, M. F. (1951). The 1.5-A. Reflexion from proteins and polypeptides. *Nature, 168*(4276), 653–654.

5   Riggs, A. F. (1952). Sulfhydryl groups and the interaction between the hemes in hemoglobin. *The Journal of General Physiology, 36*(1), 1.

6   Green, D. W., Ingram, V. M., & Perutz, M. F. (1954). The structure of

haemoglobin-IV. Sign determination by the isomorphous replacement method. *Proceedings of the Royal Society of London. Series A. Mathematical and Physical Sciences, 225*(1162), 287-307.

7 Kendrew, J. C., Bodo, G., Dintzis, H. M., Parrish, R. G., Wyckoff, H., & Phillips, D. C. (1958). A three-dimensional model of the myoglobin molecule obtained by x-ray analysis. *Nature, 181*(4610), 662-666.

8 Perutz, M. F., Rossmann, M. G., Cullis, A. F., Muirhead, H., Will, G., & North, A. C. T. (1960). Structure of hæmoglobin: a three-dimensional Fourier synthesis at 5.5-Å. resolution, obtained by X-ray analysis. *Nature, 185*(4711), 416-422.

5장

1 Blake, C. C. F., Koenig, D. F., Mair, G. A., North, A. C. T., Phillips, D. C., & Sarma, V. R. (1965). Structure of hen egg-white lysozyme: a three-dimensional Fourier synthesis at 2Å resolution. *Nature, 206*(4986), 757-761.

2 Matthews, B. W., Sigler, P. B., Henderson, R., & Blow, D. M. (1967). Three-dimensional structure of tosyl-α-chymotrypsin. *Nature, 214*(5089), 652-656.

3 Kabsch, W., Mannherz, H. G., Suck, D., Pai, E. F., & Holmes, K. C. (1990). Atomic structure of the actin: DNase I complex. *Nature, 347*(6288), 37-44.

4 Holmes, K. C., Popp, D., Gebhard, W., & Kabsch, W. (1990). Atomic model of the actin filament. *Nature, 347*(6288), 44-49.

5 Grabowski, M., Cooper, D. R., Brzezinski, D., Macnar, J. M., Shabalin, I. G., Cymborowski, M., ⋯ & Minor, W. (2021). Synchrotron radiation as a tool for macromolecular X-Ray Crystallography: A XXI century perspective. *Nuclear Instruments and Methods in Physics Research Section B: Beam Interactions with Materials and Atoms, 489*, 30-40.

6 Sussman, J. L., Lin, D., Jiang, J., Manning, N. O., Prilusky, J., Ritter, O.,

& Abola, E. E. (1998). Protein Data Bank (PDB): database of three-dimensional structural information of biological macromolecules. *Acta Crystallographica Section D: Biological Crystallography, 54*(6), 1078-1084.

6장

1   Parada, L. F., Tabin, C. J., Shih, C., & Weinberg, R. A. (1982). Human EJ bladder carcinoma oncogene is homologue of Harvey sarcoma virus ras gene. *Nature, 297*(5866), 474-478.

2   Tong, L., Milburn, M. V., De Vos, A. M., & Kim, S. H. (1989). Structure of ras proteins. *Science, 245*(4915), 244-244.

3   Milburn, M. V., Tong, L., DeVos, A. M., Brünger, A., Yamaizumi, Z., Nishimura, S., & Kim, S. H. (1990). Molecular switch for signal transduction: structural differences between active and inactive forms of protooncogenic ras proteins. *Science, 247*(4945), 939-945.

4   남궁석, (2019) 암 정복 연대기: 암과 싸운 과학자들, 바이오스펙테이터: 서울.

5   Knighton, D. R., Zheng, J., Ten Eyck, L. F., Ashford, V. A., Xuong, N. H., Taylor, S. S., & Sowadski, J. M. (1991). Crystal structure of the catalytic subunit of cyclic adenosine monophosphate-dependent protein kinase. *Science, 253*(5018), 407-414.

6   Hubbard, S. R., Wei, L., & Hendrickson, W. A. (1994). Crystal structure of the tyrosine kinase domain of the human insulin receptor. *Nature, 372*(6508), 746-754.

7   Yamaguchi, H., & Hendrickson, W. A. (1996). Structural basis for activation of human lymphocyte kinase Lck upon tyrosine phosphorylation. *Nature, 384*(6608), 484-489.

8   Xu, W., Harrison, S. C., & Eck, M. J. (1997). Three-dimensional structure of the tyrosine kinase c-Src. *Nature, 385*(6617), 595-602; Xu, W., Doshi, A., Lei, M., Eck, M. J., & Harrison, S. C. (1999). Crystal

structures of c-Src reveal features of its autoinhibitory mechanism. *Molecular cell, 3*(5), 629-638.

9　Cho, Y., Gorina, S., Jeffrey, P. D., & Pavletich, N. P. (1994). Crystal structure of a p53 tumor suppressor-DNA complex: understanding tumorigenic mutations. *Science, 265*(5170), 346-355.

10　Kussie, P. H., Gorina, S., Marechal, V., Elenbaas, B., Moreau, J., Levine, A. J., & Pavletich, N. P. (1996). Structure of the MDM2 oncoprotein bound to the p53 tumor suppressor transactivation domain. *Science, 274*(5289), 948-953.

11　남궁석, (2021) 바이러스, 사회를 감염하다, 바이오스펙테이터:서울 p183-207.

12　Navia, M. A., Fitzgerald, P. M., McKeever, B. M., Leu, C. T., Heimbach, J. C., Herber, W. K., Sigal, I. S., Darke, P. L., & Springer, J. P. (1989). Three-dimensional structure of aspartyl protease from human immunodeficiency virus HIV-1. *Nature, 337*(6208), 615 - 620.

7장

1　Miller, M., Schneider, J., Sathyanarayana, B. K., ToTH, M. V., Marshall, G. R., Clawson, L., ··· & Wlodawer, A. (1989). Structure of complex of synthetic HIV-1 protease with a substrate-based inhibitor at 2.3Å resolution. *Science, 246*(4934), 1149-1152.

2　Roberts, N. A., Martin, J. A., Kinchington, D., Broadhurst, A. V., Craig, J. C., Duncan, I. B., ··· & Machin, P. J. (1990). Rational design of peptide-based HIV proteinase inhibitors. *Science, 248*(4953), 358-361.

3　Krohn, A., Redshaw, S., Ritchie, J. C., Graves, B. J., & Hatada, M. H. (1991). Novel binding mode of highly potent HIV-proteinase inhibitors incorporating the (R)-hydroxyethylamine isostere. *Journal of medicinal chemistry, 34*(11), 3340-3342.

4　남궁석, (2021) 바이러스, 사회를 감염하다, 바이오스펙테이터:서울 p183-207.

5   Owen, D. R., Allerton, C. M., Anderson, A. S., Aschenbrenner, L.,
    Avery, M., Berritt, S., ··· & Zhu, Y. (2021). An oral SARS-CoV-2 Mpro
    inhibitor clinical candidate for the treatment of COVID-19. *Science*,
    374(6575), 1586-1593.

6   Zimmermann, J., Buchdunger, E., Mett, H., Meyer, T., & Lydon, N.
    (1997). Potent and selective inhibitors of the Abl-kinase: phenylamino-
    pyrimidine (PAP) derivatives. *Bioorganic & Medicinal Chemistry Letters*,
    7, 187-192.

7   Schindler, T., Bornmann, W., Pellicena, P., Miller, W. T., Clarkson, B.,
    & Kuriyan, J. (2000). Structural mechanism for STI-571 inhibition of
    abelson tyrosine kinase. *Science*, *289*(5486), 1938-1942.

8   Gorre, M. E., Mohammed, M., Ellwood, K., Hsu, N., Paquette, R., Rao,
    P. N., & Sawyers, C. L. (2001). Clinical resistance to STI-571 cancer
    therapy caused by BCR-ABL gene mutation or amplification. *Science*,
    293(5531), 876-880.

9   O'Hare, T., Shakespeare, W. C., Zhu, X., Eide, C. A., Rivera, V. M.,
    Wang, F., ··· & Clackson, T. (2009). AP24534, a pan-BCR-ABL
    inhibitor for chronic myeloid leukemia, potently inhibits the T315I
    mutant and overcomes mutation-based resistance. *Cancer cell*, *16*(5),
    401-412.

10 Downward, J. (2003). Targeting RAS signalling pathways in cancer
    therapy. *Nature reviews cancer*, *3*(1), 11-22.

11 Ostrem, J. M., Peters, U., Sos, M. L., Wells, J. A., & Shokat, K. M. (2013).
    K-Ras (G12C) inhibitors allosterically control GTP affinity and effector
    interactions. *Nature*, *503*(7477), 548-551.

12 Lanman, B. A., Allen, J. R., Allen, J. G., Amegadzie, A. K., Ashton, K. S.,
    Booker, S. K., ··· & Cee, V. J. (2020). Discovery of a covalent inhibitor
    of KRAS^{G12C} (AMG 510) for the treatment of solid tumors. *Journal of
    Medicinal Chemistry*, *63*(1), 52-65.

13 Fell, J. B., Fischer, J. P., Baer, B. R., Blake, J. F., Bouhana, K., Briere, D.

M., ··· & Marx, M. A. (2020). Identification of the clinical development candidate MRTX849, a covalent KRAS^{G12C} inhibitor for the treatment of cancer. *Journal of Medicinal Chemistry*, *63*(13), 6679-6693.

14 Wang, X., Allen, S., Blake, J. F., Bowcut, V., Briere, D. M., Calinisan, A., ··· & Marx, M. A. (2022). Identification of MRTX1133, a Noncovalent, Potent, and Selective KRAS^{G12D} Inhibitor. *Journal of medicinal chemistry*, *65*(4) 3123-3133.

15 Lipinski, C. A., Lombardo, F., Dominy, B. W., & Feeney, P. J. (1997). Experimental and computational approaches to estimate solubility and permeability in drug discovery and development settings. *Advanced drug delivery reviews*, *23*(1-3), 3-25.

16 Murray, C. W., & Rees, D. C. (2009). The rise of fragment-based drug discovery. *Nature chemistry*, *1*(3), 187-192.

17 Liu, J., & Wang, R. (2015). Classification of current scoring functions. *Journal of chemical information and modeling*, *55*(3), 475-482.

18 Wang, L., Wu, Y., Deng, Y., Kim, B., Pierce, L., Krilov, G., ··· & Abel, R. (2015). Accurate and reliable prediction of relative ligand binding potency in prospective drug discovery by way of a modern free-energy calculation protocol and force field. *Journal of the American Chemical Society*, *137*(7), 2695-2703.

19 Abel, R., Young, T., Farid, R., Berne, B. J., & Friesner, R. A. (2008). Role of the active-site solvent in the thermodynamics of factor Xa ligand binding. *Journal of the American Chemical Society*, *130*(9), 2817-2831.

20 Luttens, A., Gullberg, H., Abdurakhmanov, E., Vo, D. D., Akaberi, D., Talibov, V. O., ··· & Carlsson, J. (2022). Ultralarge virtual screening identifies SARS-CoV-2 main protease inhibitors with broad-spectrum activity against coronaviruses. *Journal of the American Chemical Society*, *144*(7), 2905-2920.

8장

1   Michel, H. (1982). Three-dimensional crystals of a membrane protein complex: the photosynthetic reaction centre from Rhodopseudomonas viridis. *Journal of Molecular Biology*, *158*(3), 567–572.

2   Deisenhofer, J., Epp, O., Miki, K., Huber, R., & Michel, H. (1985). Structure of the protein subunits in the photosynthetic reaction centre of Rhodopseudomonas viridis at 3Å resolution. *Nature*, *318*(6047), 618–624.

3   Abrahams, J. P., Leslie, A. G., Lutter, R., & Walker, J. E. (1994). Structure at 2.8 A resolution of F1–ATPase from bovine heart mitochondria. *Nature*, *370*(6491), 621–628.

4   Doyle, D. A., Cabral, J. M., Pfuetzner, R. A., Kuo, A., Gulbis, J. M., Cohen, S. L., ⋯ & MacKinnon, R. (1998). The structure of the potassium channel: molecular basis of K+ conduction and selectivity. *Science*, *280*(5360), 69–77.

5   Dutzler, R., Campbell, E. B., Cadene, M., Chait, B. T., & MacKinnon, R. (2002). X-ray structure of a ClC chloride channel at 3.0Å reveals the molecular basis of anion selectivity. *Nature*, *415*(6869), 287–294.

6   Palczewski, K., Kumasaka, T., Hori, T., Behnke, C. A., Motoshima, H., Fox, B. A., ⋯ & Miyano, M. (2000). Crystal structure of rhodopsin: AG protein-coupled receptor. *Science*, *289*(5480), 739–745.

7   Kobilka, B. K. (1995). Amino and carboxyl terminal modifications to facilitate the production and purification of a G protein-coupled receptor. *Analytical biochemistry*, *231*(1), 269–271.

8   Gether, U., Lin, S., & Kobilka, B. K. (1995). Fluorescent labeling of purified β2 adrenergic receptor: evidence for ligand-specific conformational changes. *The Journal of Biological Chemistry*, *270*(47), 28268–28275.

9   Rasmussen, S. G., Choi, H. J., Rosenbaum, D. M., Kobilka, T. S., Thian, F. S., Edwards, P. C., ⋯ & Kobilka, B. K. (2007). Crystal structure of the

human β2 adrenergic G-protein-coupled receptor. *Nature, 450*(7168), 383-387.

10 Rasmussen, S. G., DeVree, B. T., Zou, Y., Kruse, A. C., Chung, K. Y., Kobilka, T. S., ⋯ & Kobilka, B. K. (2011). Crystal structure of the β2 adrenergic receptor – Gs protein complex. *Nature, 477*(7366), 549-555.

9장

1   현재경. (2017). 초저온 전자현미경법을 통한 고분해능 생물분자 구조 분석. 진공이야기, 4(4), 18-22.

2   Booth, D. S., Avila-Sakar, A., & Cheng, Y. (2011). Visualizing proteins and macromolecular complexes by negative stain EM: from grid preparation to image acquisition. *Journal of visualized experiments* : *JoVE*, (58), 3227.

3   Lake, J. A. (1976). Ribosome structure determined by electron microscopy of Escherichia coli small subunits, large subunits and monomeric ribosomes. *Journal of molecular biology, 105*(1), 131-159.

4   Kirschner, M. W., Honig, L. S., & Williams, R. C. (1975). Quantitative electron microscopy of microtubule assembly in vitro. *Journal of molecular biology, 99*(2), 263-276.

5   Tanaka, K., Ii, K., Ichihara, A., Waxman, L., & Goldberg, A. L. (1986). A high molecular weight protease in the cytosol of rat liver. I. Purification, enzymological properties, and tissue distribution. *The Journal of Biological Chemistry, 261*(32), 15197-15203.

6   Henderson, R., & Unwin, P. N. T. (1975). Three-dimensional model of purple membrane obtained by electron microscopy. *Nature, 257*(5521), 28-32.

7   Henderson, R., Baldwin, J. M., Ceska, T. A., Zemlin, F., Beckmann, E., & Downing, K. H. (1990). Model for the structure of bacteriorhodopsin based on high-resolution electron cryo-microscopy. *Journal of molecular biology, 213*(4), 899-929.

8   Dubochet, J., Adrian, M., Lepault, J., and McDowall, A. W. (1985)
     Emerging techniques: Cryo-electron microscopy of vitrified biological
     specimens. *Trends Biochem. Sci.* 10, 143-146.

9   Radermacher, M., Wagenknecht, T., Verschoor, A., and Frank, J. (1986)
     A new 3-D reconstruction scheme applied to the 50S ribosomal subunit
     of E. coli. *Journal of microscopy, 141*(Pt 1), RP1-RP2; Radermacher, M.,
     Wagenknecht, T., Verschoor, A., & Frank, J. (1987). Three-dimensional
     reconstruction from a single-exposure, random conical tilt series applied
     to the 50S ribosomal subunit of Escherichia coli. *Journal of microscopy,
     146*(Pt 2), 113-136.

10   Lambert, O., Boisset, N., Penczek, P., Lamy, J., Taveau, J. C., Frank,
     J., & Lamy, J. N. (1994). Quaternary structure of Octopus vulgaris
     hemocyanin: three-dimensional reconstruction from frozen-hydrated
     specimens and intramolecular location of functional units Ove and Ovb.
     Journal of molecular biology, 238(1), 75-87; Radermacher, M., Rao, V.,
     Grassucci, R., Frank, J., Timerman, A. P., Fleischer, S., & Wagenknecht, T.
     (1994). Cryo-electron microscopy and three-dimensional reconstruction
     of the calcium release channel/ryanodine receptor from skeletal muscle.
     The Journal of cell biology, 127(2), 411-423.

11   Yan, C., Hang, J., Wan, R., Huang, M., Wong, C. C., & Shi, Y. (2015).
     Structure of a yeast spliceosome at 3.6-angstrom resolution. *Science,
     349*(6253), 1182-1191.

12   Vinothkumar, K. R., Zhu, J., & Hirst, J. (2014). Architecture of
     mammalian respiratory complex I. *Nature, 515*(7525), 80-84.

13   Kampjut, D., & Sazanov, L. A. (2020). The coupling mechanism of
     mammalian respiratory complex I. *Science (New York, N.Y.), 370*(6516),
     eabc4209.

14   Bai, X. C., Yan, C., Yang, G., Lu, P., Ma, D., Sun, L., ··· & Shi, Y. (2015).
     An atomic structure of human γ-secretase. *Nature, 525*(7568), 212-217.

15   Liu, F., Zhang, Z., Csanády, L., Gadsby, D. C., & Chen, J. (2017).

Molecular structure of the human CFTR ion channel. *Cell, 169*(1), 85-95.

16 Liao, M., Cao, E., Julius, D., & Cheng, Y. (2013). Structure of the TRPV1 ion channel determined by electron cryo-microscopy. *Nature, 504*(7478), 107-112.

17 Dong, D., Zheng, L., Lin, J., Zhang, B., Zhu, Y., Li, N., ⋯ & Huang, Z. (2019). Structural basis of assembly of the human T cell receptor - CD3 complex. *Nature, 573*(7775), 546-552.

10장

1 Anfinsen, C. B., Redfield, R. R., Choate, W. L., Page, J., & Carroll, W. R. (1954). Studies on the gross structure, cross-linkages, and terminal sequences in ribonuclease. *The Journal of biological chemistry, 207*(1), 201-210.

2 Anfinsen, C. B., & Haber, E. (1961). Studies on the reduction and re-formation of protein disulfide bonds. *The Journal of biological chemistry, 236*(5), 1361-1363.

3 Chou, P. Y., & Fasman, G. D. (1974). Prediction of protein conformation. *Biochemistry, 13*(2), 222-245.

4 Garnier, J., Osguthorpe, D. J., & Robson, B. (1978). Analysis of the accuracy and implications of simple methods for predicting the secondary structure of globular proteins. *Journal of molecular biology, 120*(1), 97-120.

5 Rost, B., & Sander, C. (1993). Prediction of protein secondary structure at better than 70% accuracy. *Journal of molecular biology, 232*(2), 584-599.

6 Jones, D. T. (1999). Protein secondary structure prediction based on position-specific scoring matrices. *Journal of molecular biology, 292*(2), 195-202.

7 Cuff, J. A., Clamp, M. E., Siddiqui, A. S., Finlay, M., & Barton, G. J. (1998).

JPred: a consensus secondary structure prediction server. *Bioinformatics (Oxford, England)*, *14*(10), 892–893.

8   Levinthal, C. (1969). How to fold graciously. *Mossbauer spectroscopy in biological systems*, *67*, 22–24.

9   Dill, K. A. (1987). The stabilities of globular proteins. *Protein engineering*, *1*, 187–192.

10 Simons, K. T., Kooperberg, C., Huang, E., & Baker, D. (1997). Assembly of protein tertiary structures from fragments with similar local sequences using simulated annealing and Bayesian scoring functions. *Journal of molecular biology*, *268*(1), 209–225; Rohl, C. A., Strauss, C. E., Misura, K. M., & Baker, D. (2004). Protein structure prediction using Rosetta. *Methods in enzymology*, *383*, 66–93.

11 Alford, R. F., Leaver-Fay, A., Jeliazkov, J. R., O'Meara, M. J., DiMaio, F. P., Park, H., ⋯ & Gray, J. J. (2017). The Rosetta all-atom energy function for macromolecular modeling and design. *Journal of chemical theory and computation*, *13*(6), 3031–3048.

12 https://boinc.bakerlab.org/rosetta/

13 Hameduh, T., Haddad, Y., Adam, V., & Heger, Z. (2020). Homology modeling in the time of collective and artificial intelligence. *Computational and structural biotechnology journal*, *18*, 3494.

14 Jaroszewski, L., Rychlewski, L., & Godzik, A. (2000). Improving the quality of twilight-zone alignments. *Protein Science*, *9*(8), 1487–1496.

15 Meier, A., & Söding, J. (2015). Automatic prediction of protein 3D structures by probabilistic multi-template homology modeling. *PLoS computational biology*, *11*(10), e1004343.

11장

1   Marks, D. S., Colwell, L. J., Sheridan, R., Hopf, T. A., Pagnani, A., Zecchina, R., & Sander, C. (2011). Protein 3D structure computed from evolutionary sequence variation. *PloS one*, *6*(12), e28766.

2   Hopf, T. A., Colwell, L. J., Sheridan, R., Rost, B., Sander, C., & Marks, D. S. (2012). Three-dimensional structures of membrane proteins from genomic sequencing. *Cell, 149*(7), 1607-1621.

3   Nugent, T., & Jones, D. T. (2012). Accurate de novo structure prediction of large transmembrane protein domains using fragment-assembly and correlated mutation analysis. *Proceedings of the National Academy of Sciences of the United States of America, 109*(24), E1540 - E1547.

4   Ovchinnikov, S., Kinch, L., Park, H., Liao, Y., Pei, J., Kim, D. E., Kamisetty, H., Grishin, N. V., & Baker, D. (2015). Large-scale determination of previously unsolved protein structures using evolutionary information. *eLife, 4*, e09248.

5   Abriata, L. A., Tamò, G. E., Monastyrskyy, B., Kryshtafovych, A., & Dal Peraro, M. (2018). Assessment of hard target modeling in CASP12 reveals an emerging role of alignment-based contact prediction methods. *Proteins, 86 Suppl 1*, 97-112.

6   Silver, D., Huang, A., Maddison, C. J., Guez, A., Sifre, L., Van Den Driessche, G., ··· & Hassabis, D. (2016). Mastering the game of Go with deep neural networks and tree search. *Nature, 529*(7587), 484-489.

7   Abriata, L. A., Tamò, G. E., & Dal Peraro, M. (2019). A further leap of improvement in tertiary structure prediction in CASP13 prompts new routes for future assessments. *Proteins, 87*(12), 1100 - 1112.

8   Senior, A. W., Evans, R., Jumper, J., Kirkpatrick, J., Sifre, L., Green, T., ··· & Hassabis, D. (2020). Improved protein structure prediction using potentials from deep learning. *Nature, 577*(7792), 706-710.

9   Yang, J., Anishchenko, I., Park, H., Peng, Z., Ovchinnikov, S., & Baker, D. (2020). Improved protein structure prediction using predicted interresidue orientations. *Proceedings of the National Academy of Sciences, 117*(3), 1496-1503.

10 Jumper, J., Evans, R., Pritzel, A., Green, T., Figurnov, M., Ronneberger, O., ··· & Hassabis, D. (2021). Highly accurate protein structure prediction

with AlphaFold. *Nature*, *596*(7873), 583-589.

11 Vaswani, A., Shazeer, N., Parmar, N., Uszkoreit, J., Jones, L., Gomez, A. N., … & Polosukhin, I. (2017). Attention is all you need. In *Advances in neural information processing systems* (pp. 5998-6008).

12 Hassabis, D. Using AI to asccelerate scientific discovery, Kendrew Lecture 2021, *Laboratory of Molecular Biology, MRC, U.K.*, https://youtu.be/sm-VkgVX-2o

13 Jumper, J. Highly accurate protein structure prediction with AlphaFold, Kendrew Lecture 2021, *Laboratory of Molecular Biology, MRC, U.K.*, https://youtu.be/jTO6odQNp90

14 Inside DeepMind's four-year mission to solve one of biology's greatest challenges, *The New Stateman* (2021), https://www.newstatesman.com/uncategorized/2020/12/inside-deepminds-four-year-mission-solve-one-biologys-greatest

12장

1 Mirdita, M., Schütze, K., Moriwaki, Y., Heo, L., Ovchinnikov, S., & Steinegger, M. (2022). ColabFold: making protein folding accessible to all. *Nature methods*, *19*(6), 679-682.

2 McCoy, A. J., Sammito, M. D., & Read, R. J. (2022). Implications of AlphaFold2 for crystallographic phasing by molecular replacement. *Acta Crystallographica Section D: Structural Biology*, *78*(1), 1-13.

3 Mosalaganti, S., Obarska-Kosinska, A., Siggel, M., Taniguchi, R., Turoňová, B., Zimmerli, C. E., … & Beck, M. (2022). AI-based structure prediction empowers integrative structural analysis of human nuclear pores. *Science*, *376*(6598), eabm9506.

4 Fontana, P., Dong, Y., Pi, X., Tong, A. B., Hecksel, C. W., Wang, L., … & Wu, H. (2022). Structure of cytoplasmic ring of nuclear pore complex by integrative cryo-EM and AlphaFold. *Science*, *376*(6598), eabm9326.

5 Varadi, M., Anyango, S., Deshpande, M., Nair, S., Natassia, C.,

Yordanova, G., ⋯ & Velankar, S. (2022). AlphaFold Protein Structure Database: massively expanding the structural coverage of protein-sequence space with high-accuracy models. *Nucleic acids research, 50*(D1), D439-D444.

6　Tunyasuvunakool, K., Adler, J., Wu, Z., Green, T., Zielinski, M., Žídek, A., ⋯ & Hassabis, D. (2021). Highly accurate protein structure prediction for the human proteome. *Nature, 596*(7873), 590-596.

7　Humphreys, I. R., Pei, J., Baek, M., Krishnakumar, A., Anishchenko, I., Ovchinnikov, S., ⋯ & Baker, D. (2021). Computed structures of core eukaryotic protein complexes. *Science, 374*(6573), eabm4805.

8　Heo, L., & Feig, M. (2022). Multi-state modeling of G-protein coupled receptors at experimental accuracy. *Proteins, 90*(11), 1873-1885.

9　Zhang, Y., Vass, M., Shi, D., Abualrous, E., Chambers, J. M., Chopra, N., ⋯ & Jerome, S. V. (2023). Benchmarking refined and unrefined AlphaFold2 structures for hit discovery. *Journal of Chemical Information and Modeling, 63*(6), 1656-1667.

10　Krishna, R., Wang, J., Ahern, W., Sturmfels, P., Venkatesh, P., Kalvet, I., ⋯ & Baker, D. (2023). Generalized Biomolecular Modeling and Design with RoseTTAFold All-Atom. *bioRxiv*, 2023-10.

11　Del Alamo, D., Sala, D., Mchaourab, H. S., & Meiler, J. (2022). Sampling alternative conformational states of transporters and receptors with AlphaFold2. *eLife, 11*, e75751.

12　Heo, L., & Feig, M. (2022). Multi-state modeling of G-protein coupled receptors at experimental accuracy. *Proteins, 90*(11), 1873-1885.

13장

1　Gutte, B., Däumigen, M., & Wittschieber, E. (1979). Design, synthesis and characterisation of a 34-residue polypeptide that interacts with nucleic acids. *Nature, 281*(5733), 650-655.

2　Regan, L., & DeGrado, W. F. (1988). Characterization of a helical protein designed from first principles. *Science, 241*(4868), 976-978.

3   Walsh, S. T., Cheng, H., Bryson, J. W., Roder, H., & DeGrado, W. F.
    (1999). Solution structure and dynamics of a de novo designed three-
    helix bundle protein. *Proceedings of the National Academy of Sciences,*
    96(10), 5486-5491.

4   Kuhlman, B., Dantas, G., Ireton, G. C., Varani, G., Stoddard, B. L., &
    Baker, D. (2003). Design of a novel globular protein fold with atomic-
    level accuracy. *Science, 302*(5649), 1364-1368.

5   Pan, X., & Kortemme, T. (2021). Recent advances in de novo protein
    design: Principles, methods, and applications. *The Journal of biological*
    chemistry, 296, 100558.

6   Bale, J. B., Gonen, S., Liu, Y., Sheffler, W., Ellis, D., Thomas, C., ··· &
    Baker, D. (2016). Accurate design of megadalton-scale two-component
    icosahedral protein complexes. *Science, 353*(6297), 389-394.

7   Boyoglu-Barnum, S., Ellis, D., Gillespie, R. A., Hutchinson, G. B., Park,
    Y. J., Moin, S. M., ··· & Kanekiyo, M. (2021). Quadrivalent influenza
    nanoparticle vaccines induce broad protection. *Nature, 592*(7855), 623-
    628.

8   Cao, L., Goreshnik, I., Coventry, B., Case, J. B., Miller, L., Kozodoy, L.,
    ··· & Baker, D. (2020). De novo design of picomolar SARS-CoV-2
    miniprotein inhibitors. *Science, 370*(6515), 426-431.

9   Silva, D. A., Yu, S., Ulge, U. Y., Spangler, J. B., Jude, K. M., Labão-
    Almeida, C., ··· & Baker, D. (2019). De novo design of potent and
    selective mimics of IL-2 and IL-15. *Nature, 565*(7738), 186-191.

10 Walls, A. C., Miranda, M. C., Schäfer, A., Pham, M. N., Greaney, A.,
    Arunachalam, P. S., ··· & Veesler, D. (2021). Elicitation of broadly
    protective sarbecovirus immunity by receptor-binding domain
    nanoparticle vaccines. *Cell, 184*(21), 5432-5447.

11 Feng, Y., Yuan, M., Powers, J. M., Hu, M., Munt, J. E., Arunachalam, P.
    S., ··· & Pulendran, B. (2023). Broadly neutralizing antibodies against

sarbecoviruses generated by immunization of macaques with an AS03-adjuvanted COVID-19 vaccine. *Science translational medicine, 15*(695), eadg7404.

12 Anishchenko, I., Pellock, S. J., Chidyausiku, T. M., Ramelot, T. A., Ovchinnikov, S., Hao, J., ··· & Baker, D. (2021). De novo protein design by deep network hallucination. *Nature, 600*(7889), 547-552.

13 Dauparas, J., Anishchenko, I., Bennett, N., Bai, H., Ragotte, R. J., Milles, L. F., ··· & Baker, D. (2022). Robust deep learning-based protein sequence design using ProteinMPNN. *Science, 378*(6615), 49-56.

14 Lin, Z., Akin, H., Rao, R., Hie, B., Zhu, Z., Lu, W., ··· & Rives, A. (2023). Evolutionary-scale prediction of atomic-level protein structure with a language model. *Science, 379*(6637), 1123-1130.

15 Ingraham, J., Garg, V., Barzilay, R., & Jaakkola, T. (2019). Generative models for graph-based protein design. *Advances in neural information processing systems, 32.*

16 Watson, J. L., Juergens, D., Bennett, N. R., Trippe, B. L., Yim, J., Eisenach, H. E., Ahern, W., Borst, A. J., Ragotte, R. J., Milles, L. F., Wicky, B. I. M., Hanikel, N., Pellock, S. J., Courbet, A., Sheffler, W., Wang, J., Venkatesh, P., Sappington, I., Torres, S. V., Lauko, A., ··· Baker, D. (2023). De novo design of protein structure and function with RFdiffusion. *Nature, 620*(7976), 1089-1100.

17 Ingraham, J. B., Baranov, M., Costello, Z., Barber, K. W., Wang, W., Ismail, A., ··· & Grigoryan, G. (2023). Illuminating protein space with a programmable generative model. *Nature, 623*, 1070-1078.

18 Ferruz, N., Schmidt, S., & Höcker, B. (2022). ProtGPT2 is a deep unsupervised language model for protein design. *Nature communications, 13*(1), 4348.

19 Madani, A., Krause, B., Greene, E. R., Subramanian, S., Mohr, B. P., Holton, J. M., Olmos, J. L., Jr, Xiong, C., Sun, Z. Z., Socher, R., Fraser, J. S., & Naik, N. (2023). Large language models generate functional protein

sequences across diverse families. *Nature biotechnology, 41*(8), 1099 – 1106.

14장

1 Gibson, D. G., Glass, J. I., Lartigue, C., Noskov, V. N., Chuang, R. Y., Algire, M. A., ⋯ & Venter, J. C. (2010). Creation of a bacterial cell controlled by a chemically synthesized genome. *Science, 329*(5987), 52–56.

2 Hutchison III, C. A., Chuang, R. Y., Noskov, V. N., Assad-Garcia, N., Deerinck, T. J., Ellisman, M. H., ⋯ & Venter, J. C. (2016). Design and synthesis of a minimal bacterial genome. *Science, 351*(6280), aad6253.